烧结球团设备新技术及仿真

任素波　白明华　梁宏志　著

北 京

冶 金 工 业 出 版 社

2020

内 容 提 要

本书介绍了烧结球团设备新技术的理论基础、数值仿真及实验研究。内容涵盖了烧结球团工艺及装备的国内外现状及发展趋势、物料混合机理、混合工艺仿真分析、混合设备新技术、球团设备设计与仿真、偶数齿烧结机设计理论、烧结机动力学系统仿真及参数化、液压阻力矩加载装置的研制、烧结密封新技术、环冷机磁流变液密封仿真分析等方面的知识，内容由浅入深，循序渐进。

本书可作为高等院校烧结球团、冶金机械、金属材料等相关专业的本科生、研究生的教学用书或参考书；也可供广大冶金设计研究院、烧结球团行业的技术人员以及烧结生产单位的从业人员参考。

图书在版编目（CIP）数据

烧结球团设备新技术及仿真/任素波，白明华，梁宏志著.
—北京：冶金工业出版社，2020.7
ISBN 978-7-5024-8461-3

Ⅰ.①烧…　Ⅱ.①任…　②白…　③梁…　Ⅲ.①烧结—球团设备—研究　Ⅳ.①TF046.6　②TF3

中国版本图书馆 CIP 数据核字（2020）第 070463 号

出 版 人　陈玉千
地　　址　北京市东城区嵩祝院北巷 39 号　邮编　100009　电话　(010)64027926
网　　址　www.cnmip.com.cn　电子信箱　yjcbs@cnmip.com.cn
责任编辑　夏小雪　美术编辑　彭子赫　版式设计　孙跃红
责任校对　王永欣　责任印制　李玉山
ISBN 978-7-5024-8461-3
冶金工业出版社出版发行；各地新华书店经销；北京博海升彩色印刷有限公司印刷
2020 年 7 月第 1 版，2020 年 7 月第 1 次印刷
169mm×239mm；18.75 印张；363 千字；287 页
182.00 元
冶金工业出版社　投稿电话　(010)64027932　投稿信箱　tougao@cnmip.com.cn
冶金工业出版社营销中心　电话　(010)64044283　传真　(010)64027893
冶金工业出版社天猫旗舰店　yjgycbs.tmall.com
（本书如有印装质量问题，本社营销中心负责退换）

前　言

　　本书内容是作者多年的教学与科学研究的总结，也是白明华教授投身教育事业奋斗四十余载，呕心沥血、教书育人，在科研一线夜以继日、不断进取的一个成果结晶。书中内容以作者团队的许多研究成果，从最初的"七五""八五"国家重大技术攻关项目，到国家自然科学基金、省自然科学基金以及多项市厅级科研项目，再到与鞍钢、武钢、石钢等诸多知名冶金企业及印度、伊朗等海外企业的合作项目实践为基础，介绍了大量理论研究与科学实践方面的成果，重点介绍了烧结球团工艺及装备的国内外现状及发展趋势、物料混合设备、物料混合理论与分析、物料混合仿真研究、混合设备新技术研究、球团焙烧机械设备、烧结工艺及设备组成、偶数齿烧结机设计理论研究、烧结运动机构力学分析与仿真技术、液压转矩加载装置及其实验研究、烧结新技术研究进展、环冷机磁流变液密封技术研究等，其中多项成果获得了国家发明专利。

　　本书由燕山大学任素波、白明华、梁宏志撰写，白明华撰写第2、6章，梁宏志撰写第8、10章部分内容，其余由任素波撰写并统稿。行文过程中，得到了燕山大学何云华、周洪亮、王雪姣以及中国重型机械研究院燕大分院郭延军高工的热情帮助和支持，研究生何娜、李忠阳、王文浩、史雪岩等参加了书稿的文字校对工作，也参考了业界同行的一些研究成果及相关文献，在此一并向他们表示感谢！同时，感谢国家自然科学基金项目（51074141）、河北省自然科学基金项目（E2017203157，E2018203062）对本书的资助！

　　成书之际，恰逢恩师白明华教授从教四十五周年，谨以此书献礼。

　　由于作者水平和精力有限，书中难免存在不足或不妥之处，恳请专家和广大读者予以批评指正，不吝赐教。

作　者

2020 年 1 月

目　录

1 绪 论

❮❮

　　钢铁在 21 世纪，仍是必选基本材料。中国是钢铁大国，面对已进入 WTO 经济全球化的新世纪，尤其铁矿石价格猛涨的今天，钢铁工业也在与时俱进，钢铁设备的技术改造一直未有间断。作为高炉原料的主要供应环节，烧结设备的技术革新也迫在眉睫。伴随着钢铁产量持续大幅增长，我国烧结工业也有了相应的进步，特别是烧结设备向大型化、自动化迅速迈进。但是，这样的快速发展暴露了钢铁行业很多潜在的问题。从宏观环境来看，中国钢铁行业正处在大变革、大发展的时代，作为生产高炉原料的主流设备，烧结机的技术革新亟待解决。

1.1　烧结球团概况

1.1.1　物料混合

　　混合操作是指通过采用机械方法使两种或多种物料达到成分均匀状态的操作，达到加速传热、传质和化学反应（如硝化、磺化、皂化等）等目的，也可以加速物理变化，制取各种各样的混合体，如溶液、乳浊液、悬浊液、混合物等，因此混合设备在材料、冶金、化学工程、矿业、机械、建筑、食品、医药、能源以及环境工程等诸多领域有广泛应用。

　　混合过程是使一个体系内各物料组分的不均一度逐渐下降的过程。根据被混物料状态的不同，被混合的对象有气-气、液-液、固-固、气-液、气-固、固-液、气-液-固等七种情况，冶金行业应用最多的为固-固、液-液、液-固三种情况。

　　实际生产中的混合设备各式各样，根据其工作方式的不同主要分为两大类：回转式混合设备和非回转式混合设备。根据被混物料的物理状态不同又可以分为液体搅拌设备和固体混合设备，而固体混合设备又进一步分为筒体固定式与筒体回转式两种。圆筒混合机属于筒体回转式混合设备，由于具有产量高、结构简单、运行可靠，且能够适应烧结设备大型化发展需要等优点，作为混合设备被广泛地应用于烧结厂。

　　由于混合过程中物料运动的复杂性和多样性，至今，人们设计混合工艺和混合设备能力有限，大都依赖于前人经验公式进行设计计算，缺乏相关理论指导。粉体颗粒混合数值模拟技术随着计算机技术的飞速发展日趋成熟，这有助于人们进一步掌握对混合机理的认识。理解并掌握先进的混合技术，改进和开发高效、节能和环保的新型混合设备对于提高国民经济效益和环境保护有重大意义。

1.1.2　物料制粒

一般情况下，物料制粒的过程大致可以分为以下三个阶段：

（1）母球的形成即通常所说的成核过程；在该阶段水的湿润作用是至关重要的，远远大于滚动产生的机械力的作用，通常在这个阶段会加入足量的水。

（2）球体生成，成核之后，物料在核粒周围凝聚形成球体；进入该阶段之后滚动产生的机械力和水将共同作用，两者的作用都很重要。在开始的这两个过程里，加水量的多少，会对颗粒成球、造球质量，有十分重要的影响。

（3）球体长大，球体生成后，更多物料在球体周围黏结逐渐增大。从第二阶段开始，到最后的球体长大阶段，机械滚动产生的力，将起到关键作用，在这一阶段之前，筒体内水量已经足够，根据实际的情况，如果出现水分不足的情况，会在这一阶段加入适量的水，以弥补水分不足。

在上述三个过程中球体会进一步压实。整个过程都要靠加水来进行湿润，通过颗粒滚动产生的机械力来实现。与此同时，在颗粒生成过程中，混合设备的工艺参数和具体操作，将对该过程产生很大影响，这将是重点研究的内容与方向。如果相关工艺参数选择不恰当，不仅会对物料的混合成型造成严重的影响，甚至会破坏已经制得的颗粒，产生不可挽回的后果，进而影响后续的烧结、炼铁等一系列工艺过程，而且还会带来设备使用不当、资源浪费等问题。

实际生产中的制粒过程如图 1-1 所示，表示烧结所需物料在圆筒混合机中制粒这一环节，该图充分说明了水分在这一过程中扮演了至关重要的作用。由图 1-1 可知，所有制粒过程均是由微小粒体加水黏合形成初始核粒，当然如果物料当中有一些比较大的颗粒时，该颗粒可直接形成核粒从而直接进入下一阶段。当形成核粒之后，其他粉状颗粒物，会渐渐通过水分作用而吸附到核粒周围，慢慢堆积，从而形成一个简单的核球；而第一种核粒则是完全由细小的沫状粒体渐渐堆积，逐渐成型，通过筒体旋转，带动颗粒不断滚动，随着物料滚动以及水分不断添加，使得物料周身比较湿润，这时，物料颗粒在周围会产生微小毛细力，就是依靠毛细力作用，吸附周围微小颗粒，从而逐渐变大，最终达到工业生产所需标准。若水分不足或水分过量，则均不能使物料颗粒有效长大。

1.1.3　烧结过程

抽风烧结是将准备好的含铁原料、燃料、熔剂经混匀制粒，通过布料器布到烧结台车上，台车沿着烧结机的轨道向排矿端移动，这时点火器在料层表面点火，烧结反应开始。点火的同时下部风箱强制抽风，以台车炉篦下形成一定负压，使得空气自上而下通过烧结料层进入下面的风箱。空气和烧结料中的焦炭、

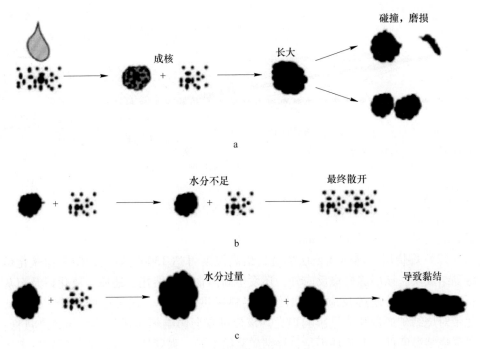

图 1-1 颗粒成型过程示意图

a—制粒过程；b—水分不足；c—水分过量

煤粉燃烧产生热量，使烧结料经受物理和化学的变化，生成烧结矿。随着料层表面燃料的燃烧，燃烧带逐渐向下移动，当燃烧带到达炉篦时，烧结过程即告终结，此时台车到达排矿端，排矿后经破碎、冷却、筛分等工序，将 5mm 以上的烧结矿作为成品运往高炉；5mm 以下的烧结矿作为返矿返回原料槽，另外将一部分成品粒度（10~20mm）的烧结矿作为铺底料送至铺底料槽。

烧结过程是复杂的物理化学反应的综合过程。带式烧结机抽风烧结过程是自上而下进行的，按照温度变化和烧结过程中所发生的物理化学反应，沿其料层高度温度变化的情况，烧结料层一般可分为五个带（或五层），如图 1-2 所示，点火开始以后，依次出现烧结矿层、燃烧层、预热层、干燥层和湿料层。之后，后四层又相继消失，最终只剩烧结矿层。

（1）烧结矿层。经高温点火后，烧结料中燃料燃烧放出大量热量，使料层中熔剂等部分物料产生熔融，主要反应是熔融物的凝结、矿物结晶和析出新矿物，还有吸入的冷空气被预热，同时烧结矿被冷却，和空气接触时低价氧化物可能被再氧化。随着燃烧层下移和冷空气的通过，生成的熔融液相被冷却而再结晶（1000~1100℃），凝固成网孔结构的烧结矿。此带表层强度差，原因是烧结温度低，受空气剧冷作用表层矿物来不及析晶，玻璃质较多，内应力很大，所以性

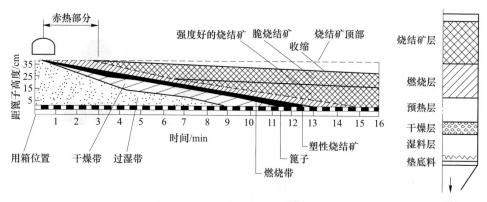

图 1-2　烧结过程与料层划分

脆，表层厚度一般为 40~50mm。

（2）燃烧层。燃料在该层燃烧，最高温度可达 1300℃以上，使矿物软化熔融黏结成块。该层除燃烧反应外，还发生固体物料的熔化、还原、氧化以及石灰石和硫化物的分解等反应，同时给下层料提供热气体。该带厚度为 15~50mm，此带对烧结矿产量和质量影响很大。该带过宽会影响料层透气性，导致产量低；过窄烧结温度低，液相量不足，烧结矿黏结不好，强度低。该层的宽度取决于燃料量与粒度、抽风量。

（3）预热层。预热带的厚度很窄，温度在 400~800℃范围内，由燃烧层下来的高温废气，把下部混合料很快预热到着火温度（焦粉的着火温度大约是 600℃），由于温度不断的升高，此层内开始进行固相反应，结晶水及部分碳酸盐、硫酸盐分解，在废气中氧的作用下，部分磁铁矿被氧化，在预热带只有气相与固相或固相同固相之间的反应，没有液相的生成。

（4）干燥层。预热层的下层就是干燥带。实际上干燥层与预热层难以截然分开，可以统称为干燥预热层。干燥层受预热层下来的废气加热，温度很快上升到 100℃以上，混合料中的游离水大量蒸发，此层厚度一般为 10~30mm（与料层厚度有关，350mm 厚的料层，干燥层厚度最高 5mm）。

（5）湿料层。从干燥层下来的热废气含有大量水分，这些含水蒸气的废气遇到冷料时温度突然下降。料温低于水蒸气的露点温度时，废气中的水蒸气会重新凝结，使混合料中水分大量增加而形成湿料层。此层水分过多，使料层透气性变坏，降低烧结速度，破坏已造好的混合料小球。随着烧结进行，烧结带开始形成，在大约 15min 时湿料层形成，此段时间内烧结料层透气性显著变差，烧结速度开始显著下降，直至约 25min 湿料层消失，此段时间内烧结料层的透气性最差，垂直烧结速度最慢，对烧结过程的影响最大。湿料层消失后，垂直烧结速度显著增大，特别是当料层主要为烧结矿带时料层空隙率大，透气性最好，烧结速度最快。

1.2 混合制粒技术的发展现状

1.2.1 混合技术的国内外发展现状

圆筒混合机内物料的混合运动属于颗粒流范畴，其混合运动过程是一个非常复杂的过程。德国 Karlsruhe 大学的 HansRumpf 教授从物理学角度分析，认为粉体和散体是相对于气体、固体、液体的一种物质形态。在过去几十年的研究中，诸多学者把研究重点放在颗粒密度和粒径上，得出初始混合状态良好的两种颗粒随着后期筒体转动而分离，形成了不同颗粒组成的条纹带。近年对颗粒的研究主要分两个方向，分别从流体力学角度和颗粒散体力学角度进行分析，建立颗粒轨道模型。

Van Puyvelde 等人对物料混合过程研究以颗粒之间接触数量作为评价物料混合好坏的衡量标准，该方法不仅在很大程度上提升了衡量物料混合程度的准确性，还可以衡量出不同位置的混合度。

Finnie 在使用离散元软件 EDEM 研究回转窑颗粒的混合过程时，着重研究了物料在窑内轴向的运动，通过扩散方程来描述该过程。从诸多影响因素里挑出了转速和填充率两个因素，研究他们与扩散系数的关系，得到了轴向扩散系数和转速之间存在线性增长关系，填充率则影响不大。

混合设备方面，圆筒混合机自从诞生之日开始便采用齿轮传动。由于圆筒混合机的工作原理，产生偏心落料，不可避免地导致振动。国内外研究者一直以来致力于其振动问题的解决，提高混合生产效率。

德国的鲁尔基公司首次研制了橡胶轮轮胎摩擦传动圆筒混合机，苏联后来也研制了此类圆筒混合机。橡胶轮胎支撑传动圆筒混合机，此类混合机可以有效地消除振动，提高设备使用寿命，改善了烧结厂的工作环境。

国内一些设计院在齿轮传动圆筒混合机的基础上开发了柔性传动圆筒混合机，与齿轮传动圆筒混合机不同之处在于小齿轮悬挂在大齿圈上，即小齿轮的安装位置不是固定的，这种结构可以确保齿轮之间的良好啮合，能吸收冲击载荷和振动。

传统方法在研究颗粒运动混合方面存在很多瓶颈，而且大量的研究也都集中在颗粒流的研究上，而对颗粒的混合运动过程鲜有人投入精力研究。

国内学者武良能利用牛顿运动定律理论分析了低速回转圆筒主要参数，包括圆筒内物料前进速度、停留时间，以单个颗粒为研究对象，考虑了颗粒的重力和颗粒与筒壁的影响。

白明华等人分析了圆筒混合机内物料运动状态，基于圆周运动理论和牛顿运动理论分析了筒体内物料料面方程、物料落点点坐标以及由此得出了混合机最佳运动转速。在分析现有混合机结构的基础上，提出了新的混合机结构即橡胶轮胎支撑销齿传动圆筒混合机。利用基本力学理论和数学方法分析了圆筒混合机的几何参数包括物料所对应圆心角、物料提升角、物料重心，以及混合机的力学参数包括物料离心力、总支座径向力和总轴向力，提出采用三弯矩方程的方法计算轮胎的受力。

欧阳鸿武等人采用两种不同颜色的硅胶颗粒分别分析了转速和填充率对圆筒混合机内物料混合状态的影响。实验结果表明：在转速不变的前提下，混合效果随着填充率的提高而提高；在填充率不变的前提下，混合效果随着转速的提高而增强。

随着计算机的快速发展，颗粒运动的数值模拟技术也得到了飞速发展。目前，国内外主要采用离散元素法（Discrete Element Method）对颗粒运动进行数值模拟研究。

高红利等人采用四方程线性弹性-阻尼离散单元模型，并考虑液桥力作用，对填充率为 40%、含液量为 3% 的水平薄壁筒内 S 型（不同粒径颗粒）混合过程进行了数值模拟，得到了颗粒在混合运动过程的微观运动特性和内部的力学结构。

孙其诚等人以离散模型为基础，通过编程实现了对水平型圆筒混合机内 1000 个颗粒混合的数值模拟，该研究说明采用离散模型能够较好地模拟散状颗粒的混合过程。

1.2.2　制粒技术的国内外发展现状

1912 年瑞典 A. G. Andersson 发明球团法，1913 年德国 C. A. Brackelsberg 得出同样发明，两人分别获得了专利权，但未应用成功。

第二次世界大战期间美国针对梅萨比矿区贫矿经深度细选后的铁隧岩精矿制作球团矿，进行了详细研究，使球团技术获得重大突破。然后在 1950 ~ 1951 年在 Ashland 钢铁厂完成了第一批大规模竖炉球团生产试验。随后里塞夫矿业公司在明尼苏达州的巴比特建成具有四座竖炉的工业性球团厂。1951 年又开始研究带式焙烧机，并于 1955 年在里塞夫厂建成用带式焙烧机生产球团矿。随之又研究原用于水泥的链篦机—回转窑设备，直接用加拿大北部的铁隧岩精矿制成生球后，在该设备上进行球团矿生产，最终使这一移植设备获得了成功。由于球团矿的质量好，使球团技术发展十分迅速。

在 20 世纪 60 年代以前，国外生产球团矿的国家主要是美国、加拿大、瑞典等，总年产量约 1600 万吨。1971 年后，已发展到 20 多个国家使用，年产量达 12000 万吨。1982 年时，世界球团矿总产量增为 25600 万吨。到目前为止，其产量仍在不断增加。2004 年世界球团矿需求为 3.11 亿吨，2008 年为 3.7 亿吨，2010 年全球球团矿产量为 3.881 亿吨，2011 年全球球团矿产量总计为 3.413 亿吨。2014 年达到 4.43 亿吨，2019 年扩大到 5.36 亿吨。

在国内，1968 年，济钢开发出我国第一座生产酸性球团矿的 $8m^2$ 竖炉，20 世纪 70 年代包钢从日本引进 $162m^2$ 带式焙烧机，80 年代以后本钢兴建一台 $16m^2$ 大型竖炉，1999 年以后，我国才开始加快了球团生产的建设和发展速度。2005 年，我国球团矿产量为 5020 万吨，占高炉炉料比例的 11.75%。2018 年，球团矿产量达到了 1.59 亿吨。

2 混 合 设 备

作为烧结厂的四大主机之一，圆筒混合机的主要作用是将已经按生产要求配比好的各种不同成分的物料混匀、润湿并制粒，从而满足成分均匀、水分适中、透气性良好的工艺生产要求，使得烧结过程能够顺利进行，为获得品质优良的烧结矿创造有利条件。

2.1 基本概况

不同烧结厂根据所提供矿石原料物理性质的不同，需要配置的混合工艺也有所差异，一般分为一次混合和二次混合。对于粒度为 0~10mm 的富矿粉烧结时，粒度已经达到烧结要求，只需要采用一次混合作业且混合时间短。对于采用细磨精矿粉烧结时，由于粒度较细，孔隙度小，混合料的透气性差，不利于烧结过程的顺利进行，所以必须在混合过程中加强制粒以提高混合料的透气性，故采用二次混合。有时在混合料中加入热返矿或进行通蒸汽预热，使混合料温度在露点以上，以强化烧结过程。

圆筒混合机的主要结构如图 2-1 所示，主要组成部分有筒体装置、滚圈、洒水装置和传动装置。

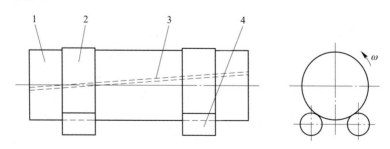

图 2-1 圆筒混合机结构简图
1—筒体装置；2—滚圈；3—洒水装置；4—传动装置

由于一次混合机和二次混合机的功能和作用不同，它们在结构上有所差别，主要是筒体内部结构稍有不同，其各自转速也略有差异。一次混合机的主要目的是混匀和润湿，为了加强混合的程度，在筒体内部交错安装有水平和倾斜扬料板，在整个筒体内部均有洒水装置以润湿混合料达到制粒造球要求。二次混合机主要目的是造球，取消了扬料板，只在混合机给料段伸入若干根不等长的水管，用于微调水分。也有部分烧结厂将一次混合机和二次混合机套接在一起形成组合型圆筒混合机，以完成混合和制粒造球功能。

圆筒混合机的工作过程是：由皮带运输机直接或通过给料溜槽不断地将混合原料送入筒体内，由于物料间的摩擦以及物料与筒壁的摩擦作用，物料随着筒体一起转动，连续地被提升一定高度后由于重力作用向下泻落翻滚。混合机有一定的安装倾角，混合料向下泻落的同时沿筒体轴线向前移动，形成螺旋状运动，经过多次提升—泻落的循环，以达到混匀、制粒和调整水分的目的，最后到达尾部，通过卸料装置排出。

圆筒混合机在烧结厂的配置方式是：一般把一次混合机配置在地坪上，为了避免由于长距离运输可能导致小球破损以及湿度、温度等问题影响烧结作业的产量和质量，因此大多数的烧结厂一般把二次混合机配置在烧结主厂房顶层楼板上。由于物料在混合机内随着筒体旋转然后泻落，呈偏斜状态，如同在筒体上加了一个偏心质量激振器，因此不可避免地产生振动，如果直接传递给高层楼板，则必然会导致楼板甚至整个厂房的振动，影响烧结作业正常进行，使整个厂房内设备的使用寿命缩短，而且使整个厂房内工作环境更加恶劣。尤其是对于目前国内主要使用的混合机——渐开线直齿轮传动金属托辊支撑的混合机，这种振动尤为明显。

为了改善圆筒混合机的振动情况，研究出了各种具有吸振性能的圆筒混合机，主要有齿轮柔性传动圆筒混合机和橡胶轮胎摩擦传动混合机。橡胶轮胎摩擦传动圆筒混合机由多组橡胶轮胎支撑筒体，并通过摩擦力由轮胎直接驱动筒体，使筒体回转。橡胶轮胎为弹性材料，起到缓冲和吸振作用，能有效地降低混合机和楼板的振动，提高设备使用寿命。但根据国内相关试验结果表明，橡胶材料的破坏主要是由于传递的扭矩过大，导致橡胶材料受压、受剪变形发热，橡胶材料变质破坏，从钢轮上脱落下来，试验中得到另外一个结果，橡胶材料对压力的承载能力是很大的，可以作为支撑装置。因此，对于大型圆筒混合机而言，其转动惯量和接触压力均很大，一般不采用此种型式的混合机。柔性传动混合机是渐开线齿轮传动混合机的一种改良，传动小齿轮悬挂在筒体大齿圈上，随着大齿圈位置的变化而变化，能比较好的保证两者之间的啮合，有效地降低混合机振动，但是大齿圈结构复杂，制造成本高，而且并没有取消两个大滚圈。以上两种混合机均没有较好地解决混合机振动问题，在实际应用中并不广泛。因此研究出节能环保、高效经济的混合机对于改善烧结环境、提高烧结设备使用寿命具有重大意义。

2.2 现有物料混合设备

2.2.1 金属托轮齿轮传动混合机

渐开线齿轮传动圆筒混合机的主要结构如图 2-2 所示。

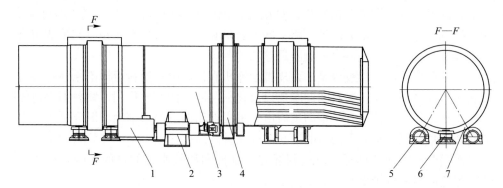

图 2-2　渐开线齿轮传动圆筒混合机结构简图

1—电动机；2—减速器；3—筒体；4—齿圈；5—托轮；6—挡轮；7—滚圈

　　这种混合机由电机通过减速机驱动大小齿轮，从而使得筒体做圆周运动。有时还在主动电机的对侧安装有微动电机，这样便于混合机的检修、调试与安装。整个筒体设备由 4 个金属托辊支撑，4 个托辊的支撑方式如图 2-2 所示，在径向方向上采用对称布置。为了提高支撑刚度，与之对应的在筒体齿圈滚圈处加厚筒壁并焊接有两段非常笨重的滚圈，两段滚圈的重量再加上齿圈的重量已接近设备总重量的 1/2，目前滚圈的制造方式采用铸造和锻造两种方式，随着烧结设备的大型化发展，混合机的规格也越来越大，如宝钢二次混合机的规格达到 ϕ5.1m×24.5m，其滚圈外径达到 5.74m，这给加工制造和运输带来很大困难，而且滚圈在工作过程中还会消耗很多能量。此种混合机的主要缺点有：

　　（1）为了提高筒体的支撑刚度，在筒体上分别焊接有加强段和两段大滚圈，两段大滚圈的重量约为整个筒体的 1/2，并且两段滚圈都是锻造而成，这制约了设备的制作周期和成本，随着混合机的运行，两段滚圈也将耗费巨大的电能。

　　（2）整个混合机共由 4 个金属托辊支撑，这就要求 4 个托辊与滚圈的圆柱度精度要高，且表面金属需要很高的耐磨性，否则会导致混合机偏心旋转和不均匀磨损，产生振动。某厂 ϕ3.8m×16m 混合机由于滚圈磨损产生严重的振动，仅拆除维修就花费近百万元之多。

　　（3）由于采用金属托辊支撑，托辊与筒体均由两种硬质材料构成，其接触面之间为刚性接触，不具备减振作用，由此筒体和其内物料的旋转运动所带来的冲击振动必将导致金属托辊的工况恶化。

　　（4）混合机采用渐开线齿轮传动，大齿轮是模数很大的渐开线圆柱正齿轮。正齿轮的突发性全齿宽的接触与脱离的啮合性质，将造成齿间冲击而产生振动，其振动随着两个齿轮啮合侧间隙的增大而增大，并且大齿圈分度圆直径很大，这给加工制造及运输增加一定困难。

（5）由于筒体内物料的偏心落料导致混合机主动侧与被动侧受力相差近 1 倍，且在径向上采用对称托辊支撑，这种支撑方式导致了重载一侧的托辊点蚀严重而损坏。

生产经验表明，此类混合机在工作过程中会产生很大的振动，严重影响了混合机的使用寿命和混匀效果。

2.2.2 橡胶轮胎圆筒混合机

如图 2-3 所示，橡胶轮胎摩擦传动混合机主要由传动装置、主动轮胎组、被动轮胎组、进料设备、排料设备、筒体和洒水装置等构成，传动装置驱动橡胶轮胎，由于轮胎与筒体之间的摩擦力带动筒体回转，从而使混合机工作。由图 2-3 可以看出，轮胎组既是支撑的受力构件，又是主动的启动装置。在启动过程中，

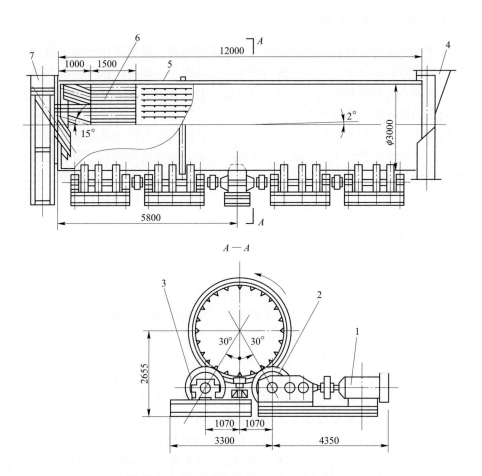

图 2-3　橡胶轮胎摩擦传动圆筒混合机结构简图
1—传动装置；2—主动轮胎组；3—被动轮胎组；4—排料漏斗；5—筒体；6—给水装置；7—给料漏斗

因筒体和物料总重100多吨，这将必然使轮胎组与滚圈间传动打滑，产生轮胎磨损、撕裂、断层。支撑方式上，相对于齿轮传动混合机并没有不同之处，支撑方式采用对称布置，由于两侧受力差异较大，主动侧轮胎的磨损更加严重，致使超3m以上的混合机很少有应用橡胶轮胎传动形式的混合机。生产实际表明，虽然此类混合机产生振动小，但是轮胎的使用寿命短，严重影响烧结厂的生产效率。

国内的橡胶材料不能满足大型摩擦传动圆筒混合机对橡胶材料的要求，主要是由于国内橡胶材料不能传递大扭矩，因此对于较大型混合机而言，这种传动方式几乎是不可行的。但是橡胶材料可承载较大压力，因此可以用于做支撑体。这是本章重点提出的由轮胎非对称支撑、筒体主动、轮胎组只转动而无滑动，即少、无摩擦并由销齿传动的混合机新结构（已申报专利），该设计可以实现绿色生产，既节能振动又小。

2.2.3　现有设备存在的问题

尽管在圆筒混合机发展的过程中，为了降低振动，提高工作效率出现过各式各样结构的圆筒混合机，但目前国内烧结厂和球团厂主要使用两种，渐开线齿轮传动圆筒混合机和橡胶轮胎摩擦传动圆筒混合机。尤其是直径3m以上的圆筒混合机均采用齿轮传动圆筒混合机。齿轮传动圆筒混合机振动和噪声非常严重，导致整体设备的使用寿命降低。橡胶轮胎摩擦传动圆筒混合机主动侧和从动侧受力差别大，两侧轮胎变形不同，增加了弹性阻力矩，导致轮胎磨损严重，轮胎提供摩擦力驱动混合机，承载较大阻力矩，使轮胎容易撕裂断层，大大减低了其使用寿命。

2.3　新型圆筒混合机

2.3.1　结构组成

新型圆筒混合机的概念，是在针对现行混合机使用中存在的问题，逐条分析其产生原因并寻求解决方案的条件下提出的，因此能够较好地解决以上所述的种种不足。

此种圆筒混合机的结构如图2-4和图2-5所示。主要设备由机架、轴承座、轮胎组、液压马达或电机组、小齿轮、销轮和筒体等构成，其他组成部件如洒水系统和润滑系统等在图中未标示出来。销轮的固定采用焊接结构，直接焊接在混合机的筒体上，可以根据设备大小灵活调整，可采用单排或双排销齿传动。筒体由4个液压马达两点啮合的方式驱动，即在主动侧和被动侧分别安置两个液压马达，液压马达通过小齿轮驱动筒体上的销轮，从而使筒体回转。中间取消了联轴器、减速器等环节，从而降低了设备的故障率，其中根据用户要求可选配电机减速机的传动形式。

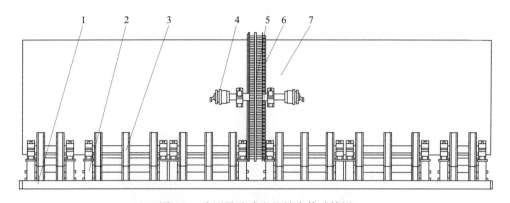

图 2-4 液压马达或电机销齿传动简图

1—机架；2—轴承座；3—轮胎组；4—液压马达或电机；5—小齿轮；6—销轮；7—筒体

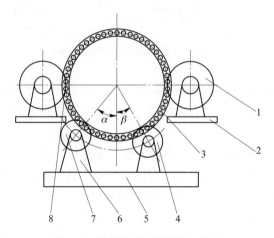

图 2-5 新型混合机侧视断面简图

1—传动设备；2—支架；3—筒体；4，7—轮胎组；5—机架；6—轴承座；8—销轮

整个设备由多组轮胎支撑，轮胎材料采用高性能橡胶，具有很好的吸振效果。由于工艺要求，使得混合机内的物料产生偏心落料，即设备在正常工作的时候，物料偏向一侧，这就导致两侧轮胎组总体受力不相同，经过计算表明，两侧受力相差一倍左右，因此在轴向方向上两侧的轮胎个数可以相同对称布置，也可以数量不同、不对称布置。

如图 2-5 所示，为了使两侧轮胎总受力差距减小，轮胎布置由传统的对称布置即 $\alpha = \beta$，经过计算改进为根据设备规格分别设置 α、β 的角度大小各不相同。由于采用橡胶轮胎支撑，取消了金属托辊滚圈的支撑方式，降低了设备重量。而且橡胶轮胎相比托辊具有较强的吸振效果，从而能有效地降低设备的振动，提高整体设备的寿命。

与一般类型混合机的传动方式不同，新型圆筒混合机采用销齿传动的方式来驱动混合机的筒体转动。销齿传动属于一种特殊的传动形式。

2.3.2　销齿传动结构特点与应用

销齿传动的结构如图 2-6 所示。

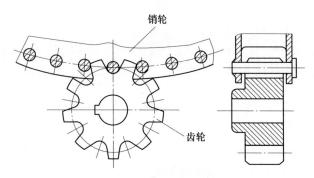

销轮

齿轮

图 2-6　匀速齿销齿传动结构简图

具有圆销齿结构的部件成为销轮，而另一个部件仍被称为齿轮。在该型混合机中，小齿轮采用燕山大学设计提出的一种具有匀速齿形方程的匀速齿轮，而不是一般的链轮和齿轮。

由图 2-6 可以看出销轮的轮齿为圆柱形，而且每个销齿均可以单独的拆卸安装到销轮上，与齿轮传动相比，它具有拆修方便、造价低、结构简单、加工容易等优点，因此采用销齿传动替代尺寸较大的齿轮传动时，能大大地提高经济性。特别是当个别销齿损坏时，只需将损坏的销齿更换即可，不需像齿轮传动那样更换整个销轮。销齿传动由于具有上述优点，在低速、重载的机械传动、润滑条件差和粉尘多等工作条件比较恶劣的场合中应用。

2.3.3　新型圆筒混合机的特点

新型圆筒混合机由于采用了多项关键新技术，其结构变动较大，与传统混合机相比，具有以下特点：

（1）筒体驱动方式的调整。将常用的齿轮传动改为销齿液压马达传动，液压马达不但体积小，而且传动效率和控制精度很高，能通过液压控制系统实现筒体由零转启动，经无级调速到需要的转速，能满足混合机正常工作时不同的转速要求，又能满足混合机在安装、调试、维修时的低转速要求，而且能根据混合工艺要求实现无级调速，可获得筒体内物料的最佳混合状态。考虑到液压系统的制作成本昂贵，也可采用电机减速机传动系统方式。

（2）传动系统的结构调整。原有系统采用齿轮齿圈传动的形式，传动效率、传动精度低，在设备运行过程中经常导致冲击振动，既损坏设备又降低混合效果。新型混合机采用销齿传动方式，将混合机筒体上的大齿圈改为焊接销轮，首先降低了设备重量以及加工难度，节省设备投资，另外一个显著优势是，驱动销轮运转的小齿轮，其齿形不同于常规齿轮，其齿形采用可实现销轮匀速转动的匀速齿形方程构造的齿轮。该齿形是作者所在课题组多年研究成果之一，已成功应用于带式烧结机的传动系统当中，能够实现驱动目标高效、平稳的匀速运动，且效果良好。

（3）混合机筒体支撑方式的调整。筒体采用橡胶轮胎支撑。目前直径超过3m 的混合机采用金属托辊支撑滚圈的形式，这种方式的滚圈需铸造后在大型设备上加工，且其制造周期长，也制约了生产周期。而托辊在运行过程中又不能吸收筒体产生的振动，然而采用轮胎支撑形式则可以避免这些问题。橡胶轮胎是弹性体材料，其与筒体之间是弹性接触，因此能起到很好的减振作用，使整体设备运行平稳。

（4）橡胶轮胎的布局形式。轮胎在筒体两侧的布置形式并不是一般所用的对称布置，而是在经过筒体运转受力分析之后确定的，考虑到筒体和物料在运转过程中的重心偏移这一特点，依据力学分析结论，在筒体周向上，采用非对称布置方式，并且由于主动、被动侧的受力大小不同，在轴向两侧的轮胎个数亦不相同，在重心偏向的一侧增加轮胎数量，从而使得筒体两侧的轮胎都能达到一致的工作状态，避免轮胎的局部磨损，最终能使轮胎的使用达到最佳效果；最后需要说明的是，与以往曾出现的轮胎传动形式不同，研制的结构中由于筒体主动，轮胎仅起一个支撑作用，不负责筒体驱动力矩，所以轮胎仅起支撑和转动作用，不打滑且减少了磨损，延长了使用寿命。

（5）由销轮替代大齿圈。销轮主要由圆柱销构成，加工制造和运输费用相比锻造大齿圈显著降低。而且一旦出现个别销损坏，只需要更换受损柱销，不需更换整个销轮，从而避免了大齿圈损坏后必须将整个齿圈换掉的问题，明显降低了设备的维护费用，同时，去除齿圈亦能降低设备重量。

（6）由于采用了液压马达传动，不再配置主电机、液力耦合器、减速器和微动装置等部件，减少了设备组成，使整机故障率降低。

（7）传动采用两点啮合，其优点在于使传动设备小型化，两点分散驱动，受力均衡。

（8）由动力学仿真结果可以看出，采用销齿传动时，混合机筒体的速度变化和质心位移变化均小于采用渐开线齿轮传动的情况，因此采用销齿传动能够降低混合机的振动。

3 物料混合理论与分析

固体的混合是一个非常复杂的过程。为研究物料在圆筒混合机中的运动规律，首先应研究颗粒本身的运动性质。由于颗粒与自然界中其他存在的物质有所不同，大量颗粒物的集合表现出单个固体颗粒所不具备的诸多特性，既有固体的固定性，又有液体的流动性。在学术界对物料颗粒漫长的研究过程中，把颗粒当做除固体、液体、气体三态之外的第四种物质形态进行研究，取得了诸多研究成果，为后续研究提供了重要的参考价值。

3.1 物料混合运动规律分析

颗粒混合过程，影响混合机制粒因素有很多，主要分为以下几点：

（1）物料本身性质影响。原料本身相关物理性质对物料混合均有一定影响，比如，物料颗粒密度、颗粒粒度构成、物料孔隙率、黏结性等。

（2）混合过程中加入液体的方式和液体相关物理化学性质。通常采用加水的方式进行湿润，加水方式、加水的多少、加水的时间等，都会对物料混合产生很大的影响，国内外有许多人对加水这一过程进行了深入的研究，这里不进一步赘述。

（3）填充率。填充率过小，生产效率低，产量不够；填充率过高，设备自重大大增加，则对设备本身强度要求较高，使用不当会大大减小设备寿命。

（4）筒体转速。转速过小或过大均无法对物料形成混合作用，转速过小物料几乎堆积在筒底，无法形成稳定的混合状态，过大则造成物料随筒体做圆周离心运动，一样无法对物料产生混合作用。只有合适的转速才会产生最好的混合制粒效果。

（5）筒体直径。筒体直径对物料混合和设备生产效率有着重要作用。筒体直径增加，筒内物料颗粒平均粒径，颗粒的透气性相关指数，抗冲击的能力等均会有所提高，与此同时产量也会有很大提升，符合当下冶炼设备趋于大型化的趋势。但筒体直径过大会对筒体本身的加工生产造成很大困扰。

（6）混合时间。混合时间的长短，直接影响物料最后成型的品质，时间过短则物料混合制粒不完全，过长则导致生产效率较低，故选择合适的混合时间对物料最终的混合效果起着极大作用。

3.1.1 物料混合过程及混合机理

3.1.1.1 物料混合过程

混合设备中所用的固体可分为两种，一种是粒体（粒料），另一种是粉体，两者的粒径约以 $50\mu m$ 为界，更本质的区别在于两种固体颗粒的力学行为不同。粒体的力学行为主要受重力控制，当粒子的粒径不断减小，则粒子之间的附着力所起的作用逐渐增大，当粒径减小至数十微米时，附着力和重力相平衡；粒径进一步减小，附着力急剧增大，当粒径小至数微米时，重力作用小到可以忽略。

混合物的均匀度必须与最终制品对应起来才能评定。然而要单独对混合操作评价时，通常使用由统计学定义的混合度或均匀度来衡量。混合度可用混合前后物料的颜色、粒度分布等物理量来判断。均一混合物是指混合物中任一点检出的主要成分的概率都相等，成为统计上的完全状态。

对两种成分的混合物，在混合过程中，任取 N 个试样，设 x_i 为任一试样中某指定成分的含量，$\bar{x}$ 为这些试样含量的测定值的算术平均值，则其方差 σ^2 随混合过程的进行而减少。方差为：

$$\sigma^2 = \frac{1}{N-1} \sum_{i=1}^{N} (x_i - \bar{x})^2 \qquad (3-1)$$

当物料的某指定成分的组成 $\bar{x}_c$ 为已知时，且采样操作合适，则 $\bar{x}$ 和 $\bar{x}_c$ 大致相等。

通常，混合度 M 的表示如下：

$$M = 1 - \frac{\sigma}{\sigma_0} \qquad (3-2)$$

式中　σ——混合至某时刻的标准偏差；

　　　σ_0——混合开始时的标准偏差。

以上是分批混合的情况。对于连续混合，可在混合机出口处随机或固定时间间隔取 N 个试样，若某指定成分的含量为 x_i，则随时间变化其标准偏差 σ 可用类似分批式的公式求得：

$$Q = \left[\frac{1}{N} \sum_{i=1}^{N} \left(\frac{x_i}{x_0} - \frac{\bar{x}}{x_0} \right)^2 \right]^{1/2} \qquad (3-3)$$

式中　x_i——出口组成；

　　　x_0——进口组成；

　　　$\bar{x}$——出口平均组成。

用标准偏差 σ 表示的混合度的缺点是没有把试样含量的影响包括进去。当某组分在两种混合物中含量悬殊时，标准偏差不足以更好地阐明混合程度的真实情况，采用变异系数 c_v，能比较好地反映组分在混合物中的混合程度。

$$c_\nu = \frac{\sigma}{\bar{x}} \times 100\% \tag{3-4}$$

$$M = 100\% - c_\nu \tag{3-5}$$

尽管混合度可用上述式子表示，但每个试样含量的测定值的准确程度对混合度的计算颇有影响，而试样测定还受试样大小和试样个数的影响。

试样越大，其组成越接近投料比。若取一系列大小不同的、已接近均匀的试样，最小的试样的量就是取样多少的准则；另一种取样准则是根据将来单个产品的质量的大小来确定试样的大小。

试样的个数越多，所得结果越可靠，一般取样数为 20~50。

3.1.1.2　物料混合机理

一个实际的混合过程可用由偏差 σ 表示的混合度 M 随时间 t 变化的曲线即混合特性曲线来表示，如图 3-1 所示。

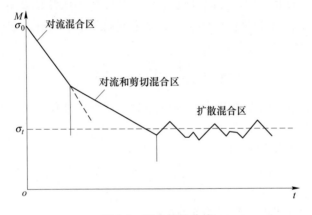

图 3-1　混合特性曲线

物料的混合大致经历了三个阶段：

（1）对流混合阶段，宏观混合很快；

（2）对流与剪切共同作用阶段，混合速度有所减慢；

（3）扩散混合阶段，物料的混合与分离相平衡，混合均匀度上下波动，处于微观混合状态。

固体粒子的混合机理主要有扩散、对流和剪切运动三种。

（1）扩散指单个颗粒进入颗粒团的过程；

（2）对流指相邻的颗粒团从一处移到另一处；

（3）剪切是指颗粒间存在着相对运动，在物料面形成若干滑移面，而相互混合、掺和。

实际的混合过程往往是几种混合过程的相互作用，不可能在各自的区间独立起作用。

能增加单个粒子移动性的运动便能促进扩散混合，如果没有相反的离析作用，则扩散迟早会导致高度的均一性。

在两种情况下发生扩散混合作用，一是不断在新生的表面上分布，如在鼓式混合器中进行的那样；另一种是一个一个粒子相互间的移动性增加，如在冲击磨中的混合。

要加快混合过程，必须在扩散混合上再加上使大的粒子群互相混合的作用，即伴随对流或剪切混合。螺带式混合器能提供对流混合，鼓式混合器也能提供剪切混合。

3.1.2 物料运动状态分析

物料的受力如图3-2所示。图中物料所受重力为 G，筒体对物料的支持力为 N，物料所受摩擦力为 F，其中摩擦力 $F = \mu N$。

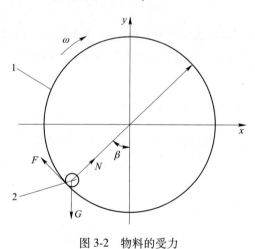

图 3-2 物料的受力
1—筒体；2—物料

筒体转速为 $n(\mathrm{r/min})$，则其角速度为：

$$\omega = \pi n/30 \tag{3-6}$$

β 为物料位置和筒体中心的连线与竖直方向的夹角，称为物料提升角。此时，物料颗粒法线方向受力方程为：

$$N - mg\cos\beta = m\omega^2 R \tag{3-7}$$

切向方向上受力方程为：

$$F - mg\sin\beta = 0 \tag{3-8}$$

将 $F = \mu N$ 和式（3-7）代入到式（3-8）中得：

$$\mu(m\omega^2 + mg\cos\beta) - mg\sin\beta = 0 \tag{3-9}$$

可以看出随着物料的上升，β 变大，N 变小，F 也变小，而重力在切线上的分量 $mg\sin\beta$ 则变大。

不同性质的物料在圆筒混合机内运动时，由于物料的不同性质以及筒体的转速、填充率等工艺参数不同时，物料运动状态大致有六种，分别为 Slipping（滑移）、Slumping（阶梯）、Rolling（滚动）、Cascading（小瀑布）、Cataracting（大瀑布）和 Centrifuging（离心）。下面将逐一对这六种状态进行阐述。

3.1.2.1　圆筒混合机内物料做滑移运动

筒体内壁的转速较小，筒体对物料的摩擦力不足以使物料上升，物料做滑移运动，如图 3-3 所示。

如果开始时物料被投放位置比较特殊，在该位置提升物料所受重力的切向分量 $G\cos\beta$ 等于物料与筒体之间的滑动摩擦力 F，即 $G\cos\beta = F$，此时达到了一种平衡，因为此时物料速度为零，物料保持不动（相对于地面）。物料相对于筒体做滑移运动。

另外还有一种情况物料也做滑移运动，即理想情况，筒体与物料之间摩擦系数非常之小，可以忽略时。物料所受的摩擦力为零，则物料置于筒体底部，保持不动（相对于地面）。

3.1.2.2　圆筒混合机内物料做阶梯运动

筒体转速很低，筒体能提供一定的摩擦力，但摩擦力较小，物料做阶梯运动，如图 3-4 所示。图中 ω 为筒体转动角速度。

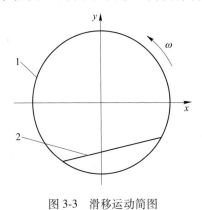

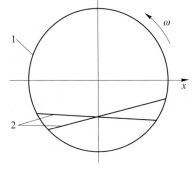

图 3-3　滑移运动简图
1—筒体；2—物料轮廓面

图 3-4　阶梯运动简图
1—筒体；2—物料轮廓面

在筒体所提供的摩擦力的作用下，物料被筒体提升一定高度。在此位置提升物料所受重力的切向分量 $G\cos\beta$ 等于物料与筒体之间的滑动摩擦力 F，即 $G\cos\beta = F$。此时物料有向上的一定速度，不可以忽略，物料在惯性作用下继续被提升一定高度，直到速度变为零。

此时，物料所受重力的切向分量 $G\cos\beta$ 大于物料与筒体之间的摩擦力 F，即 $G\cos\beta > F$，物料开始下降，到某一高度时物料所受重力的切向分量 $G\cos\beta$ 等于物料与筒体之间的摩擦力 F，即 $G\cos\beta = F$，此时物料有一定速度，不可以忽略，物料在惯性作用下继续被下降，直到速度变为零。

此时，物料所受重力的切向分量 $G\cos\beta$ 小于物料与筒体之间的摩擦力 F，即 $G\cos\beta < F$，物料又开始被筒体提升，开始了下一个循环。就这样，物料做阶梯运动（相对于地面）。

物料做滑移运动和阶梯运动时，与固体运动无异，可将其等效为一实心物体，物体各部分不发生相对运动。

3.1.2.3　圆筒混合机内物料做滚动运动

筒体转速较低时，物料被提升一定高度后，料面的倾角大于物料的休止角，圆筒混合机内物料做滚动运动，如图 3-5 所示。图中 ω 为筒体转动角速度，v 为物料向下滚落的速度。

开始时物料被筒体提升，直到物料与筒体速度一致。此时，物料与筒体之间的摩擦力 F 是静摩擦力，这是一个动态变化的量，物料与筒体之间无相对滑动。随着提升高度的增加，物料与筒体之间的静摩擦力 F 也随着不断增加，但提升物料所受重力的切向分

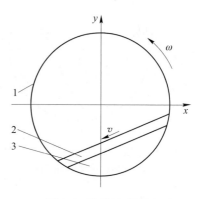

图 3-5　滚动运动简图
1—筒体；2—滚动层；3—停滞层

量 $G\cos\beta$ 一直等于物料与筒体之间的摩擦力 F，即 $G\cos\beta = F$，物料与筒体之间无相对滑动。直到物料面倾角达到物料休止角 γ，此时物料不再被提升，圆筒内物料之间有相对运动，不断有物料滚下，即所谓的物料做滚动运动。物料分为两层：滚动层和停滞层。

3.1.2.4　圆筒混合机内物料做抛落运动（小瀑布）

筒体转速较高时，物料达到一定速度以致被抛出，物料做抛落运动（小瀑布），如图 3-6 所示。

开始时物料在摩擦力作用下被筒体提升，直到物料与筒体速度一致。此时，物料与筒体之间的摩擦力 F 是静摩擦力，这是一个动态变化的量，物料与筒体之间无相对滑动。随着提升高度的增加，物料与筒体之间的静摩擦力 F 也随着不断增加，但提升物料所受重力的切向分量 $G\cos\beta$ 一直等于物料与筒体之间的摩擦力

F，即 $G\cos\beta = F$，物料与筒体之间无相对滑动。

　　直到物料面倾角达到物料能够抛射的角度物料开始抛出，物料面倾角继续增大，直到到达物料休止角 γ，物料面倾角保持不变，不断有物料抛出，达到了一种动态平衡，此时物料抛射面与下面移动面未分离，物料所做的运动被称为抛落运动（小瀑布）。物料可以分为两层：对流层和停滞层。

3.1.2.5　圆筒混合机内物料做抛落运动（大瀑布）

　　筒体转速较高时，物料被抛出，物料抛射面与下面移动面分离，圆筒混合机内物料做抛落运动（大瀑布），如图 3-7 所示。

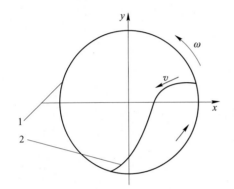
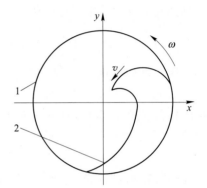

图 3-6　抛落运动（小瀑布）简图　　　　图 3-7　抛落运动（大瀑布）简图
1—筒体；2—物料轮廓面　　　　　　　　1—筒体；2—物料轮廓面

　　开始时物料被筒体提升，直到物料与筒体速度一致。此时物料与筒体之间的摩擦力 F 是静摩擦力，这是一个动态变化的量，物料与筒体之间无相对滑动。随着提升高度的增加，物料与筒体之间的静摩擦力 F 也随着不断增加，但提升物料所受重力的切向分量 $G\cos\beta$ 一直等于物料与筒体之间的摩擦力 F，即 $G\cos\beta = F$，物料与筒体之间无相对滑动。直到物料面倾角达到物料能够抛射的角度物料开始抛出，物料面倾角继续增大，直到到达物料休止角 γ，达到了一种动态平衡，此时物料抛射面与下面移动面相分离，物料所做的运动被称为抛落运动（大瀑布）。

3.1.2.6　圆筒混合机内物料做离心运动

　　筒体转速非常高，超过临界值时，物料做离心运动。物料随筒体一起转动，不能达到混合和制粒的目的，如图 3-8 所示。物料所受的支持力始终大于 0，不会做抛落运动，而是随筒体一起运动。物料在筒体内部形成了一个环形区域。

　　临界转速，以 $N_C(\mathrm{r/min})$ 表示，其形式如下式所示：

$$N_C = \frac{30}{\pi}\sqrt{\frac{g}{D_e}} \tag{3-10}$$

式中　D_e——筒体有效直径，m；

　　　　g——重力加速度，m/s^2。

3.1.3 物料的停留时间

物料颗粒处于滚落运动状态时，如之
前分析，物料会分为明显的两个层区，即
活动层和静止层。颗粒不断从表面滚落下
来，进而在表面形成稳定波层，滚落到底
端再进入静止层，而静止层中物料颗粒沿
着筒壁做圆周运动再次被提升到顶端然后
滚落下来，再次进入活动层，就这样在混

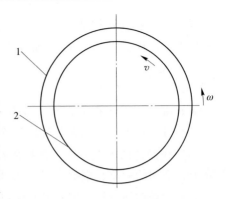

图 3-8　离心运动简图
1—筒体；2—物料轮廓面

合机圆筒内形成稳定的循环，每个历程都包括颗粒从活动层滚落和颗粒在静止层
受摩擦力矩被提升到顶端这两个过程。而在静止层中时，物料被提升的过程在轴
向位移极小，因此物料在轴向的运动主要取决于物料在活动层的滚落运动。

为方便研究，提出以下几点假设条件：

（1）处于物料层表面的物料在运动的时候，始终可以保持在某一个固定的
角度平面上，且物料层的厚度在这一刻保持不变，如图 3-9 所示，即物料在轴向
方向上位移为零。

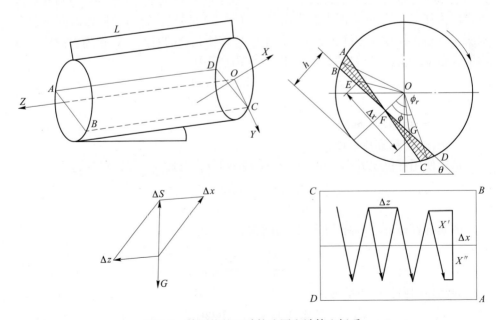

图 3-9　单颗粒的运动轨迹图和计算坐标系

（2）设定物料颗粒从表面滚动而下的时候，物料颗粒在筒体内的运动是螺旋式的重复过程，每个历程由在静止层中的圆周运动和表面活动层的滚动组成。

（3）表面的活动层的运动，认定均是由重力引起的，忽略颗粒之间的摩擦力。

（4）混合机筒体在运转时，表面物料的滚动时间相对于静止层的物料做圆周运动的时间几乎为零，在此处做忽略处理。

（5）在筒体回转过程中，物料在表面的滚动位移，认定为图 3-9 中两个阴影部分重心之间的距离，根据几何关系可近似认定这两个区域为三角形区域。

首先，对循环过程中的颗粒径向单历程运动过程中的轴向位移进行确定。由图 3-9 所示：在图示所建立的笛卡尔坐标系当中，分别用 α_1、α_2 表示筒体的安装倾角和筒体内物料颗粒的动态休止角，通过受力分析可知单个颗粒的重力分量的矢量，可分别表示为 $(\cos\alpha_1\sin\alpha_2,\ \cos\alpha_1\cos\alpha_2,\ \sin\alpha_1)$，从颗粒的受力来看，应用牛顿第二定律、假设条件第一、第三，以及位移运动公式 $s = 0.5at^2$，可以推导出位移的矢量表达式为 $(\cos\alpha_1\sin\alpha_2,\ 0,\ \sin\alpha_1)$。由以上的公式和推导可得出：

$$\frac{\Delta z}{\Delta x} = \frac{\sin\alpha_1}{\sin\alpha_2\cos\alpha_1} = \frac{\tan\alpha_1}{\sin\alpha_2} \tag{3-11}$$

下面研究如何确定物料颗粒在圆筒混合机筒体内的平均停留时间。假设每次通过整个筒体的时候总的历程数为 k，而在每一个第 i 历程当中，滚落过程中的横向的位移分量均是由两部分组成的，分别是物料层的上半段位移 x_i' 和料层的下半段位移 x_i''。根据第四点假设条件，在单个历程里，物料的停留时间主要是取决于物料颗粒在经过静止层中的那半段位移所花费的时间。颗粒随着筒体做圆周上升运动，由此可得出第 i 个历程的停留时间为：

$$t_i = \frac{2\phi_r}{2\pi n} = \frac{\sin^{-1}(x_i''/r)}{\pi n} \tag{3-12}$$

式中　n——转速，r/min；

　　　r——颗粒旋转半径，m。

这里使用等价无穷小代换，由于 x_i'' 远小于 r，故式（3-12）可变为：

$$t_i = \frac{2\phi_r}{2\pi n} = \frac{\sin^{-1}(x_i''/r)}{\pi n} \approx \frac{x_i''}{\pi n r} \tag{3-13}$$

因此物料通过整个筒体的停留时间为：

$$T = \sum_{i=1}^{m} t_i \approx \sum_{i=1}^{m} \frac{x_i''}{\pi n r} \tag{3-14}$$

而筒体的筒长可表示为：

$$L = \sum_{i=1}^{k} \Delta z_i = \sum_{i=1}^{k} \frac{\tan\alpha_1}{\sin\alpha_2}\Delta x_i = \frac{\tan\alpha_1}{\sin\alpha_2}\sum_{i=1}^{k}(x_i' + x_i'') \tag{3-15}$$

　　在滚落过程中存在一个十分显著的特征，即：颗粒从表面活动层进入物料底部的静止层的位置是随机的。正是由于这种随机性的存在和滚落历程对称性的存在，故颗粒进入活动层的时候位置是可以确定的，因此在第 i 个运动的循环中，下半段的位移 $\mathrm{d}x_i$ 刚刚是下一个循环历程的上半段的位移，即：$\mathrm{d}x_{i+1}$。两者之间存在如下关系式：

$$x_i'' = x_{i+1}' \quad (i = 1, 2, 3, \cdots, m) \tag{3-16}$$

　　如图 3-10 所示，依据颗粒表明活动层颗粒滚动时的位移，再由本章开始给出的假设，可以知道，两个阴影部分，即两个三角形区域的重心距离就是上述的 $\mathrm{d}x$。由阴影部分近似看作三角形，再由三角形的重心定理：重心位于中线的三分之二的位置上，可以推导出 R 与 r 的关系式。

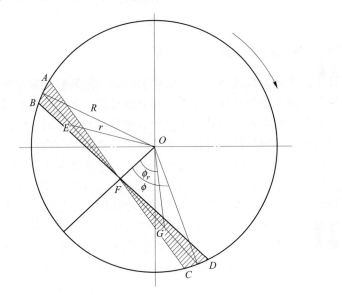

图 3-10　推导关系图

$$r = \frac{2\sin\phi}{3\sin\phi_r} R \tag{3-17}$$

并且根据相互的尺寸关系还可以推导出如下公式：

$$\tan\phi = \frac{3}{2}\tan\phi_r \tag{3-18}$$

将两式代入式（3-14），可得：

$$T = \frac{3L\sin\alpha_2\sin\phi_r}{4\pi Rn\tan\alpha_1\sin\phi} \tag{3-19}$$

式中　T——物料在筒体中的停留时间，min；

　　　L——筒体的总长度，m；

α_2——物料动态休止角，rad；

R——筒体的有效直径，m；

n——筒体转速，r/min；

α_1——筒体安装倾角，rad；

ϕ——物料填充角的一半，rad；

ϕ_r——物料圆周运动所对应的圆周角的一半，rad。

又由于角 ϕ 与角 ϕ_r 相差较小，故有：

$$\sin\phi \approx \sin\phi_r \tag{3-20}$$

故式（3-19）可化为：

$$T = \frac{3L\sin\alpha_2}{4\pi Rn\tan\alpha_1} \tag{3-21}$$

3.1.4　颗粒的渗流凝聚以及费劳德换算

物料处于滚落运动模式下，物料层中表面活动层颗粒会发生随机碰撞，从而物料发生混合。由于颗粒本身存在渗流和凝聚机理，多元物料颗粒在混合时会产生径向分离现象。前人针对颗粒尺寸差异、密度差异主要对 S 形体系和 D 形体系进行了大量研究，得出颗粒凝聚渗流竞争理论。将颗粒与颗粒之间的体积比用 σ 来表示，颗粒与颗粒之间的密度比用 η 来表示，这里如果增加颗粒之间体积比 σ 就会增强颗粒物料渗流作用，增加颗粒之间密度比 η 则会增强混合过程中凝聚作用。在物料混合过程中，不论是渗流占据主导作用，还是凝聚占据主导作用，这两者均会导致物料颗粒在活动层运动过程中发生分离现象，致使多元物料整体混合程度下降。如图 3-11 所示为物料最佳的体积比和密度比曲线，在筒体当中加入原始物料颗粒时，可以根据该图来适当考虑加入的各种物料种类配比，从而使渗流和凝聚两种作用机理达到平衡状态，以促进物料混匀制粒。

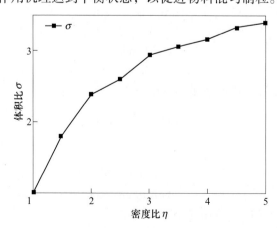

图 3-11　物料颗粒之间的最佳体积比(σ)-密度比(η)曲线

在物料混匀制粒研究过程中，由于物料颗粒粒径较小，而筒体本身又较大，在研究过程中，每次模拟仿真如果按原本粒径和筒体直径来设置参数，仿真过程将会耗费大量时间，给研究造成很大的困扰，故前人引入了费劳德常数 Fr，以此为依据对研究模型进行缩放，之后通过费劳德常数来转换，可大大加快仿真速度。如图 3-12 所示为筒体填充率与费劳德常数之间的关系，给出了物料在筒体中各个运动状态下区域。费劳德常数按下式计算：

$$Fr = \frac{Dn^2}{g} \tag{3-22}$$

式中　D——圆筒混合机筒体直径，m；

　　　n——圆筒混合机筒体转速，r/min；

　　　g——重力加速度，m/min²。

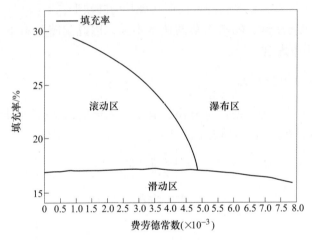

图 3-12　不同填充率下的费劳德常数

对该式进行变形，两边同时乘以筒体直径 D 和质量 m 得：

$$Fr = \frac{mD^2 n^2}{mgD} = \frac{mv^2}{mgD} \tag{3-23}$$

式（3-23）是经过变形的费劳德常数形式，从式（3-23）可以看出式中分子表示单位体积颗粒动能的两倍，分母表示单位体积颗粒的重力势能。故费劳德常数也可表示为颗粒动能与势能的比值。而物体的动能和势能又与惯性力和重力成正比，故 Fr 也表示物体惯性力与重力的比值。

3.2　混合机力学性能分析

新型圆筒混合机由多组实心橡胶轮胎支撑，混合机主要受轮胎的支撑力、自身的重力、物料的重力以及物料由于旋转产生的离心力。在横截面方向上，混合机由两点支撑，但是由于物料的运动属于离散体运动，受力情况复杂，在求解时多采用简化的方式。沿着轴向方向上，每一侧有多个实心橡胶轮胎支撑，属于静不定问题，通过结构力学和材料力学的方法可以求得每个轮胎的受力大小。

3.2.1　径向受力分析

随着产量要求的提高，混合机的规格日益增大，目前最大的混合机规格已达到 $\phi 5.1 \text{m} \times 25 \text{m}$。在工作过程中，混合机的径向断面图，如图 3-13 所示。

在工作时，圆筒混合机内物料运动复杂，由前述分析结论可知，当圆筒混合机的转速不超过 10r/min 时，分析混合机受力时，将物料截面形状简化为圆缺形。图中 xoy 为静坐标，$x'oy'$ 为工作时坐标系，即 y' 轴与物料面垂直。进行受力分析时，有两点假设：

（1）为便于计算，将物料的截面形状规整为圆缺形；

（2）混合机转速慢，物料下落的速度不大，因此忽略物料下落产生的冲击力，在计算中不考虑这一项。

3.2.1.1　物料偏心距计算

如图 3-14 所示，为了使计算方便，取工作时坐标系 $x'oy'$ 为计算坐标系，物料截面关于 y' 轴对称，物料的偏心距为：

$$e = \left| \frac{1}{A} \iint_D y' \mathrm{d}\delta \right| \tag{3-24}$$

$$A = \varphi \pi R^2 \tag{3-25}$$

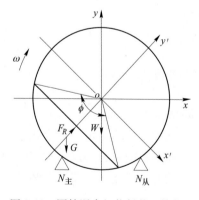

图 3-13　圆筒混合机物料截面简化图

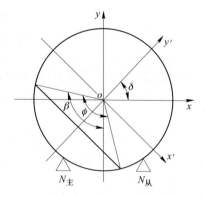

图 3-14　两坐标系关系图

又可由物料截面直接进行计算得：

$$A = \frac{1}{2}R^2\phi - \frac{1}{2}R^2\sin\phi \tag{3-26}$$

式中　A——物料圆缺面积，m^2；

　　　φ——物料填充率；

　　　ϕ——物料所对圆心角。

积分可得：

$$e = \frac{4R\sin\dfrac{\phi}{2}\left(1 - \cos^3\dfrac{\phi}{2}\right)}{3(\phi - \sin\phi)} \tag{3-27}$$

进一步可以推导给出重心计算表达式为：

$$\begin{cases} x' = 0 \\ y' = \dfrac{1}{A}\displaystyle\int_{-R}^{-R\cos\frac{\phi}{2}} \int_{-\sqrt{R^2-y^2}}^{\sqrt{R^2-y^2}} y\mathrm{d}x\mathrm{d}y \end{cases} \tag{3-28}$$

只要给出混合机的规格参数和工艺参数就可以得出物料的重心位置。

x 轴与 y' 轴之间的夹角为 δ，根据几何关系可以得出：

$$\delta = \frac{\phi}{2} - \left(\beta - \frac{\pi}{2}\right) = \frac{\pi}{2} + \frac{\phi}{2} - \beta \tag{3-29}$$

式中　β——物料的提升角，rad；

　　　ϕ——物料所对圆心角，rad。

可以进一步变换到坐标系 xoy 中，得到在该坐标系下的物料重心坐标 x，y 的值：

$$\begin{cases} x = x'\sin\delta + y'\cos\delta \\ y = y'\sin\delta - x'\cos\delta \end{cases} \tag{3-30}$$

3.2.1.2　物料离心力计算

由于摩擦力，物料随着筒体一起做圆周运动，到一定高度后泻落，如此往复，达到混合均匀的目的。在旋转过程中物料会产生很大的离心力，对筒体的载荷明显加大。计算时仍采用图 3-14 所示的 $x'oy'$ 坐标系。计算过程采用极坐标方式。离心力在 x' 方向上对称，只有在 y' 方向上有离心力 F_R：

$$F_R = \int_{-\frac{\pi}{2}+\frac{\phi}{2}}^{-\frac{\pi}{2}-\frac{\phi}{2}} \int_{\frac{R\cos\frac{\phi}{2}}{\sin\theta}}^{R} L\rho\sin\theta\omega^2 r^2 \mathrm{d}r\mathrm{d}\theta = \frac{1}{1350}R^3\rho L(\pi n)^2 \sin\frac{\phi}{2}\left(1 - \cos^3\frac{\phi}{2}\right)$$

$$\tag{3-31}$$

式中　R——圆筒混合机半径，m；

　　　ρ——物料密度，kg/m^3；

　　　L——圆筒混合机长度，m；

　　　n——圆筒混合机转速，r/min；

　　　ϕ——物料对应的圆心角，rad。

3.2.1.3 物料所受支持力计算

物料所受支持力来源有两个：物料自身重力和物料旋转时所受的离心力，为两者的矢量和。

物料受力如图 3-15 所示。

则其所受支持力为：

$$N_支 = \boldsymbol{F}_R + \boldsymbol{G}_料 \tag{3-32}$$

即：

$$N_支 = F_R + G_料 \cos\gamma \tag{3-33}$$

从而也可以得到物料对筒体的压力：

$$N_压 = N_支 \tag{3-34}$$

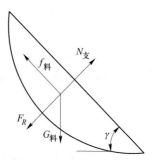

图 3-15   物料受力

3.2.1.4 物料所受摩擦力计算

（1）物料所受摩擦力为静摩擦力，滑动摩擦力及滚动摩擦力忽略不计。

（2）物料所受的静摩擦力来源于物料自身重力的分量。

物料所受的静摩擦力如图 3-15 所示，可以表达为：

$$f_料 = G_料 \sin\gamma \tag{3-35}$$

3.2.1.5 圆筒混合机回转阻力矩计算

混合机筒回转所需力矩 M_n 为：

$$M_n = K(M_g + M_f) \tag{3-36}$$

式中 M_n——圆筒旋转阻力矩，N·m；

　　　　K——考虑混合料波动等未计因素采用的附加因子，一般取 $K = 1.25$；

　　　　M_g——物料提升阻力矩，N·m；

　　　　M_f——由摩擦产生的阻力矩，N·m。

（1）M_g 的计算。物料提升阻力矩可用下式计算：

$$M_g = Ge\sin\gamma \tag{3-37}$$

式中 G——筒体内流动物料的重力，N；

　　　　e——物料重心偏心距，m；

　　　　γ——物料的动态安息角，（°）；出于安全考虑，$\gamma = 40°$。

（2）M_f 的计算。运转摩擦阻力矩主要包括橡胶轮胎与筒体之间、挡轮轴承之间的滚动摩擦阻力矩。日立造船认为圆筒混合机的摩擦阻力矩 M_f 仅为物料提升阻力矩 M_g 的 10%，经过计算结果也表明，摩擦阻力矩 M_f 相对于物料提升阻力矩 M_g 很小，基本可以忽略，因此在计算时，用一个系数来考虑这方面影响，一般取为 1.1。按如下公式计算：

$$M_f = \frac{\mu_2 d(G + W)D_r}{2D_t \cos\alpha_0}$$ (3-38)

式中 μ_2——橡胶轮胎轴承摩擦因数；

    G——筒内物料的重力，N；

    W——筒体自身重力，N；

    D_r——滚圈直径，m；

    D_t——橡胶轮胎直径，m；

    d——橡胶轮胎轴颈直径，m；

    α_0——滚圈与橡胶轮胎的接触角，(°)。

3.2.1.6 主从动侧总压力受力计算

以图 3-13 所示断面为受力分析图，新型圆筒混合机在工作过程中，不像橡胶轮胎摩擦传动混合机那样，轮胎为主动带动混合机运转，而是筒体为主动，轮胎被动，轮胎只作为支撑装置，而不作为传动装置，因此轮胎与筒体之间的摩擦力很小，计算中不考虑这一项。对 B 点取矩，则有：

对主动侧支撑点取矩，力矩和为零，如下式所示：

$$\sum M_A = 0$$ (3-39)

$F_\text{主}$ 为主动侧橡胶轮胎与筒体之间的滚动摩擦力：

$$F_\text{主} = M_n/R$$ (3-40)

$$N_\text{主} = \frac{WR\cos\alpha\sin\alpha_2 + G\cos\alpha(e\cos\delta + R\sin\alpha_2) + F_R R\cos(\delta - \alpha_2)}{R\sin(\alpha_1 + \alpha_2)}$$ (3-41)

同理对 A 点取矩，则有：

$$N_\text{从} = \frac{WR\cos\alpha\sin\alpha_1 + G\cos\alpha(e\cos\delta - R\sin\alpha_1) - F_R R\cos(\delta + \alpha_1)}{R\sin(\alpha_1 + \alpha_2)}$$ (3-42)

式中 G——混合机内物料的重力，N；

    W——筒体自身重力，N；

    α_1——主动侧橡胶轮胎与筒体之间的接触角，(°)；

    α_2——被动侧橡胶轮胎与筒体之间的接触角，(°)；

    δ——离心力与 x 轴之间的夹角，(°)，$\delta = \dfrac{\pi}{2} + \dfrac{\phi}{2} - \beta$；

    α——圆筒混合机倾角，(°)。

3.2.2 轴向受力分析

沿圆筒混合机轴线方向上，混合机由多个实心橡胶轮胎支撑，轮胎主要受力包括：正压力，用于支撑筒体；沿轴线的静摩擦力，由于混合机按一定倾角安装且倾角较小，其最大静摩擦力小于滑动摩擦力。

3.2.2.1 轴向各个轮胎支点处受力计算

以往对于橡胶轮胎受力的求解大致有两种方法：

（1）认为各个支点处轮胎的受力情况一样，这样大大简化计算，只需要把总的受力除以橡胶轮胎个数，便可以得到各个轮胎的受力情况，这种方法对于估算轮胎受力比较实用。但实际上每个轮胎的受力因为轮胎之间的间距不同而不同。

（2）采用三弯矩方程求解，把混合机简化为连续梁的形式，这样所得结果基本接近实际情况。但是对于有 n 个轮胎支撑的混合机，需要列写 $n-2$ 个弯矩方程，随着轮胎的增多，方程也就越多，求解比较麻烦。

上述方法在特定的条件下是可行的，但有其局限性。本节采用新的方法——弯矩分配法来计算各个轮胎的受力，采用弯矩分配法不需要求解多元一次方程组，便可以迅速求出足够精确的解。本方法的特点是步骤清晰，易于计算，而且不需要借助于计算机求解，便可得出结果。

为了简化计算，现在作如下假设：

（1）筒体长度和直径比值较大，将其简化为梁进行计算；

（2）筒体各部分惯性矩均相等；

（3）筒体所受载荷为均布载荷；

（4）筒体长度与轮胎宽度相比，筒体长度远大于每个轮胎宽度，据圣维南定理，计算筒体受力时假设轮胎对其反力为集中力。

圆筒混合机支撑轮胎起始位置如图 3-16 所示。各支点轴向距离分别为 $l_i(i = 1, 2, \cdots, n + 1)$，$\triangle$ 代表支撑点位置，左侧断面到左侧第一个支撑点距离为 l_1，第 i 个支撑点与第 $i + 1$ 个支撑点间距离为 $l_i(i = 2, 3, \cdots, n)$，最后一个支撑点与筒体右侧端面的距离为 l_{n+1}，径向初始距离为零。

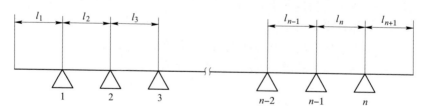

图 3-16　圆筒混合机支撑位置

达到平衡后，各支点轴向距离认为保持不变，径向距离分别为：

$$y_i(i = 1, 2, \cdots, n) \tag{3-43}$$

由三弯矩方程：

$$\begin{cases} 2m_1(l_1 + l_2) + m_2l_2 = -q(l_1^3 + l_2^3)/4 - 6EI\beta_1 \\ m_{i-1}l_i + 2m_i(l_i + l_{i+1}) + m_{i+1}l_{i+1} = -q(l_i^3 + l_{i+1}^3)/4 + 6EI(\beta_i - \beta_{i+1}) \\ 2m_{n-1}(l_n + l_{n+1}) + m_nl_{n+1} = -q(l_n^3 + l_{n+1}^3)/4 + 6EI\beta_n \end{cases} \quad (3\text{-}44)$$

式中 m_i ——第 i 个支撑处的弯矩，$i = 2，3，\cdots，n - 1$；

　　　 I ——圆筒筒体的等效惯性矩；

　　　 q ——筒体单位荷重；

　　　 β ——转角，其值见下式：

$$\begin{cases} \tan\beta_1 = \dfrac{y_2 - y_1}{l_2} \\ \tan\beta_i = \dfrac{y_i - y_{i-1}}{l_i} \\ \tan\beta_n = \dfrac{y_n - y_{n-1}}{l_n} \end{cases} \quad (3\text{-}45)$$

方程组中有 m 和 y 两种变量，共 $2n$ 个未知数，要使方程封闭需补充其他的方程。

以支撑轮胎为研究对象，第 i 个支撑轮胎的受力情况用 F_i'（$i = 2，3，\cdots，n\text{-}1$）表示，如下式所示。

$$F_i' = f(y_i) \quad (3\text{-}46)$$

式中 $f(y_i)$ ——轮胎受力与径向位移之间的关系表达式。

轮胎所受的力与筒体所受的力为作用力与反作用力，其值相等，可得到筒体所受轮胎的支反力为 F_i（$i = 2，3，\cdots，n - 1$），如下式：

$$F_i = F_i' \quad (3\text{-}47)$$

联立式（3-46）和式（3-47），得到筒体所受的力与轮胎径向位移之间关系：

$$F_i = f(y_i) \quad (3\text{-}48)$$

筒体所受的力与支撑处弯矩之间有如下关系：

$$\begin{cases} F_1 = ql_1 + \dfrac{ql_2}{2} + \dfrac{m_2 - m_1}{l_2} - \dfrac{m_1}{l_1} \\ F_i = \dfrac{q(l_i + l_{i+1})}{2} + \dfrac{m_{i-1} - m_i}{l_i} + \dfrac{m_{i+1} - m_i}{l_{i+1}} \\ F_n = ql_{n+1} + \dfrac{ql_n}{2} + \dfrac{m_n - m_{n-1}}{l_n} - \dfrac{m_n}{l_{n+1}} \end{cases} \quad (3\text{-}49)$$

式中，$i = 2，3，\cdots，n - 1$。

筒体受力情况如图 3-17 所示。

综合以上各式就可以求出沿混合机筒体轴线方向，总压力在各支撑轮胎处的正压力的分配情况。

由于橡胶的材料非线性，使得方程组为非线性方程组，求解较为复杂，当筒

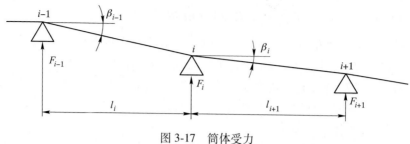

图 3-17　筒体受力

体长度不是很长，支撑轮胎数量又较多时，且是对称布置，则可以认为各支撑轮胎的支撑力是一样的，从而大大简化运算。当筒体很长，支撑轮胎很少时则支撑力会有很大差别，不可进行简化。

A　弯矩分配法基本原理

根据迭加原理，将受力件的受载状态分解为两个简单的状态，即固定状态和自由状态，这些简单的状态的受力特点根据材料力学相应公式可以直接得出结果。将计算结果相加，即可以求得原始受载状态下的受力分布，如图 3-18 所示。

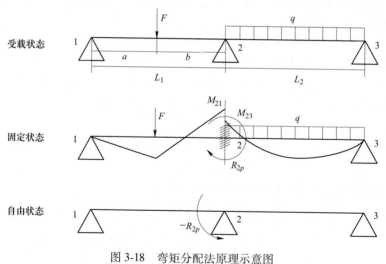

图 3-18　弯矩分配法原理示意图

固定状态：假定中间支撑点 2 固定，使其成为固定端，固定端在原载荷作用下产生的各固定端弯矩根据材料力学可以分别求得：

$$\begin{cases} M_{21} = \dfrac{-Fab(L_1^2 + b)}{2L_1^2} \\ \\ M_{23} = -\dfrac{qL_2^2}{8} \end{cases} \tag{3-50}$$

式中 M_{21}——杆件 12 的两端加于该杆的杆端弯矩，以顺时针为正，N·m；

M_{23}——杆件 23 的两端加于该杆的杆端弯矩，以顺时针为正，N·m。

节点 2 被固定，限制了其角位移。使节点 2 固定的本质是添加了一个额外的弯矩 R_{2p}，称之为不平衡弯矩，$R_{2p} = \sum M_2 = M_{21} + M_{23}$。

自由状态：为了消除固定状态而施加的弯矩 R_{2p}，恢复原有受载状态，需要在节点 2 处施加弯矩$-R_{2p}$，自由状态各杆弯矩可用分配系数和传递系数计算。

B 杆端传递系数 C_{ab}

在杆件 ab 中，使杆端 a 产生单位转角需要在 a 端添加弯矩 M_{ab}，同时在 b 端产生弯矩 M_{ba}，称之为传递弯矩，其比值 $C_{ab} = M_{ba}/M_{ab}$ 称为传递系数，传递方向为 $a \rightarrow b$。两端固定，其传递系数为：

$$C_{ab} = \frac{M_{ba}}{M_{ab}} = \frac{1}{2} \tag{3-51}$$

a 端固定，b 端铰接，其传递系数为：

$$C_{ab} = \frac{M_{ba}}{M_{ab}} = 0 \tag{3-52}$$

C 杆端弯矩分配系数

不同杆件的端点相交于同一刚性节点，在该刚性节点上施加外弯矩 M 时，相交的各杆将以某种比例共同承担弯矩 M_n，每个杆端承担的比例为 M_n/M，成为该杆端弯矩的分配系数 μ_n。连续梁分配系数求解，如图 3-19 所示。

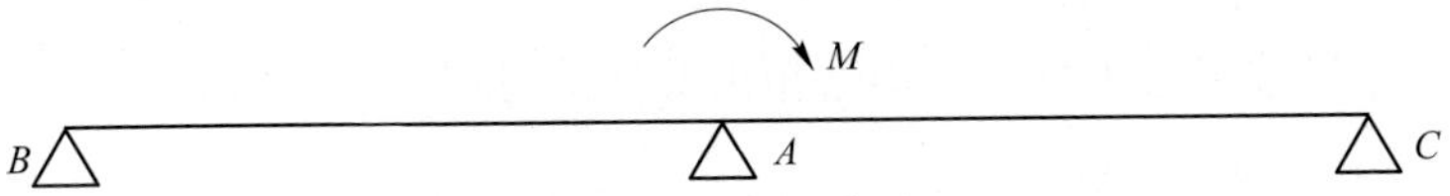

图 3-19 连续梁示意图

在 A 节点作用力矩为 M，则有：

$$\begin{cases} M_{AB} = S_{AB}\theta_A \\ M_{AC} = S_{AC}\theta_A \end{cases} \tag{3-53}$$

式中 S_{AB}——刚度系数，在数值上等于使杆端产生单位转角时需要在转动端施加力矩；

M_{AB}——杆 AB 段因弯矩 M 而承受的弯矩，N·m；

M_{AC}——杆 AC 段因弯矩 M 而承受的弯矩，N·m。

在 A 节点处，有 $\sum M = 0$，则有：

$$M_A = M_{AB} + M_{AC} = (S_{AB} + S_{AC})\theta_A \tag{3-54}$$

得出：

$$\theta_A = \frac{M_A}{\sum S} \tag{3-55}$$

将 θ_A 代入式（3-53）可得：

$$\begin{cases} M_{AB} = \dfrac{S_{AB}}{\sum S} M_A \\[4mm] M_{AC} = \dfrac{S_{AC}}{\sum S} M_A \end{cases} \tag{3-56}$$

由分配系数定义可以得出：

$$\begin{cases} \mu_{AB} = \dfrac{S_{AB}}{\sum S} \\[4mm] \mu_{AC} = \dfrac{S_{AC}}{\sum S} \end{cases} \tag{3-57}$$

则自由状态下杆端弯矩为：

$$\begin{cases} M_{21p} = - R_{2p} \mu_{21} \\[2mm] M_{23p} = - R_{2p} \mu_{23} \end{cases} \tag{3-58}$$

因此，原受载状态下支点截面弯矩由叠加法可得：

$$M_2 = \left| M_{21} + M_{21p} \right| = \left| M_{23} + M_{23p} \right| \tag{3-59}$$

3.2.2.2　橡胶轮胎受力求解

A　支点截面弯矩求解

圆筒混合机轴向支点及载荷示意图如图 3-20 所示。

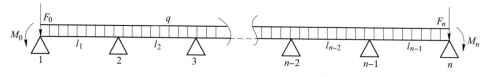

图 3-20　圆筒混合机轴向支点及载荷示意图

混合机单侧由 n 个轮胎支撑，支点分别为 Δ_i，支点之间的间距分别为 l_i，第一段距离为 l_0，最后一段距离为 l_n，q 为均布载荷，M_0、F_0、M_n、F_n 分别为两端悬伸段载荷简化到相应支点的力矩和力。支点截面弯矩求解，如图 3-21 所示。

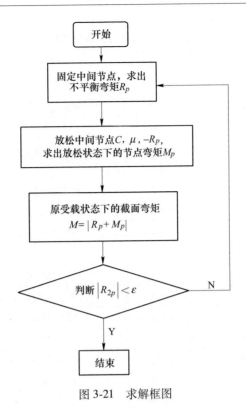

图 3-21　求解框图

B　每个支座受力计算

求出各个支座的截面弯矩后，各支座的径向力由下面两部分组成：

$$
\begin{cases}
R_i^1 = \dfrac{1}{l_i}\left(\dfrac{1}{2}l_i^2 \cdot q - M_i + M_{i-1}\right) \\[3mm]
R_i^2 = \dfrac{1}{l_{i+1}}\left(\dfrac{1}{2}l_{i+1}^2 \cdot q - M_i + M_{i+1}\right)
\end{cases}
\tag{3-60}
$$

各支座的总径向力为：

$$
R_i = R_i^1 + R_i^2 \tag{3-61}
$$

3.2.3　计算实例

以某厂 3m×12m 橡胶轮胎摩擦传动圆筒混合机为例，采用弯矩分配法计算各个支座的受力。原始参数见表 3-1。

基本参数计算结果见表 3-2，由表可见，主动侧受力远远大于从动侧受力。其原因在于，混合机在工作过程中，物料随着筒体旋转，然后泻落，物料大部分重量几乎压在一侧，而且由于旋转产生离心力，导致混合机的两侧受力相差很多。合理布置两侧的支点位置，有利于减小差距，提高轮胎使用寿命。

表 3-1　圆筒混合机原始参数

参数名称	参数值	参数名称	参数值
圆筒长度 L/m	12	转速 n/r·min^{-1}	8.7
圆筒半径 R/m	1.5	物料密度 ρ/kg·m^{-3}	4300
填充率 φ/%	15	圆筒重量 G_1/kN	206.4
主从支反力夹角 γ/(°)	120	重力加速度 g/m·s^{-2}	9.8
圆筒倾角 α/(°)	1.5		
主动侧轮胎个数/个	12	从动侧轮胎个数/个	8
第 0 段长度 L_0/m	0.5	第 0 段长度 L_0/m	0.5
第 1 段长度 L_1/m	0.7	第 1 段长度 L_1/m	1.4
第 2 段长度 L_2/m	0.7	第 2 段长度 L_2/m	1.25
第 3 段长度 L_3/m	1.25	第 3 段长度 L_3/m	1.6
第 4 段长度 L_4/m	0.8	第 4 段长度 L_4/m	2.1
第 5 段长度 L_5/m	0.8	第 5 段长度 L_5/m	1.6
第 6 段长度 L_6/m	2.1	第 6 段长度 L_6/m	1.25
第 7 段长度 L_7/m	0.8	第 7 段长度 L_7/m	1.4
第 8 段长度 L_8/m	0.8	第 8 段长度 L_8/m	0.5
第 9 段长度 L_9/m	1.25		
第 10 段长度 L_{10}/m	0.7		
第 11 段长度 L_{11}/m	0.7		
第 12 段长度 L_{12}/m	0.5		

表 3-2　基本参数计算结果

参数名称	参数值	参数名称	参数值
物料所对圆心角 ϕ/(°)	108.29	物料提升角 β/(°)	97.29
物料偏心距 e/m	1.376	离心力合力大小 F_R/kN	62.367
物料重量 G/kN	535.01	总的轴向力 T/kN	19.4
主动侧总径向力 N_1/kN	1198.66	从动侧总径向力 N_2/kN	324.47

　　得出部分计算结果后，采用弯矩分配法计算轴向方向上各个轮胎受力。各个轮胎受力计算结果如图 3-22~图 3-24 所示。

　　如图 3-22 所示，第 1 个支点处和第 8 个支点处没有不平衡弯矩，其原因在于求解过程中，只固定中间的 6 个支点，所以第 1 个支点和第 8 个支点处不会产生不平衡弯矩。经过三次迭代计算，支点处的不平衡弯矩很小，可以忽略不计。由于采用的是对称布置，支点的不平衡弯矩呈现对称分布。

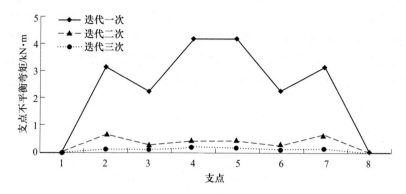

图 3-22 各支点不平衡弯矩变化图

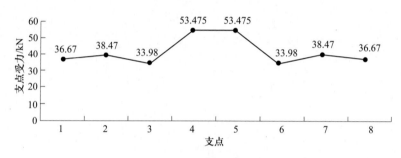

图 3-23 从动侧支点受力图

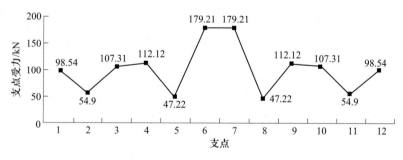

图 3-24 主动侧支点受力图

从动侧各个支点力总和为：

36. 67 + 38. 47 + 33. 98 + 53. 475 + 53. 475 + 33. 98 + 38. 47 + 36. 67 = 325. 19kN

与总的从动侧径向力 324.47kN 基本一致，主动侧各个受力总和为 1198.6kN，与主动侧总受力大小 1198.66kN 基本一致。

从图 3-23 和图 3-24 中可以看出，轮胎对称布置，因此支点的受力也呈现对称分布。此外，被动侧第 4 个支点与第 5 个支点处的支撑力是其他支点处受力的

1.5 倍左右，原因在于第 4 个支点与第 5 个支点的间距 L_4 比其他支撑点之间的距离大，因此对应的受力也大。主动侧第 6 个支点和第 7 个支点处的受力明显大于其他支点处受力，因为这个支点处的间距比较大。对比图 3-23 和图 3-24，主动侧各个支点受力明显大于被动侧各个支点受力。因此在满足操作空间的前提下，合理布置轮胎径向和轴向的支撑位置，使轮胎的受力均匀，有助于提高轮胎使用寿命，提高生产效率。

4 物料混合仿真研究

<<<<<<<<<<<<<<<<<<<<<<<<<<<<<<<<<<<<<<<<<<<<<<<<<<<<<<<<

　　圆筒混合机的物料属于散状物料，一般有限元软件都无法模拟颗粒物质，颗粒状态被认为是除气体、流体、固体之外的又一种物理状态，颗粒流状态兼具有流体和固体的双重性质，拟采用离散单元法模拟圆筒混合机内物料运动状态。离散单元法是求解和分析复杂离散系统运动规律与力学特性的一种有效的数值方法，它把研究对象进行离散化处理，离散的个体之间存在接触和脱离、相互运动、接触力和能量的关系。

4.1　离散单元法

　　离散单元法的基本原理是将研究对象看成是由一个个相互独立的离散的单元组成，根据单元之间的相互作用和牛顿运动定律，采用静态松弛法或动态松弛法等迭代方法进行循环计算，确定每一个时间步长内所有单元的力和位移，并更新所有单元的位置。通过搜集每个单元的微观运动信息，经过一定处理，就可以得到整个研究对象的宏观运动规律。在离散单元法中，单元与单元之间的相互作用被看做是一个瞬态平衡问题，而且只要单元与单元之间的相互作用力达到平衡状态，就认为整个研究对象达到平衡状态。离散单元法的基本假设：（1）选取的时间步长非常小，使得在任意一个时间步长内，除了与选定的单元有相互作用外，来自其他的任何单元的作用均不能直接传递给本单元；（2）规定在任意的时间步长内，速度和加速度（加速度为零）恒定。

4.1.1　离散单元法的颗粒模型

　　颗粒模型和计算方法随着求解问题的不同而有所差异，主要有硬球模型和软球模型，这两种模型在所采用的方法、计算效率和应用范围上各有千秋。硬球模型主要用于求解颗粒运动较快的情况如库特流、剪切流中的颗粒运动情况；软球模型主要用来分析单个颗粒间的相互作用，也可以同时分析多个颗粒之间的相互作用，以牛顿第二定律为基础，根据球体间的交迭量计算得到颗粒间的接触力。

　　离散单元法的颗粒模型是将颗粒和颗粒、颗粒和边界的接触通过采用振动运动方程进行模拟分析。颗粒之间的接触模型表示成振动模型，如图 4-1 所示。

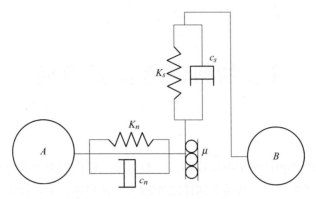

图 4-1　颗粒之间的接触模型

将颗粒接触过程的振动运动进行切向和法向分解，法向方向的振动运动方程为：

$$m_{A,B}\mathrm{d}^2 u_n/\mathrm{d}t^2 + c_n \mathrm{d}u_n/\mathrm{d}t + K_n u_n = F_n \tag{4-1}$$

切向振动表现为切向滑动和颗粒的滚动：

$$\begin{cases} m_{A,B}\mathrm{d}^2 u_s/\mathrm{d}t^2 + c_s \mathrm{d}u_s/\mathrm{d}t + K_s u_s = F_s \\ I_{A,B}\mathrm{d}^2 \theta/\mathrm{d}t^2 + (c_s \mathrm{d}u_s/\mathrm{d}t + K_s u_s)s = M \end{cases} \tag{4-2}$$

式中　$I_{A,B}$——颗粒的等效转动惯量，kg·m²；

$\quad\quad m_{A,B}$——颗粒 A、B 的等效质量，kg；

$\quad\quad s$——旋转半径，m；

$\quad\quad u_n$——颗粒法向相对位移，m；

$\quad\quad u_s$——颗粒切向相对位移，m；

$\quad\quad \theta$——颗粒自身的旋转角度，rad；

$\quad\quad F_n$——颗粒所受外力的法向分力，N；

$\quad\quad F_s$——颗粒所受外力的切向分力，N；

$\quad\quad M$——颗粒所受的外力矩，N·m；

$\quad\quad K_n$——接触模型中的法向弹性系数；

$\quad\quad K_s$——接触模型中的切向弹性系数；

$\quad\quad c_n$——接触模型中的法向阻尼系数；

$\quad\quad c_s$——接触模型中的切向阻尼系数。

4.1.2　颗粒模型运动方程

由力-位移关系，可以得到颗粒受到的作用力，位移的计算主要采用牛顿第二定律得出。根据牛顿第二定律，可以得到颗粒 A 的运动方程如下：

$$\begin{cases} m_A \ddot{u}_A = \sum F \\ I_A \ddot{\theta}_A = \sum M \end{cases} \tag{4-3}$$

式中　$\ddot{u}_A$——颗粒 A 的加速度，m/s^2；

　　$\ddot{\theta}_A$——颗粒 A 的角加速度，rad/s^2；

　　m_A——颗粒 A 的质量，kg；

　　I_A——颗粒 A 的转动惯量，kg·m^2；

　　$\sum F$——颗粒在质心处受到的合外力，N；

　　$\sum M$——颗粒在质心处受到的合力矩，N·m。

通过反复循环迭代求解上述方程，可以得到颗粒的位移和受力大小，其计算循环如图 4-2 所示。

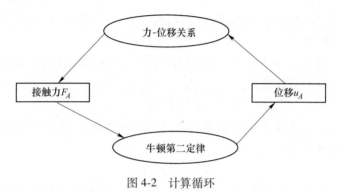

图 4-2　计算循环

4.2　仿真参数与模型的建立

仿真模拟按照相似准则将混合机缩小一定比例进行模拟计算。圆筒混合机物料的混合过程为：物料从入料段进入圆筒混合机，随着筒体一起提升到一定高度后泻落，再随着筒体旋转。由于混合机有一定的安装倾角，在提升—泻落的同时，物料还沿着筒体轴线方向向出口端运动。因此，在沿着筒体轴线方向看，物料在筒体内提升—泻落，如此往复直到混合均匀为止。

4.2.1　相似准则

在建立几何模型时，采用准二维方式建立筒体模型，既能模拟运动效果而不失真，又能缩短模拟计算时间。采用的相似准则为使两种混合机的线速度 v 相同。

$$v = \frac{n\pi r}{30} \tag{4-4}$$

式中　v——线速度，m/s；

　　n——混合机转速，r/min；

　　r——圆筒混合机半径，m。

4.2.2　颗粒数计算

圆筒混合机的填充率是指混合机内物料体积占圆筒混合机总体积的百分数，或者物料所占断面面积与圆筒混合机有效断面面积的百分数。当填充率和圆筒混合机体积已知时，就可以得到物料所占体积，即：

$$V_Q = \varphi V_0 \tag{4-5}$$

式中　V_Q——物料体积，m^3；

　　　V_0——圆筒混合机体积，m^3；

　　　φ——填充率。

球体在空间随机排列的方式通常有两种：（1）立方体排列；（2）四面体排列。设球的直径为 d，一个立方体的边长为 $L(L > d)$。

（1）假定该立方体由直径为 d 的球体按照立方体形式排列，则可以得到该立方体中装满球时的总球数为：

$$N_1 = L^3/d^3 \tag{4-6}$$

（2）假设该立方体中的球的排列方式为正四面体，则可以得到该立方体中装满球时的总球数为：

$$N_2 = \sqrt{2}L^3/d^3 \tag{4-7}$$

物料颗粒的实际数量介于这两者排列之间，认为两种排列的概率相等，则物料颗粒数为：

$$N \approx 1.2\frac{\varphi V_Q}{d^3} \tag{4-8}$$

4.2.3　仿真模型的建立

圆筒混合机离散元模型中，筒体为圆柱体，轴向采用周期性边界条件，即从一端进入的物料颗粒从另一端排出筒体，这样连续进入，连续排出，筒体内的颗粒总数在仿真过程中保持不变。仿真模型建立的步骤如下：

（1）设置参数、物理和材料属性。主要包括全局参数、物理属性、重力和相互作用。相互作用参数见表 4-1。

表 4-1　相互作用参数表

相互作用	恢复系数	静态摩擦系数	滚动摩擦系数
颗粒与颗粒	0.001	0.7	0.07
颗粒与几何体	0.001	0.7	0.1

对于材料属性设置和接触参数设置，原则上应尽量接近实际情况，以保证仿真结果的真实性。故在设置这些参数时，结合搜集到的相关资料。

在确定铁矿石-钢的静摩擦系数时，考虑滚动运动形成的摩擦力矩条件，得到铁矿石-钢的静摩擦系数需满足：

$$\mu > \frac{2}{3} \frac{g\sin^3\phi\sin\theta}{\pi\varphi(g + \omega^2 R)} \tag{4-9}$$

这里取填充率 $\varphi = 10\%$，对应的 $\sin^3\phi = 0.381$，筒体的转速认为很小，即 $\omega = 0$rad/s，近似取动态休止角 $\theta = 33°$。将以上参数值代入式（4-9），得到使物料进入滚动运动的最小静摩擦系数：

$$\mu > \frac{2}{3} \frac{g\sin^3\phi\sin\theta}{\pi\varphi(g + \omega^2 R)} = 0.44$$

根据上式，当转速为 0 时其值与筒体半径无关。填充率高、筒体转速快，则最小静摩擦系数的值越小。最终取铁矿石-钢的静摩擦系数 $\mu = 0.45$。

表 4-2 为模拟圆筒混合机中铁矿石混合料运动情况时所设置的材料属性和接触参数。

表 4-2 材料属性和接触参数设置

材　料	参　　数	单位	数值
钢（steel）	泊松比 ν_s（Poisson's ratio）	—	0.28
	剪切模量 G_s（shear modulus）	Pa	8.2×10^{11}
	密度 ρ_s（density）	kg/m³	7850
铁矿石（iron ore）	泊松比 ν_i（Poisson's ratio）	—	0.23
	剪切模量 G_i（shear modulus）	Pa	1.1×10^7
	密度 ρ_i（density）	kg/m³	2900
铁矿石-铁矿石	恢复系数（coefficient of restitution）	—	0.6
	静摩擦系数（coefficient of static friction）	—	0.5
	滚动摩擦系数（coefficient of rolling friction）	—	0.05
铁矿石-钢	恢复系数（coefficient of restitution）	—	0.5
	静摩擦系数（coefficient of static friction）	—	0.45
	滚动摩擦系数（coefficient of rolling friction）	—	0.05

根据表 4-2 中的材料属性，通过仿真分别测得混合物料的动态休止角 $\theta = 33.43°$ 和静态休止角 $\theta_0 = 39.52°$，如图 4-3 和图 4-4 所示。

根据物料滚动运动形成的时间条件，得到筒体的最小转动角速度：

$$\omega > \sqrt{\frac{3g}{2R} \frac{\sin\theta - \tan(2\theta - \theta_0)\cos\theta}{\sin\phi}}(\theta_0 - \theta) \tag{4-10}$$

（2）定义基本颗粒、创建（输入）颗粒形状、定义粒子属性。本章所用到的颗粒形状均采用球体，颗粒的粒径分别为 5mm 和 8mm。

 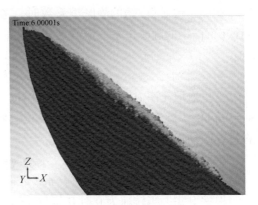

图 4-3　测量仿真中混合物料的　　　　　图 4-4　测量仿真中混合物料的
　　　　动态休止角 θ　　　　　　　　　　　　　静态休止角 θ_0

（3）定义几何体（机器形状），可以通过 CAD 软件导入，也可以由软件本身定义。本章仿真时，直接创建。定义几何体属性，主要包括几何体特性和动力学参数。几何体材料特性物理参数和颗粒特性参数见表 4-3。

表 4-3　颗粒与几何体特性参数

颗粒和几何体	泊松比	剪切模量/MPa	密度/kg·m^{-3}
颗粒	0.25	1×10^8	2500
几何体	0.3	7×10^{10}	7800

（4）指定仿真区域，仿真区域是进行仿真计算的区域，超出区域范围的颗粒将会被删除。适当减小仿真区域有利于减少仿真时间。

（5）创建颗粒工厂。用于定义仿真中颗粒产生的数量、位置、时间和方式等。

4.3　物料混合仿真分析

4.3.1　混合熵

混合熵是评价物料混合效果的参数，如图 4-5 所示为采用混合熵评定物料混合均匀程度的表示方法，该方法的优点在于可以充分证明颗粒之间的混合状态是否均匀。以往的评定方法，均存在一定的局限性，比如说测定一定范围内的大小颗粒之比，如图 4-5 所示，为颗粒的三种不同的混合状态，三单元中，每个黑白颗粒之比均为同一值，但混合状态却大不相同。但采用相互之间的接触数量来评定却可以完美解决这个问题。从图 4-5 可知：三单元中黑白颗粒的接触数量均不相同，且接触数量越多的混合状态越好，即单元 3。

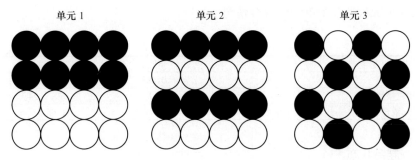

图 4-5 颗粒的三种不同混合状态

物料混合度的评价与测量按下式进行：

$$M(t) = \frac{n_{AB}(t)}{n_{AA}(t) + n_{BB}(t) + n_{AB}(t)} \tag{4-11}$$

式中　$M(t)$——物料的混合指数；

　　　$n_{AA}(t)$——颗粒 A 与同种颗粒接触的次数；

　　　$n_{BB}(t)$——颗粒 B 与同种颗粒接触的次数；

　　　$n_{AB}(t)$——颗粒 A 与颗粒 B 接触的次数。

混合熵：

$$\Delta S_{混} = -KV\left[n_A\ln\left(\frac{V_A}{V}\right) + n_B\ln\left(\frac{V_B}{V}\right)\right] \tag{4-12}$$

式中　$\Delta S_{混}$——混合熵；

　　　K——常数；

　　　V——总体积，m^3；

　　　n_A——A 颗粒的总数；

　　　n_B——B 颗粒的总数；

　　　V_A——颗粒 A 的总体积，m^3；

　　　V_B——颗粒 B 的总体积，m^3。

　　定义颗粒之间的距离为 $|L_i - L_j|$，颗粒半径分别为 r_i、r_j，这里通过一个距离关系来判定颗粒之间是否发生了接触。即：当 $|L_i - L_j| \leqslant r_i + r_j$ 时，表示物料之间发生接触碰撞，当取等号时颗粒之间刚好发生接触。在此情况下记录颗粒相互之间发生碰撞一次，如果是同种颗粒之间发生碰撞记作 $n_{AA}(t) = 1$ 或 $n_{BB}(t) = 1$，如果是不同颗粒发生碰撞记作 $n_{AB}(t) = 1$，以此类推，得到颗粒的碰撞总次数。在这里定义颗粒接触指数为 $M(t)$，也可称之为混合指数，表达式见式（4-11）。其中，M 值域范围为 $[0,1]$，M 越大，表示物料混合程度越高，当 $M = 1$ 时，表示物料达到图 4-5 中单元 3 中的完全混合状态。

表4-4所示为三个单元的混合情况。

表4-4　混合熵的数值

混合程度	单元1	单元2	单元3
混合熵	0.693	0.693	0.693
颗粒接触数	4	12	24
实际混合程度	少量混合	部分混合	完全混合

4.3.2　混合状态

不同转速、填充率下物料的混合状态如图4-6所示，其中n为转速，φ为物料填充率。由图4-6a~图4-6d可以得出，转速较低时，物料断面的形状接近圆缺形。

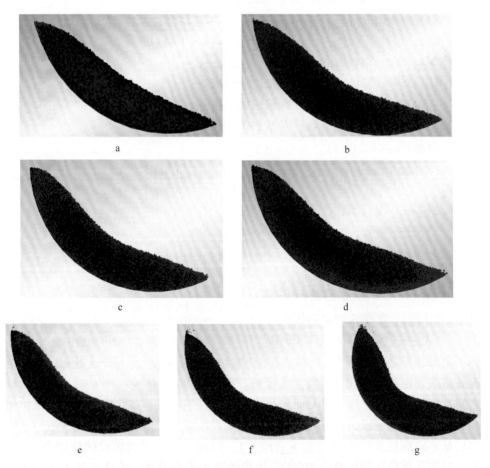

图4-6　不同转速、填充率下物料的混合状态图

a—$n=7\text{r/min}$，$\varphi=10\%$；b—$n=8\text{r/min}$，$\varphi=13\%$；c—$n=9\text{r/min}$，$\varphi=13\%$；d—$n=8.5\text{r/min}$，$\varphi=15\%$；e—$n=9.7\text{r/min}$，$\varphi=15\%$；f—$n=11.5\text{r/min}$，$\varphi=18\%$；g—$n=11.5\text{r/min}$，$\varphi=25\%$

当转速超过 9r/min 时，物料的截面形状不再接近圆缺形，尤其是转速接近 10r/min 时，物料的泻落面接近弧形。由图 4-6b～图 4-6e 可以得出，当填充率不变时，提高转速，可以改善混匀效果；由图 4-6c 和图 4-6d 可以得出，当提高填充率时，往往需要提高转速，否则会削弱混合效果。

由图 4-6f 和图 4-6g 可以看出，当转速超过 10r/min 时，物料截面不再呈圆缺形，故受力分析时不能将物料截面假设为圆缺形；当转速不变时适当提高填充率可以提高生产效率而不影响混匀效果。还可以得出，只要转速合适则可以适当提高填充率，从而减小混合机设备规格，却不影响混合机的产能。

4.3.3 混合时间

判断颗粒之间是否混匀，采用类似混合度的方法。在物料区域的不同位置取相同体积的区域，统计该区域内不同颗粒的数量，不同颗粒数量的比值 p 保持不变且与总颗粒数量的比值相等，则认为颗粒为完全混匀状态。

$$p = \frac{N_b}{N_s} \tag{4-13}$$

式中 p——不同颗粒数量的比值；

N_b——区域内大颗粒数量，个；

N_s——区域内小颗粒数量，个。

模拟结果如图 4-7～图 4-13 所示。

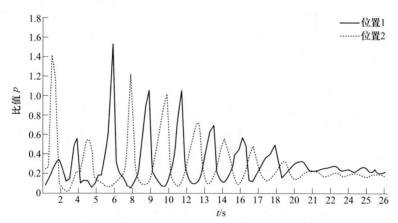

图 4-7　$n = 7r/min$，$\varphi = 10\%$ 混合曲线

由图 4-7 可以看出，在前 20s 内颗粒逐渐混匀，两个位置的比值 p 逐渐靠近，从 21s 以后颗粒近似混匀，尤其是在 24s 以后，两个位置的 p 值比较接近，且在 0.2 左右上下波动，则认为此状态下，颗粒处于混匀状态。由图 4-6a 也可以直观看出颗粒处于近似混匀状态。

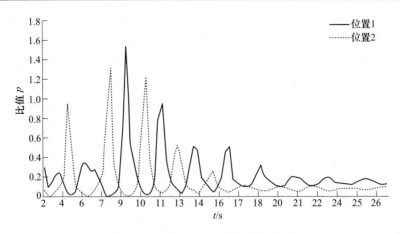

图 4-8　　$n = 8\text{r/min}$，$\varphi = 13\%$ 混合曲线

　　由图 4-8 可以看出，前 20s 内，颗粒逐渐混匀，两个位置的 p 值逐渐接近。20s 以后，两个位置的 p 值呈现波动，波动较大，不再有靠近的趋势。可以看出两个位置的 p 值相差较大，则认为此种情况下的混合效果不理想。由图 4-6b 可以直观看出混合效果不佳。

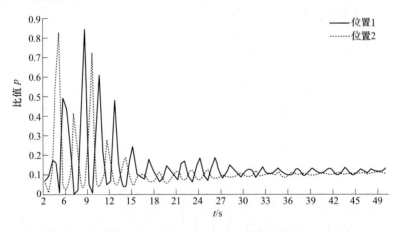

图 4-9　　$n = 9\text{r/min}$，$\varphi = 13\%$ 混合曲线

　　由图 4-9 可以得出，前 30s 内，颗粒逐渐混合，两个位置的 p 值逐渐接近。30s 以后两个位置的 p 值接近，则认为此时颗粒处于混匀状态。对比图 4-8 和图 4-9，可以看出，填充率不变时，提高转速有利于改善混合效果。

　　由图 4-10 可以看出，17s 以后，两个位置的 p 值在 0.1 上下波动，且波动较大，则此时的混合状态不佳。两个位置的 p 值变化趋势不再变化，则认为颗粒的混合状态不再发生变化。从图 4-10 中可以看出，两个位置的 p 值曲线波动幅度大，则其混合效果较差。由图 4-6d 也可以直观的看出，混合效果不佳。

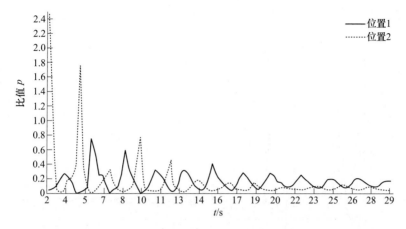

图 4-10　　$n = 8.5\text{r/min}$，$\varphi = 15\%$混合曲线

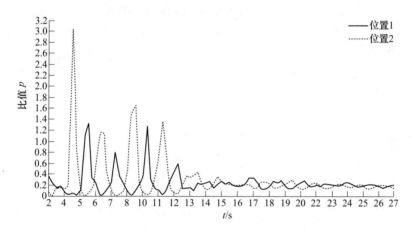

图 4-11　　$n = 9.7\text{r/min}$，$\varphi = 15\%$混合曲线

由图 4-10 和图 4-11 可以看出，转速较高，混合程度激烈，混合所需时间减小。填充率较大时，必须相应提高转速，否则混合效果不理想。

由图 4-12 和图 4-13 可以看出，转速不变时，适当提高填充率，虽然会增加混合时间，但可以提高产量，而不会影响混合效果。

通过上述模拟结果分析可知，当填充率为 15%，线速度为 1.93m/s（9.7r/min）；填充率为 13%时，线速度为 1.79m/s（9r/min）；填充率为 10%时，线速度为 1.39m/s（7r/min），混合效果和混合时间均比较好，由图 4-6f、图 4-6g、图 4-12 和图 4-13 得出，从考虑物料混合效果的角度出发，只要转速适当，填充率可以达到 20%以上。表 4-5 为某公司统计的目前国内主流圆筒混合机的规格参数。它们的线速度分别为 1.19m/s、1.38m/s、1.49m/s，从中可以看出其转速偏低。

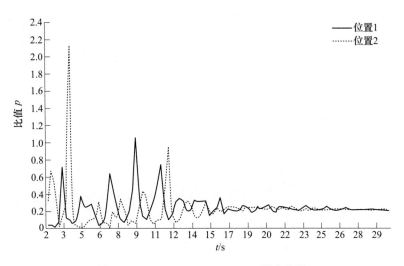

图 4-12　$n = 11.5\text{r/min}$，$\varphi = 18\%$混合曲线

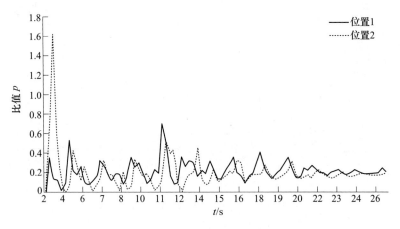

图 4-13　$n = 11.5\text{r/min}$，$\varphi = 25\%$混合曲线

表 4-5　圆筒混合机参数

名　称	圆筒混合机 I	圆筒混合机 II	圆筒混合机 III
规格/mm×mm	$\phi 3800 \times 14000$	$\phi 4400 \times 18000$	$\phi 5100 \times 25000$
填充率/%	15.4	12.8	11.04
转速/r·min⁻¹	6	6	5.6

4.3.4　不同参数下物料运动分析

　　分别对不同筒体直径、填充率、筒体转速、安装倾角 4 个设备参数下的物料

混合运动状态进行仿真，并进一步分析相关参数对物料混合过程的影响。首先，分析不同填充率下物料运动状态。

图 4-14 所示为不同填充率下物料的混合运动状态图。筒体直径 $D = 4400\text{mm}$，转速 $n = 7\text{r/min}$。从图 4-14a ~ 图 4-14f，填充率依次为：12%、14%、16%、18%、

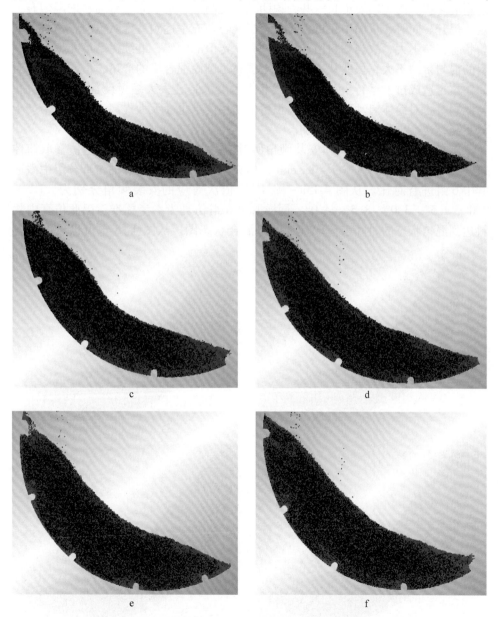

图 4-14 不同填充率下物料的混合运动状态图

a—$\varphi = 12\%$；b—$\varphi = 14\%$；c—$\varphi = 16\%$；d—$\varphi = 18\%$；e—$\varphi = 20\%$；f—$\varphi = 22\%$

20%、22%。取填充率为22%作为参考标准，当填充率为22%的仿真实验达到稳定混匀标准时，确定出该组仿真实验的混匀时间，从而在选定的仿真实验里均截取对应该时刻的混合状态图，以此来对比分析各个仿真实验的混合情况。由图4-14可以看出，最小填充率的组别达到混匀状态的时间相比较于几组较大填充率达到混匀状态的时间要更长一些，说明适当提高混合机填充率对物料的混匀有一定的提升。同时，从图中还可以看出，当混合填充率达到一定数值时，物料的混匀状态相差不大，故当物料填充率增加到一定值的时候，继续提高填充率则对物料的混匀帮助不大，虽然从一定程度上提高了圆筒混合机的产量，但同时也会对筒体本身造成过大运行负荷，致使设备振动变大，会大大缩短设备的使用寿命。与此同时，对筒体启动装置、动力设备的使用要求也会大大提高，不仅对生产十分不利，还会导致生产成本增加。

　　图4-15所示为不同筒体安装倾角所对应的各组仿真云图，该组仿真取筒体直径 $D = 4400$mm，转速 $n = 8$r/min，填充率为20%。从设计的仿真分组中截取其中6组进行对比。从图4-15a～图4-15f依次对应的安装倾角分别为：1.5°、2.0°、2.5°、3.0°、3.5°、4.0°，同样取第6组仿真为参考标准。以此仿真中物料达到混匀状态的时间来截取其他5组混合状态图。从图4-15中可以看出，各

a

b

c

d

e   f

图 4-15　不同安装倾角下物料的混合状态图

a—α = 1.5°；b—α = 2.0°；c—α = 2.5°；d—α = 3.0°；e—α = 3.5°；f—α = 4.0°

仿真组混合状态差别不大，在这一时刻均达到了稳定混合状态，且每组仿真的均匀程度大体相同。可见安装倾角的改变对物料实际混匀时间的影响不大，但根据第 3 章中物料在筒体停留时间公式的推导和分析可知，物料之所以能够自动排料，是因为筒体本身存在一定的安装倾角，故安装倾角是一个关系到物料在筒体中停留时间长短的关键参数，另一关键参数即筒体筒长 L，这两个参数，前者决定着物料在筒体沿轴向的运动速度，后者决定了在排料这一过程中的位移。

图 4-16 所示为 6 种不同筒体直径下物料的混合仿真模拟，从图 4-16a～图 4-16f 筒体直径分别为：3800mm、4000mm、4200mm、4600mm、4800mm、5000mm。取 5000mm 直径筒体作为本组模拟参考标准。根据实际仿真数据，确定出该筒体实现物料混合均匀的具体时间，然后截取其他各组仿真在同一时刻的物料混合状态图，从图中可以发现，筒体直径较小时，物料混合状态在这一时刻并未达到最好，随着筒体直径的增大，筒体内物料的混合均匀度有所增加，但当筒体超过 4600mm 之后，物料混匀增加效果不明显，在筒体直径为 4600mm 时，从混合状态图可以看出，物料已经基本混合均匀。可见，筒体直径增大对物料的混合有促进作用，但当筒体直径达到一定值后，筒体直径的增加对物料混合的促进作用逐渐减小，提升较小，在相同时间内，达到混合状态相同的情况下，为了迎合目前混合设备趋于大型化的要求，选取直径较大筒体作为设计参考。

图 4-17a～图 4-17f 所示为不同筒体转速条件下物料颗粒的混合状态图，该组仿真筒体直径 D = 4400mm，填充率为 20%。从图 4-17a～图 4-17f 筒体转速依次为：6r/min、7r/min、8r/min、9r/min、10r/min、11r/min。处理方式与前面相同，取最后一个筒体转速 n = 11r/min 这组模拟为参考标准，根据模拟结果确定出最终混匀时间，然后截取其他 5 组模拟在该时刻的混合状态图。从图 4-17a 中可

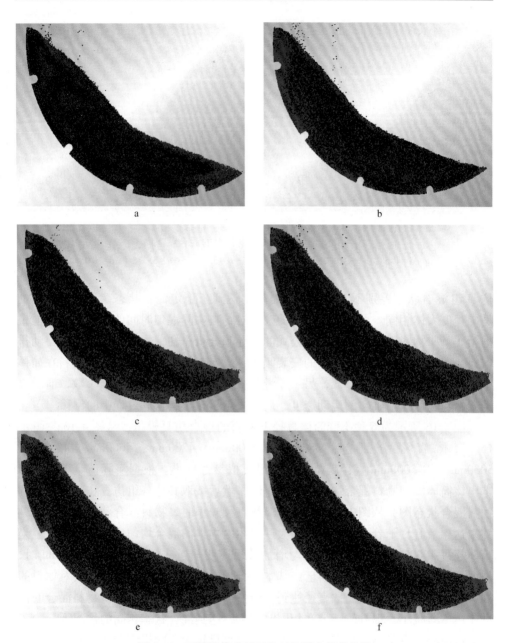

图 4-16   不同筒体直径下物料的混合仿真模拟

a—D=3800mm；b—D=4000mm；c—D=4200mm；d—D=4600mm；e—D=4800mm；f—D=5000mm

以看出，当筒体转速 $n=6r/min$ 时，物料明显还未混合均匀，随着转速 n 增大，从图 4-17b~图 4-17f 物料混合均匀程度越来越好，且物料提升高度也有所增高，导致物料在筒体当中的堆积形状由最初的标准圆缺形向弧形转变，混合状态逐渐从滚落运动向泻落转变，筒体内物料运动剧烈程度有所增加。随着筒体转速增加，筒体内物料运动程度加剧，物料本身惯性被加大，使得物料随筒体转动上升到更高位置。筒内物料混合效果得到明显提升。当转速达到一定数值之后，提升效果减小，因随着转速的增加，筒内物料运动状态有所变化，将不利于物料的混合。

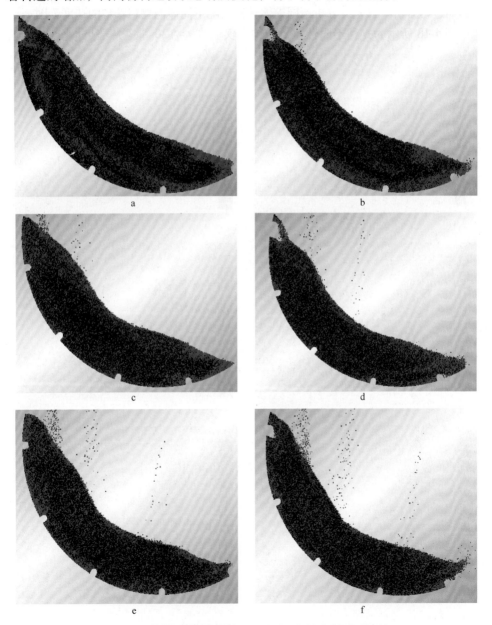

图 4-17　不同筒体转速条件下物料颗粒的混合状态图

a—n = 6r/min；b—n = 7r/min；c—n = 8r/min；d—n = 9r/min；e—n = 10r/min；f—n = 11r/min

4.3.5　物料运动的速度分析

　　通过对各组仿真进行后处理，可以得到各个仿真分组的物料颗粒速度分布云图，通过对比每组速度云图之间的异同点，对各组仿真和相对应的参数对混合过程的影响进行分析。首先，分析不同筒体转速情况下筒体内物料颗粒的速度云图。

　　图 4-18 所示为 6 种不同转速下的仿真实验在 $t = 120\mathrm{s}$ 时物料混合速度分布云

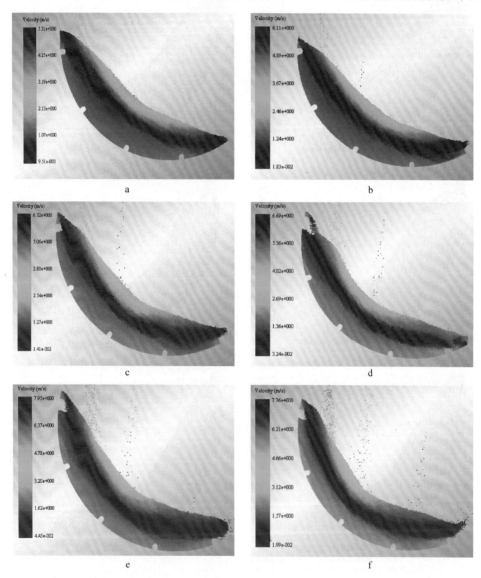

图 4-18　不同转速下的物料混合速度

a—$n = 6\mathrm{r/min}$；b—$n = 7\mathrm{r/min}$；c—$n = 8\mathrm{r/min}$；d—$n = 9\mathrm{r/min}$；e—$n = 10\mathrm{r/min}$；f—$n = 11\mathrm{r/min}$

图。从图 4-18a ~ 图 4-18f 仿真实验转速依次为 $n=6r/min$、$n=7r/min$、$n=8r/min$、$n=9r/min$、$n=10r/min$、$n=11r/min$。填充率为 20%，筒体直径 $D=4400mm$，从图中可以看出，$n=11r/min$ 时物料表面活动层速度相对于前面几组仿真速度更大，同理 $n=10r/min$ 表面的物料相对于 $n=9r/min$、$n=8r/min$ 等仿真组速度更大，并且快速活动层厚度 $n=11r/min$ 明显大于 $n=10r/min$、$n=9r/min$ 等低转速仿真组的表面活动层厚度。从左侧速度图例中数值可以看出，中上层物料，以及中下层物料，转速较大的物料运动仿真组颗粒运动速度均快于转速较小仿真实验。从图中还可以看出，当转速增大时，物料整体被提升的高度也有所增加。筒体内物料运动也更加剧烈。物料堆随着转速的增加物料的运动状态也会有一定的转变，会有从滚动运动状态向泻落运动状态转变的趋势。当然筒体转速不能过高，过高会导致筒体内物料随筒体做离心运动，对物料混合极为不利，故筒体转速不能超过临界转速，且尽可能使筒体处在对物料混合制粒最佳的滚动运动状态转速下运行。

图 4-19 所示为转速 $n=7r/min$ 时颗粒数量比值混合曲线图，通过两种不同颗粒的数量比来测定两种物料的混合程度。导入颗粒时，两种物料的数量是确定的，故最佳比值应为两种颗粒总数比值。该组仿真最佳的颗粒比值为 $N=3.375$，从图 4-19 中可知，两种物料的颗粒个数比在 3.375 上下波动，图 4-19a 中黑线为 60s，蓝线为 120s，粉线为 150s。从图中可以看出，红线离蓝线和粉线的距离较远，且偏离最佳数量比值也比较远，而蓝线和粉线则相互交织在一起且离最佳颗粒数量比值较近，这表明当时间 $t=120s$ 的时候，物料已经基本完成混合，且两线在 $N=3.375$ 的位置基本重合了，表面在 $t=120s$ 以后物料已经处于一个稳定的状态。图 4-19b 则为 $t=120s$、150s、180s 时的比值曲线，黑色为 120s，蓝色为 150s，粉色为 180s，可见，三条曲线基本交织在一起，也证明物料混合运动已趋于平稳。

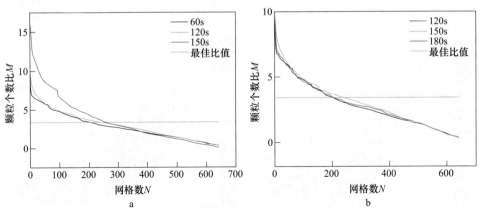

图 4-19　颗粒数量比值混合曲线

图 4-20a ~ 图 4-20g 分别是筒体直径 D = 3800mm、4000mm、4200mm、4400mm、4600mm、4800mm、5000mm，转速为 $n=7r/min$，填充率为20%，颗粒混合速度分布云图。由以上速度云图可知，筒体中颗粒运动状态同以上分析一样分为两部分，即：表面活动层和底部静止层，从图 4-20a~图 4-20g 依次观察可见，筒体内物料表面活动层所占体积随着筒体直径增大而逐渐减小，从筒体直径大小以及颗粒受力分析可知，在转速和填充率一定的情况下，随着筒体直径增大，筒体内物料会更多的堆积于筒体底部，由于转速不变，直径增大，从筒体截面圆缺形堆积层来看，更多的处于筒体底部，底层颗粒受表层颗粒挤压，又无法跟随筒体提升到足够高度，此时颗粒之间摩擦力矩作用大于颗粒本身重力力矩作用，导致颗粒无法形成固定的滚落运动。颗粒受力更加平稳，致使物料运动层减小。从速度数值上分析，整体来看几种筒体直径的仿真分组筒体内物料相对运动速度变化基本一致，最大速度随着筒体直径的增大有所增加，随着筒体直径的增大，物料在筒体表面形成的圆缺形区域增大，故物料通过活动层的长度有所增大，即物料下落总距离增大，导致颗粒速度增大。最小速度基本相同，说明筒体直径对筒体静止层物料之间相对运动速度影响较小。

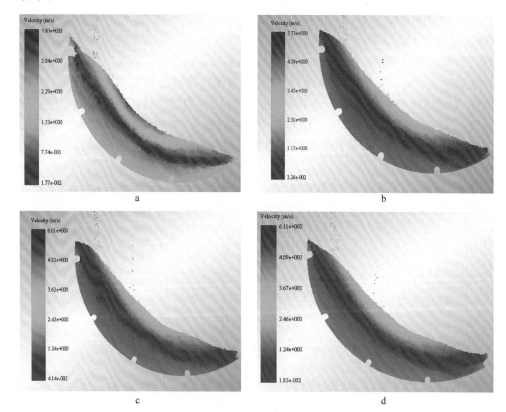

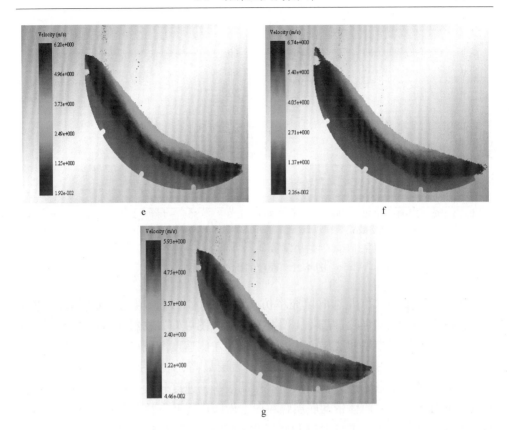

图 4-20　不同直径下的物料混合速度
a—D=3800mm；b—D=4000mm；c—D=4200mm；
d—D=4400mm；e—D=4600mm；f—D=4800mm；g—D=5000mm

图 4-21 所示为筒体直径 D=5000mm 仿真模拟处理后的质量比曲线，每图中曲线分为三条，其中图 4-21a 黑色线条为时间 t=60s 时的质量比，红色线条为时间 t=120s 时的质量比，蓝色线条为 t=150s 时质量比曲线，平行于 X 轴的直线为 Y=1，该曲线代表最佳质量比，该比值为最初放入筒体时两种颗粒总质量比，由于初始放入颗粒质量相等，故开始填入颗粒时两种物料质量比为 1。即最佳质量比为 Y=1。从三条曲线可知，当时间 t=60s 时明显每个网格中的质量比值相对于期望值 1 相差较大，当时间 t 到达 120s 时质量比值曲线明显要优于 t=60s 时，相比于 t=60s，曲线更加靠近最佳质量比值。当时间 t 达到 150s 时质量比曲线均值进一步向最佳期望值 1 靠近，且 t=120s 与 t=150s 两曲线相互交错，彼此之间重合部分较大。表明在时间达到 120s 时筒体内物料混合已进入一个相对稳定的状态，混合程度达到标准要求。图 4-21b 为时间分别是 120s、150s、180s 时的质量比曲线图，从图中可以看出：三条曲线相互交错，尤其中间位置几乎重合，表明物料已经处于相对稳定的运动状态，混合已基本完成。

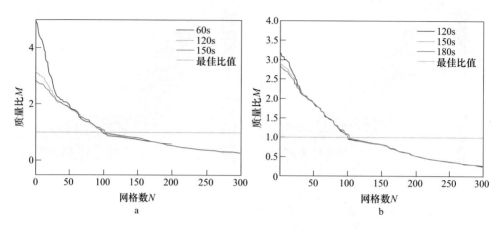

图 4-21　颗粒的质量比曲线

图 4-22a～图 4-22h 是选取填充率仿真组当中的 8 组，填充率分别为：12%、13%、14%、15%、16%、17%、18%、19%。从图可知，物料在筒体中运动基本分为三层：表层、中层和底层。从云图颜色和左侧速度图例可知，三部分速度关系为：表层>底层>中层，中层速度最小，表层最高，表层是由于颗粒受重力分力作用大于颗粒本身摩擦力，故从物料顶端滚落，速度较大。底层是由于颗粒受到筒体壁摩擦力矩，筒体带动底层颗粒向上做圆周提升。故从数值上大于中层物料。而中层则由于受到来自上层和底层物料挤压，又无主动力作用于颗粒之上，导致中层颗粒几乎处于静止状态，速度最小。数值上最大速度随着填充率的增大，先增大后减小，说明选取适当的填充率会从一定程度上增大物料混合速度，加剧颗粒之间相互运动。最小速度逐渐减小，接近于静止状态。这是由于随着物料的增加，筒体中间的物料所受的压力逐渐增大，导致颗粒所受阻力增大，致使物料处于静止状态。

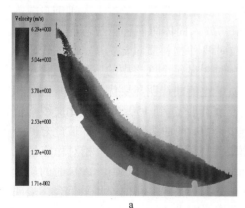

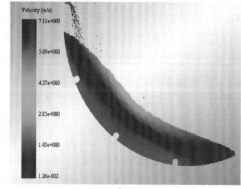

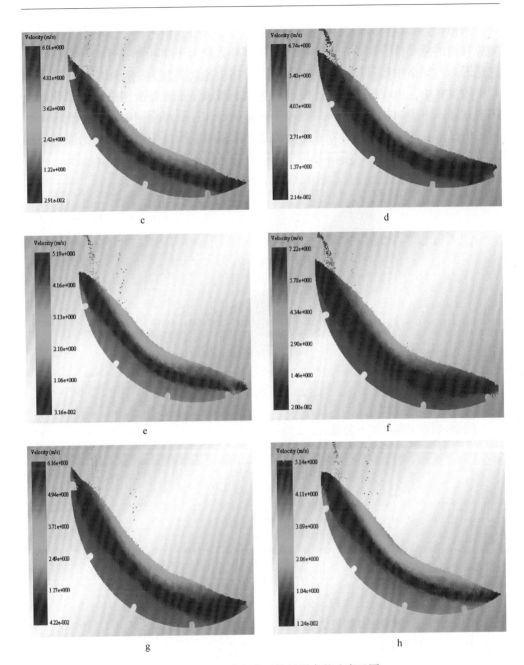

图 4-22　不同填充率下物料混合的速度云图

a—φ = 12%；b—φ = 13%；c—φ = 14%；d—φ = 15%；e—φ = 16%；f—φ = 17%；g—φ = 18%；h—φ = 19%

　　如图 4-23 所示，在评价物料混匀程度过程中，通过求解物料颗粒个数比值之间的均方差来评价颗粒之间混合程度。将已经仿真完毕的组别对物料运动区域进行网格化。根据实际情况确定划分网格的数量，分别输出每一个网格当中两种颗粒各自的总个数。在这个过程中，选取颗粒数量大于 30 的网格作为研究对象，这是因为，网格中数量过少，会出现一个网格中绝大多数为一种颗粒，而另一种颗粒数量极少，出现极端情况，使求解更加不精准。求解每个网格当中两种颗粒的个数比，由于初始情况加入的两种颗粒总数已知，故每个网格当中最佳颗粒数量比值已知，即：初始两种颗粒总个数比，求解每个网格中颗粒个数比值与最佳比值之间的比，最后通过求解其均方差的方法来测定物料整体的混合状况。

图 4-23　网格划分

把该过程归纳为如下公式：

$$N_1 = \frac{P_1}{P_1 + P_2} \tag{4-14}$$

$$N_2 = \frac{P_{1总}}{P_{1总} + P_{2总}} \tag{4-15}$$

$$\Phi = \frac{N_1}{N_2} \tag{4-16}$$

$$\text{STDEVP}(\Phi) \tag{4-17}$$

式中　P_1——一个网格中颗粒 1 的个数；

　　　P_2——一个网格中颗粒 2 的个数；

　$P_{1总}$——颗粒 1 总个数；

　$P_{2总}$——颗粒 2 总个数；

　Φ——最佳个数比。

由式（4-17）可知，通过求解网格中颗粒数量比值与最佳比值的标准偏差的数值，来判定物料是否混合完毕，当标准偏差数值不再变化时，即表示混合已基本完成。并且标准偏差数值越小，混合越均匀。

　　图 4-24 所示为不同安装倾角下物料混合速度云图,从图 4-24a～图 4-24h 安装倾角依次为 1.0°、1.5°、2.0°、2.5°、3.0°、3.5°、4.0°、4.5°。每个仿真组别之间间隔 0.5°。从分层上,跟以上分析基本相同,分为了三层,分布规律也如前面一样,速度关系为:表层>底层>中层,从图中左侧的速度图例可以看出,各个仿真组别速度变化不大,趋势相同,物料形成的半月形堆积图形也十分相近,可知安装倾角对物料在径向方向的速度影响不大,主要是对轴向速度有较大影响。

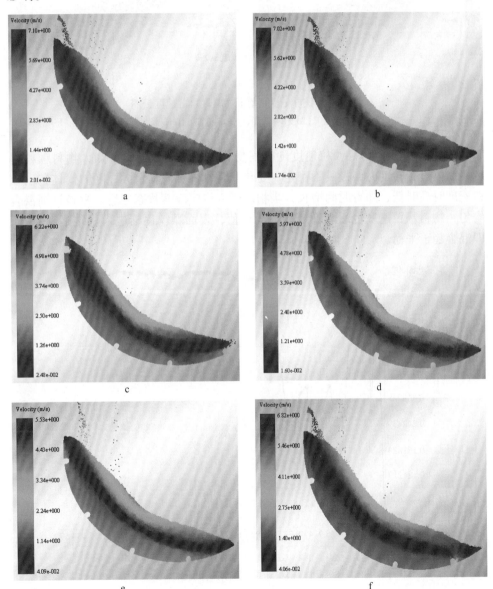

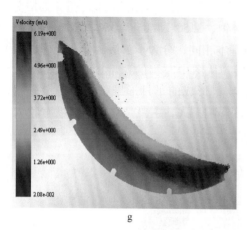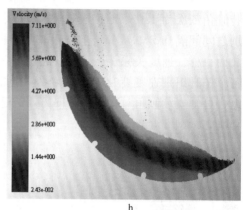

图 4-24　不同安装倾角下物料混合的速度云图

a—α=1.0°；b—α=1.5°；c—α=2.0°；d—α=2.5°；e—α=3.0°；f—α=3.5°；g—α=4.0°；h—α=4.5°

图 4-25 所示为物料颗粒速度随时间变化的曲线，从图中可知，物料颗粒速度在筒体开始转动时，极其不稳定，变化非常剧烈，波动较大，随着筒体转动颗粒速度时高时低，随着时间增长，当物料进入稳定滚落状态之后，颗粒逐渐混合均匀，物料颗粒速度也逐渐稳定在一固定值，表面颗粒逐渐进入稳定运动状态，即混合趋于平稳。

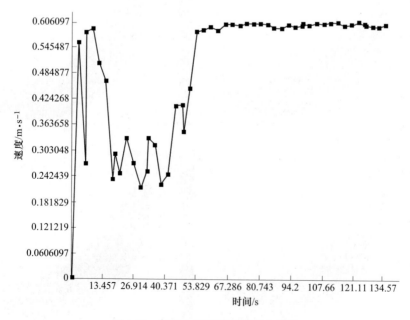

图 4-25　物料速度随时间的变化曲线

4.4 基于仿真数据的工艺参数优化

圆筒混合机的生产工艺参数包括：筒体转速、填充率、混合时间、安装倾角和生产能力。其中，筒体转速和填充率直接决定着物料在圆筒混合机内的运动状态，进而也就决定了物料能否在筒体内受到有效的混合与制粒作用，而混合时间则决定了混合与制粒过程的进行是否充分、彻底，三者又同时影响着生产效率。所以，圆筒混合机工艺参数的选择与物料的运动规律间有着密切的关系，基于仿真数据进行回归方程来研究圆筒混合机最佳工艺参数的确定方法是本章要解决的核心问题。

4.4.1 不同参数情况下的混匀时间

分别对筒体转速、筒体直径、填充率、安装倾角4个参数进行了共4类、35组模拟仿真研究，通过对仿真数据的处理和分析，拟合了4个参数与混匀时间 t 之间的函数关系。

首先，研究物料混合时间与填充率之间的关系。图 4-26 所示为不同填充率下颗粒接触数量比值曲线。共 10 组，从 $M(t_1) \sim M(t_{10})$ 的填充率依次为：22%、20%、19%、18%、17%、16%、15%、14%、13%、12%。其中转速 $n = 7\text{r/min}$，$D = 4400\text{mm}$。由式（4-11）可知，$M(t)$ 表示接触数量比值，函数值 $M(t)$ 越大，表示混合状态越好，物料混合越均匀，越快趋于平行 t 轴，表示越快的达到稳定的混合状态，即越快混合完全。当曲线渐渐稳定在趋于平行 t 轴之时，表明物料已经达到稳定的混合状态。此刻的时间即为物料混匀时间。

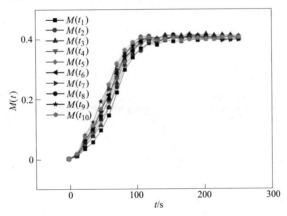

图 4-26　不同填充率下颗粒接触数量比值曲线

图 4-27 为不同填充率颗粒之间的接触比值曲线，从图 4-27a 中可以看出，在达到稳定的混匀状态所需的时间上有如下关系：$M(t_3) < M(t_2) < M(t_1)$，而当达到稳定的混匀状态时的接触比值则有如下关系：$M(t_3) > M(t_2) > M(t_1)$，由此可知，

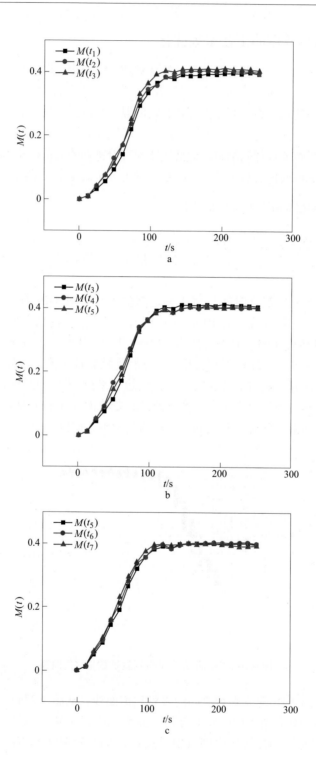

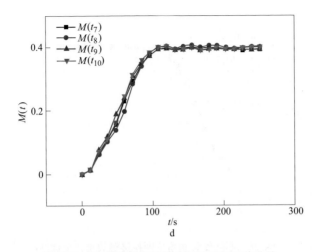

图 4-27　不同填充率颗粒之间的接触比值曲线

a—填充率为 22%、20%、19%；b—填充率为 19%、18%、17%；c—填充率为 17%、16%、15%；
d—填充率为 15%、14%、13%、12%

$M(t_3)$ 不论在达到稳定的混匀状态的时间上，还是达到最终的混匀状态的接触比值上皆是优于 $M(t_1)$、$M(t_2)$ 的。而从图 4-27b 所示可得出，在混匀时间快慢与最终达到混匀状态时的颗粒接触值比上 $M(t_3)$ 皆优于 $M(t_4)$、$M(t_5)$。如图 4-27c 所示，$M(t_5)$、$M(t_6)$、$M(t_7)$ 三者不论在混合时间快慢，还是最终达到稳定混合状态时颗粒之间的接触数量比值大小相近，表明三者之间的混合状态大体相同。从图 4-27d 中可以看出，$M(t_7)$ 在混合时间快慢上略优于 $M(t_8)$、$M(t_9)$、$M(t_{10})$。在达到稳定混合状态时的 $M(t)$ 的值有如下关系：$M(t_8) > M(t_7) = M(t_9) > M(t_{10})$，又因为 $M(t_3)$ 相比于 $M(t_7)$ 优势较大，综上所述，$M(t_3)$ 所对应填充率为最佳的物料混合填充率。

　　图 4-28 所示为不同安装倾角下物料混合时，颗粒之间相互接触数量比值曲线，共 8 组，从 $M(t_1) \sim M(t_8)$ 对应的安装倾角分别为 1.0°、1.5°、2.0°、2.5°、3.0°、3.5°、4.0°、4.5°，转速 $n = 8\mathrm{r/min}$，填充率 $\varphi = 20\%$，筒体直径 $D = 4400\mathrm{mm}$。图 4-29 是为方便分析，按照每组三条或四条曲线进行的曲线分类。从图 4-28 中可以看出，从 $M(t_1) \sim M(t_8)$ 共 8 条曲线，变化趋势基本相同，达到混匀的时间基本相同，达到混匀状态时，接触数量比值大小也基本相同。如图 4-29a 所示 $M(t_2)$ 在达到混匀状态时，数值略大于 $M(t_1)$、$M(t_3)$，稳定的时间三者基本相同。图 4-29b、图 4-29c 与图 4-29a 结果一致。由此可知：筒体安装倾角对物料混匀时间影响较小，物料混匀状态随着物料倾角的变化，不论是在达到稳定的混匀状态时间上，还是达到最终混匀状态时的接触比值，影响均较小，为不显著变量，在对数据进行整合时，会将该数据剔除，也可放入 MATLAB 中，由软件自动剔除。

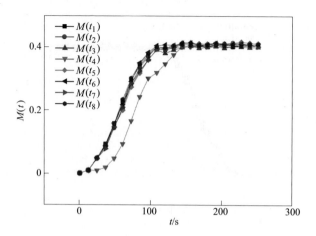

图 4-28　不同安装倾角下颗粒接触数量比值曲线

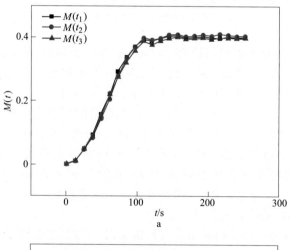

a

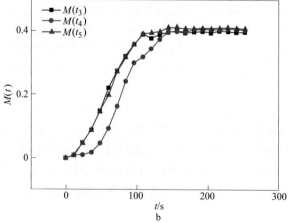

b

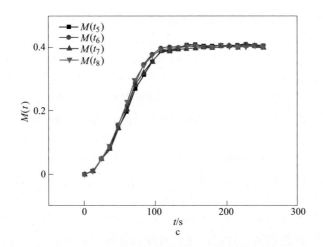

图 4-29 不同安装倾角颗粒接触数量比值曲线

a—安装倾角为 1.0°、1.5°、2.0°；b—安装倾角为 2.0°、2.5°、3.0°；
c—安装倾角为 3.0°、3.5°、4.0°、4.5°

图 4-30 所示为不同转速下颗粒接触数量比值曲线图，从 $M(t_1) \sim M(t_9)$ 筒体转速分别为 6r/min、7r/min、8r/min、9r/min、10r/min、11r/min、12r/min、13r/min、14r/min。筒体直径 $D = 4400$mm，填充率 $\varphi = 20\%$。从图 4-30 可知，转速不同，物料达到混匀状态时间不相同，而且混匀之后，物料混匀效果大不相同，从图 4-30 可明显看出各个曲线错落不一。接触数量比值的大小，对物料最终混合效果起着至关重要的作用，每增加 0.05，物料混合效果就会大大提高。从图 4-30 中可知，最小的 $M(t)$ 与最大的 $M(t)$ 数值上相差 0.7，这对物料混合效果有着飞跃提升。

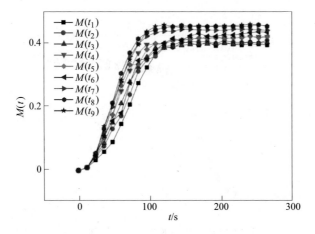

图 4-30 不同转速下颗粒接触数量比值曲线图

图 4-31 是不同转速下颗粒接触数量比值曲线。从图 4-31a 可以看出曲线 3 即 $M(t_3)$ 更早达到稳定状态。并且稳定值与曲线 1、曲线 2，即 $M(t_1)$、$M(t_2)$ 大致相同。由此可知：曲线 3 即 $M(t_3)$ 仿真组优于 $M(t_1)$、$M(t_2)$ 仿真组。同理，从图 4-31b 中可知曲线 5 即 $M(t_5)$ 混匀时间和最终混匀后到达的 M 值均优于曲线 3 和曲线 4 即 $M(t_3)$、$M(t_4)$。从图 4-31c 则可以明显看出曲线 7 即 $M(t_7)$ 是优于曲线 5 和曲线 6 即 $M(t_5)$、$M(t_6)$ 的。即可得出，曲线 7 即 $M(t_7)$ 是最优的。从图 4-31d 中可以看出来：$M(t_7)$、$M(t_8)$、$M(t_9)$ 变化趋势大致相同，几乎重合。总的来说，曲线 9 略微优于曲线 7，即采用提升转速来减少混合的时间，在一定的范围内是可行的，对物料混合时间和最终的混合效果均有较大提升。如果转速过大，导致物料离心力过大，导致物料紧贴筒体做离心运动。而且转速越大，对系统的动力系统要求会高很多，但对混合效果提升不大。同时，随着转速的增大，不仅会导致物料做离心运动，还会致使筒体振动加大，这对设备的可持续利用非常不利，所以在保证高效率、高混合度的前提下应该尽量降低转速。

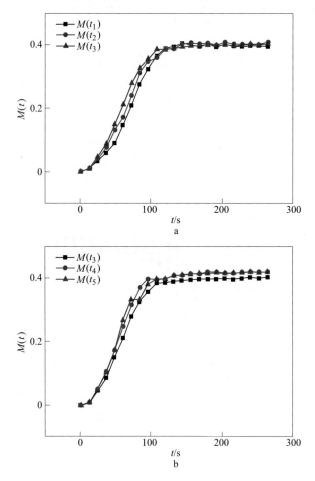

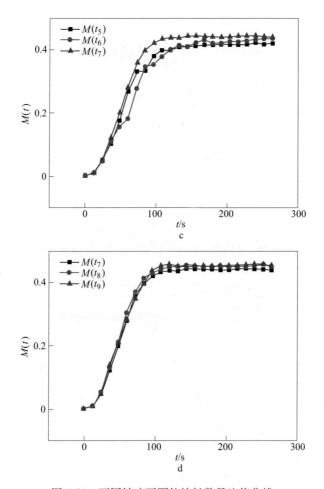

图 4-31 不同转速下颗粒接触数量比值曲线

a—转速为 6r/min、7r/min、8r/min；b—转速为 8r/min、9r/min、10r/min；
c—转速为 10r/min、11r/min、12r/min；d—转速为 12r/min、13r/min、14r/min

图 4-32 所示为不同筒体直径下颗粒接触数量比值曲线图。图 4-33 为其分组曲线。从 $M(t_1)$～$M(t_7)$ 直径 D 依次为 $D_1 = 3800$mm，$D_2 = 4000$mm，$D_3 = 4200$mm，$D_4 = 4400$mm，$D_5 = 4600$mm，$D_6 = 4800$mm，$D_7 = 5000$mm。筒体转速 $n = 7$r/min，筒体内物料填充率为 $\varphi = 20\%$。

从图 4-33a 中可以看出三种筒体直径的接触比曲线最后达到的混匀程度即 $M(t)$ 的值大致相同，相比较来说曲线 1 的 M 值稍大一些，且曲线 1 达到稳定状态的时间也优于曲线 2、曲线 3，故相对于 $M(t_2)$、$M(t_3)$ 组的仿真来说，1 曲线所对应的筒体直径更为合适。从图 4-33b 可以看出，曲线 3 和曲线 5，分别对应着 $M(t_3)$ 和 $M(t_5)$，在趋于稳定的时间上明显优于曲线 4 即 $M(t_4)$，但是在最终

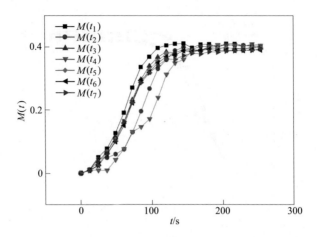

图 4-32　不同筒体直径下颗粒接触数量比值曲线图

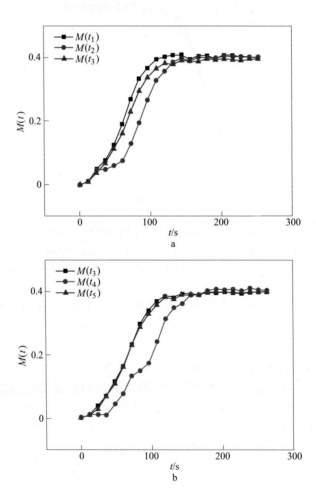

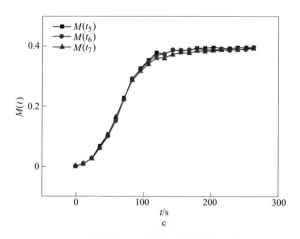

图 4-33 不同筒体直径颗粒接触数量比值曲线

a—筒体直径为 3800mm、4000mm、4200mm；b—筒体直径为 4200mm、4400mm、4600mm；

c—筒体直径为 4600mm、4800mm、5000mm

的混匀状态上，曲线 4 略微优于曲线 3、曲线 5，但相差并不大，只有略微的优势。图 4-33c 中曲线 5、曲线 6、曲线 7 分别对应于 $M(t_5)$、$M(t_6)$、$M(t_7)$，三组曲线大体趋势相同，达到混匀的时间关系为 $M(t_7) > M(t_6) > M(t_5)$，而达到混匀状态后，各组接触比值关系为 $M(t_5) > M(t_6) > M(t_7)$，但是根据以上所述，目前商家趋向于设备大型化，在差别不大的情况下，优先选择筒体直径较大的，这使生产率有了明显提高。

4.4.2 混合时间与其他工艺参数的关系

本节采用仿真数据进行回归方程的方法研究圆筒混合机各工艺参数之间的关系，从而寻找最佳的工艺方案。

研究中共设计了 A、B、C、D 四组仿真，分别针对筒体直径、筒体转速、安装倾角和填充率 4 个参数。全部仿真方案设计见表 4-6。

表 4-6 仿真方案设计表

组别		筒体直径 D/mm	筒体转速 n/r·min^{-1}	安装倾角 α/(°)	填充率 φ/%
	1	3800	10.5	2.5	15
	2	4000	10.5	2.5	15
	3	4200	10.5	2.5	15
A	4	4400	10.5	2.5	15
	5	4600	10.5	2.5	15
	6	4800	10.5	2.5	15
	7	5000	10.5	2.5	15

组别		筒体直径 D/mm	筒体转速 n/r·min^{-1}	安装倾角 α/(°)	填充率 φ/%
B	1	4400	9.0	2.5	15
	2	4400	9.5	2.5	15
	3	4400	10.0	2.5	15
	4	4400	10.5	2.5	15
	5	4400	11.0	2.5	15
	6	4400	11.5	2.5	15
	7	4400	12.0	2.5	15
C	1	4400	10.5	1.0	15
	2	4400	10.5	1.5	15
	3	4400	10.5	2.0	15
	4	4400	10.5	2.5	15
	5	4400	10.5	3.0	15
	6	4400	10.5	3.5	15
	7	4400	10.5	4.0	15
D	1	4400	10.5	2.5	12
	2	4400	10.5	2.5	13
	3	4400	10.5	2.5	14
	4	4400	10.5	2.5	15
	5	4400	10.5	2.5	16
	6	4400	10.5	2.5	17
	7	4400	10.5	2.5	18

首先，提出混合时间与其他工艺参数之间的假设方程。参考书籍《大型烧结设备》中给出了混合时间与其他工艺参数间的函数关系式为：

$$t = \frac{L}{\pi Dn\tan\gamma} \tag{4-18}$$

式中 L，D——筒体的长度（m）和内径（m）；

γ——混合料前进角（°），$\tan\gamma = \dfrac{\sin\alpha}{\sin\theta}$；

α——混合机倾角，（°）；

θ——混合料安息角，（°）；

n——筒体转速，r/min。

式（4-18）体现出混合时间是受筒体长度和内径、混合机安装倾角、混合物料的安息角以及筒体转速影响的，且体现出了混合时间与这些参数间存在的是一种简单的正比与反比关系。然而由于实际生产中物料运动的复杂性、不规则性，混合时间并不能完全按照式（4-18）的形式进行预测，往往存在一定偏差，故这里提出式（4-18）的系数修正式：

$$t = k_1 L^a D^b n^c \sin^d \alpha \tag{4-19}$$

式中　　k_1——常数修正系数；

a，b，c，d——指数修正系数。

下面通过仿真结果确定这些修正系数的值，从而确定混合时间的准确计算式。

4.4.2.1　混合时间与轴向位移

在确定混合时间与轴向位移的关系时，采用了导出单个物料颗粒的轴向位置（position）的方法，通过位置坐标进而计算得到物料颗粒在不同时刻的位移。

图 4-34 和图 4-35 分别为直径 ϕ4400mm、安装倾角 2.5°、填充率 15% 的圆筒混合机在转速 $n=12$r/min 和 $n=11.5$r/min 条件下的物料颗粒轴向位移随时间变化的关系曲线图。由图中的曲线可以明显地看出，物料颗粒在圆筒混合机内的轴向位移与混合时间呈规则的线性关系，且为正比例关系。这种关系表明，随着混合的进行，物料在均匀地由筒体进料端向出料端移动。

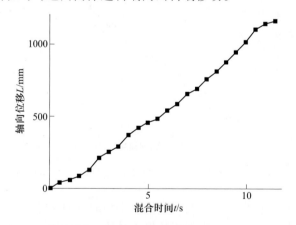

图 4-34　物料颗粒的轴向位移随时间的变化（$n=12$r/min）

对图 4-34 中 $n=12$r/min 转速条件下的物料轴向位移-混合时间曲线进行线性拟合，并得到了拟合方程，结果如图 4-36 所示，物料轴向位移-混合时间的拟合方程为：

$$L = -54.61982 + 98.35979t \tag{4-20}$$

对于圆筒混合机，其筒体长度一般都在 10m 以上，远大于 54.62mm，故可将拟合方程式（4-20）中的常数项去掉，忽略不计，近似地简化为：

$$L = 98.36t \tag{4-21}$$

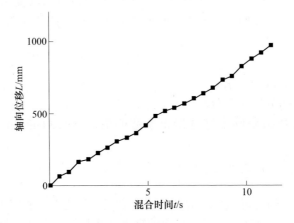

图 4-35　物料颗粒的轴向位移随时间的变化（$n=11.5\text{r/min}$）

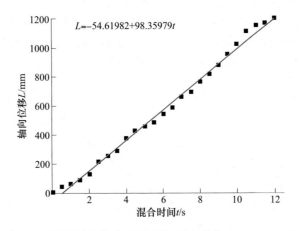

图 4-36　物料轴向位移-混合时间拟合曲线（$n=12\text{r/min}$）

　　基于以上分析可以得出：圆筒混合机内物料的轴向位移与混合时间成正比例的线性关系，即得式（4-19）中的指数修正系数 $a=1$，即：

$$t = k_1 LD^b n^c \sin^d \alpha \tag{4-22}$$

4.4.2.2　混合时间与筒体直径

　　通过不同直径圆筒混合机在转速 $n=10.5\text{r/min}$、安装倾角 2.5°、填充率 15% 的条件下，其中的物料颗粒沿筒体轴向运动 1000mm 所用的混合时间，来研究混合时间与筒体直径之间的关系。

　　具体研究方案如下：设置 7 组筒体直径进行模拟仿真，分别为 ϕ3800mm、ϕ4000mm、ϕ4200mm、ϕ4400mm、ϕ4600mm、ϕ4800mm 和 ϕ5000mm。仿真完成

后，分别在料床中随机选取 5 个物料颗粒，统计它们沿筒体轴向运动 1000mm 所用的时间，并求取该 5 个颗粒的平均混合时间作为有效数据。最终，获得混合时间关于筒体直径的 7 组数据点，并根据这 7 组数据点拟合出混合时间-筒体直径方程，确定指数修正系数 b 的值。按照该研究方案处理仿真结果，得到表 4-7。

表 4-7 不同直径圆筒混合机中物料的混合时间

筒体直径/mm	轴向行程 1000mm 所用混合时间/s					
	1	2	3	4	5	平均值
3800	15.84	10.76	15.56	14.65	15.01	14.08
4000	13.08	13.54	12.11	12.23	12.32	12.63
4200	12.41	12.25	12.45	11.23	12.57	12.16
4400	11.32	8.81	11.96	15.77	12.41	11.64
4600	12.87	10.66	10.33	11.09	11.72	11.27
4800	11.50	10.66	11.26	10.68	11.95	11.19
5000	12.14	10.89	10.98	11.59	9.76	11.01

将表 4-7 中所得的 7 组筒体直径与混合时间的数据进行处理并绘制拟合方程，结果如图 4-37 所示。

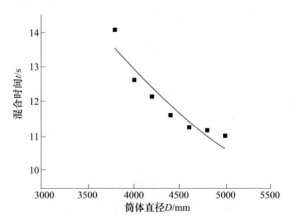

图 4-37 混合时间-筒体直径拟合曲线

4.4.2.3 混合时间与筒体转速

通过在直径 ϕ4400mm、安装倾角 2.5°、填充率 15% 的圆筒混合机中单个物料颗粒在不同转速条件下沿轴向运动 1000mm 所用的时间，来研究混合时间与筒体转速之间的关系。

具体研究方案与上一节相似，只是此处筒体直径固定不变，筒体转速作为参变量发生改变。仿真中设置了 7 组不同的筒体转速，分别为 $n = 9.0\text{r/min}$、$n = 9.5\text{r/min}$、$n = 10.0\text{r/min}$、$n = 10.5\text{r/min}$、$n = 11.0\text{r/min}$、$n = 11.5\text{r/min}$ 和 $n = 12.0\text{r/min}$，即表 4-6 中的 B 组仿真。按照研究方案，得到仿真结果，见表 4-8。

表 4-8 不同筒体转速下物料的混合时间

筒体转速/r·min⁻¹	轴向行程 1000mm 所用混合时间/s					
	1	2	3	4	5	平均值
9.0	17.44	14.32	15.93	14.48	17.03	15.74
9.5	12.72	12.80	15.05	16.84	15.05	14.33
10.0	11.98	14.31	13.03	12.63	13.74	13.09
10.5	11.15	12.78	13.61	10.47	13.87	12.23
11.0	11.27	10.65	12.83	11.98	11.09	11.51
11.5	12.39	12.80	13.31	14.33	14.49	13.41
12.0	9.66	10.92	10.14	11.76	10.17	10.48

由于第 6 组数据与混合时间随筒体转速的变化趋势明显不符，故将其舍弃，根据其他 6 组数据拟合出混合时间-筒体转速曲线，如图 4-38 所示。

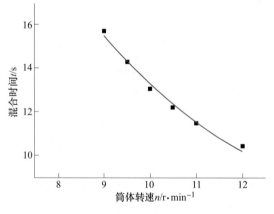

图 4-38 混合时间-筒体转速拟合曲线

4.4.2.4 混合时间与筒体倾角

通过在直径 $\phi4400\text{mm}$、转速 10.5r/min、填充率 15% 的圆筒混合机中单个物料颗粒在不同安装倾角条件下沿轴向运动 1000mm 所用的时间，来研究混合时间与筒体倾角之间的关系。

具体研究方案与前述方案相似，此次以安装倾角作为参变量。仿真中设置了 7 组不同的安装倾角，分别为 $\alpha = 1.0°$、$\alpha = 1.5°$、$\alpha = 2.0°$、$\alpha = 2.5°$、$\alpha = 3.0°$、

$\alpha = 3.5°$ 和 $\alpha = 4.0°$，即表 4-6 中的 C 组仿真。按照研究方案处理得到仿真结果，见表 4-9。

表 4-9　不同安装倾角下物料的混合时间

安装倾角/(°)	轴向行程 1000mm 所用混合时间/s					
	1	2	3	4	5	平均值
1.0	16.53	19.37	20.62	24.32	21.97	20.56
1.5	15.25	18.06	16.22	16.16	15.43	16.23
2.0	15.30	12.06	12.43	13.35	13.18	13.26
2.5	12.12	10.58	12.32	10.27	12.10	11.48
3.0	9.98	10.72	9.92	9.82	10.32	10.15
3.5	8.94	9.07	8.41	6.62	9.56	8.52
4.0	7.68	6.76	7.07	9.61	6.04	7.43

将表 4-9 中所得 7 组安装倾角与混合时间的数据进行拟合，结果如图 4-39 所示。

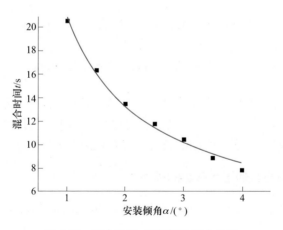

图 4-39　混合时间-安装倾角拟合曲线

4.4.2.5　混合时间与填充率

式（4-18）还隐含着另一个比较重要的关系，即混合时间的长短不受混合机填充率大小的影响。为了证明这一关系，本节利用表 4-6 中的 D 组仿真。

仿真针对直径 $\phi4400mm$、转速 10.5r/min、安装倾角 2.5° 的圆筒混合机设置了 10%～18% 的 9 组不同填充率，并统计了仿真中物料沿筒体轴向运动 1000mm 所用的时间，结果见表 4-10。

表 4-10　不同填充率下物料的混合时间

填充率/%	10	11	12	13	14	15	16	17	18
轴向行程 1000mm 所用混合时间/s	10.73	10.92	10.90	10.10	10.67	10.92	11.02	10.86	11.96

　　将表 4-10 中的数据点绘制到直角坐标系中，结果如图 4-40 所示。由图中数据点的分布情况可以看出，一旦混合机的其他工艺参数确定以后，即使物料的填充率发生改变，混合时间也不会随之变化，而是基本稳定在某一个范围。

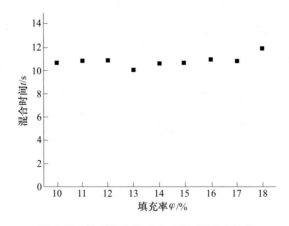

图 4-40　仿真提取的混合时间-填充率数据

　　由于现代混合机生产中很少采用低于 10% 的填充率，故仿真中没有对低于 10% 填充率的情况进行考查。综上所述，可以得出结论：当圆筒混合机中物料的填充率不低于 10% 时，混合时间的长短与混合机填充率的大小无关。

4.4.3　生产效率与其他工艺参数的关系

　　《大型烧结设备》中给出的生产效率 $Q(t/h)$ 与混合机工艺参数之间的关系为：

$$Q = k\rho\varphi nD^3\sin\alpha \tag{4-23}$$

式中　k——根据试验测定的系数；

　　　ρ——混合料堆积密度，kg/m^3；

　　　φ——填充率，%；

　　　n——筒体转速，r/min；

　　　D——筒体的内径，m；

　　　α——混合机倾角，(°)。

　　式（4-23）的系数修正式为：

$$Q = k_2\rho\varphi^e n^f D^g \sin^h\alpha \tag{4-24}$$

式中　　k_2——常数修正系数；

e，f，g，h——指数修正系数，根据仿真确定其数值。

4.4.3.1　生产效率与填充率

提取表 4-6 中 D 组仿真结果中的质量流数据，见表 4-11。

表 4-11　不同填充率下物料的质量流

填充率/%	12	13	14	15	16	17	18
质量流/kg·s⁻¹	160.55	173.15	188.11	199.93	215.38	227.37	240.19

将表 4-11 中的数据点绘制到直角坐标系中，结果如图 4-41 所示。从图中可以看出，物料质量流 Q 与填充率 φ 呈明显的线性关系。利用 Origin 9.0 对这些数据点进行线性拟合，可以得到两者的函数关系：

$$Q = -0.026 + 13.38\varphi \tag{4-25}$$

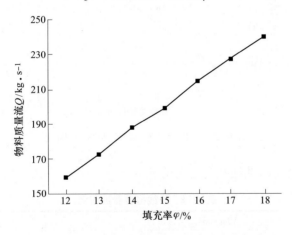

图 4-41　仿真中物料质量流随填充率的变化折线图

常数项的值很小，可以认为曲线是通过原点的，故将其忽略不计。由此得出结论，生产效率 Q 与填充率 φ 也是呈正比关系的。进而确定式（4-24）中的指数修正系数 $e=1$，即：

$$Q = k_2\rho\varphi n^f D^g \sin^h\alpha \tag{4-26}$$

填充率是筒体内全部物料体积占筒体总容积的百分比，因此生产效率与填充率呈正比关系。通过这一关系还可以判断出，混合机填充率的大小并不影响料床在筒体内的轴向前进速度，这一结论则隐含着填充率对混合机内物料运动规律的影响。

4.4.3.2　生产效率与筒体转速

提取表 4-6 中 B 组仿真结果中的质量流数据，见表 4-12。将表 4-12 中所得的 7 组安装倾角与混合时间的数据利用 Origin 9.0 软件进行数据点绘制并拟合方程，结果如图 4-42 所示。

表 4-12　不同筒体转速下物料的质量流

筒体转速/r·min^{-1}	9.0	9.5	10.0	10.5	11.0	11.5	12.0
质量流/kg·s^{-1}	174.08	186.29	210.29	218.58	220.40	239.28	252.42

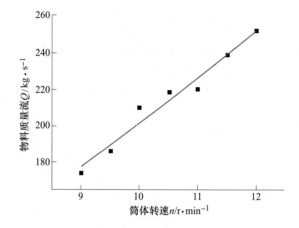

图 4-42　物料质量流-筒体转速拟合曲线

Origin 9.0 给出的曲线拟合信息见表 4-13。

表 4-13　曲线拟合参数信息

Model	Allometric1		
Equation	$y = ax^b$		
Reduced Chi-Sqr	30.61806		
Adj. R-Square	0.95963		
		Value	Standard Error
物料质量流	a	12.02408	2.96687
	b	1.22486	0.10409

根据上表可知，式（4-26）中的指数修正系数 $f = 1.22$，即：

$$Q = k_2 \rho \varphi n^{1.22} D^g \sin^h \alpha \tag{4-27}$$

4.4.3.3　生产效率与筒体直径

提取表 4-6 中 A 组仿真结果中的质量流数据，见表 4-14。

表 4-14 不同筒体直径下物料的质量流

筒体直径/mm	3800	4000	4200	4400	4600	4800	5000
质量流/kg·s^{-1}	161.18	167.64	200.45	218.58	244.35	263.73	297.04

将表 4-14 中所得的 7 组安装倾角与混合时间的数据利用 Origin 9.0 软件进行数据点绘制并拟合方程，结果如图 4-43 所示。

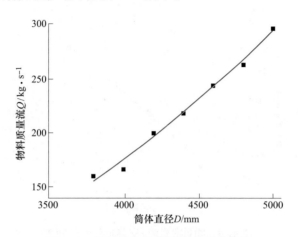

图 4-43 物料质量流-筒体直径拟合曲线

Origin 9.0 给出的曲线拟合信息见表 4-15。

表 4-15 曲线拟合参数信息

Model	Allometric1		
Equation	$y = ax^b$		
Reduced Chi-Sqr	26.46819		
Adj. R-Square	0.98941		
		Value	Standard Error
物料质量流	a	8.16805E-7	6.95696E-7
	b	2.31333	0.10113

根据上表可知，式（4-27）中的指数修正系数 $g = 2.31$，即：

$$Q = k_2 \rho \varphi n^{1.22} D^{2.31} \sin^h \alpha \tag{4-28}$$

4.4.3.4 生产效率与安装倾角

提取表 4-6 中 C 组仿真结果中的质量流数据，见表 4-16。

表 4-16   不同安装倾角下物料的质量流

安装倾角/(°)	1.0	1.5	2.0	2.5	3.0	3.5	4.0
质量流/kg·s⁻¹	86.43	138.15	183.28	218.58	260.64	291.66	330.75

将表 4-16 中所得的 7 组安装倾角与混合时间的数据利用 Origin 9.0 软件进行数据点绘制并拟合方程，结果如图 4-44 所示。

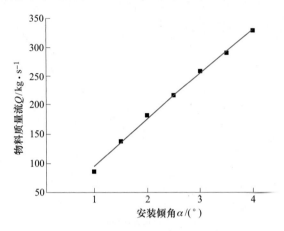

图 4-44   物料质量流-安装倾角拟合曲线

Origin 9.0 给出的曲线拟合信息见表 4-17。

表 4-17   曲线拟合参数信息

Model	Allometric1		
Equation	$y = ax^b$		
Reduced Chi-Sqr	27.42494		
Adj. R-Square	0.99633		
		Value	Standard Error
物料质量流	a	94.94579	2.92868
	b	0.90465	0.0269

根据上表可知，式（4-28）中的指数修正系数 $h = 0.9$，即：

$$Q = k_2 \rho \varphi n^{1.22} D^{2.31} \sin^{0.9} \alpha \tag{4-29}$$

4.4.3.5   常数修正系数

利用各组仿真数据，根据式（4-29）计算可得到式（4-24）中的常数修正系数 k_2，结果见表 4-18。

表 4-18　常数修正系数 k_2 计算表

组别	生产效率 $Q/\mathrm{t} \cdot \mathrm{h}^{-1}$	常数修正系数 k_2	组别	生产效率 $Q/\mathrm{t} \cdot \mathrm{h}^{-1}$	常数修正系数 k_2
A1	161.18	3.29337E-08	C1	86.43	2.87052E-08
A2	167.64	3.04263E-08	C2	138.15	3.18559E-08
A3	200.45	3.25035E-08	C3	183.28	3.26245E-08
A4	218.58	3.1832E-08	C4	218.58	3.1832E-08
A5	244.35	3.21123E-08	C5	260.64	3.22171E-08
A6	263.73	3.14139E-08	C6	291.66	3.13859E-08
A7	297.04	3.21976E-08	C7	330.75	3.15674E-08
B1	174.08	3.05974E-08	D1	175.53	3.1953E-08
B2	186.29	3.06535E-08	D2	189.30	3.18096E-08
B3	210.29	3.25035E-08	D3	205.66	3.20891E-08
B4	218.58	3.18323E-08	D4	218.58	3.1832E-08
B5	220.40	3.03264E-08	D5	235.46	3.21477E-08
B6	239.28	3.11866E-08	D6	248.57	3.19408E-08
B7	252.42	3.12339E-08	D7	262.59	3.18674E-08

计算常数修正系数 k_2 的平均值：

$$k_2 = \frac{\sum_{i=1}^{n} k_{2i}}{n} = 3.16 \times 10^{-8}$$

最终得到生产能力 $Q(\mathrm{t/h})$ 的计算公式为：

$$Q = 3.16 \times 10^{-8} \rho \varphi n^{1.22} D^{2.31} \sin^{0.9}\alpha \tag{4-30}$$

4.4.4　物料混合工艺参数的拟合关系

4.4.4.1　参数处理

前述内容设计了仿真分组，为了方便寻找各个参数之间的函数关系，通过对数据进行处理，进而进行数据拟合，在对数据进行处理时，根据需要，分别对筒体转速、直径、填充料、安装倾角进行求对数，在这里筒体直径按毫米计，对数据求解之后得到的结果见表 4-19。

表 4-19　仿真数据处理结果

组别	序号	筒体转速/r·min⁻¹	筒体直径/mm	填充率/%	安装倾角/(°)
1	1	1.79175946	8.38935982	2.99573227	1.03069027
	2	1.94591014	8.38935982	2.99573227	1.03069027
	3	2.07944154	8.38935982	2.99573227	1.03069027
	4	2.19722457	8.38935982	2.99573227	1.03069027
	5	2.30258509	8.38935982	2.99573227	1.03069027
	6	2.39789527	8.38935982	2.99573227	1.03069027
	7	2.48490665	8.38935982	2.99573227	1.03069027
	8	2.56494935	8.38935982	2.99573227	1.03069027
	9	2.63905733	8.38935982	2.99573227	1.03069027
2	1	1.94591014	8.38935982	2.48490665	1.03069027
	2	1.94591014	8.38935982	2.56494935	1.03069027
	3	1.94591014	8.38935982	2.63905733	1.03069027
	4	1.94591014	8.38935982	2.70805020	1.03069027
	5	1.94591014	8.38935982	2.77258872	1.03069027
	6	1.94591014	8.38935982	2.83321334	1.03069027
	7	1.94591014	8.38935982	2.89037175	1.03069027
	8	1.94591014	8.38935982	2.94443897	1.03069027
	9	1.94591014	8.38935982	2.99573227	1.03069027
	10	1.94591014	8.38935982	3.09104245	1.03069027
3	1	1.94591014	8.24275634	2.99573227	1.03069027
	2	1.94591014	8.29404964	2.99573227	1.03069027
	3	1.94591014	8.34283980	2.99573227	1.03069027
	4	1.94591014	8.38935982	2.99573227	1.03069027
	5	1.94591014	8.43381158	2.99573227	1.03069027
	6	1.94591014	8.47637119	2.99573227	1.03069027
	7	1.94591014	8.51719319	2.99573227	1.03069027
4	1	2.07944154	8.38935982	2.99573227	1.03069027
	2	2.07944154	8.38935982	2.99573227	0
	3	2.07944154	8.38935982	2.99573227	0.40546510
	4	2.07944154	8.38935982	2.99573227	0.69314718
	5	2.07944154	8.38935982	2.99573227	0.91629073
	6	2.07944154	8.38935982	2.99573227	1.09861228
	7	2.07944154	8.38935982	2.99573227	1.25276296
	8	2.07944154	8.38935982	2.99573227	1.38629436
	9	2.07944154	8.38935982	2.99573227	1.50407739

由前述仿真结果得到 4 个参数和接触数量比值曲线总图以及各组单独曲线分析，可知：筒体安装倾角对物料混合时间和最后达到的混合状态影响较小，属非显著变量，在下面的拟合过程中，将该变量剔除。而筒体直径、筒体转速、筒体填充率 3 个参数对物料混合有显著影响，用作显著变量进行重点研究。再由仿真数据导出物料颗粒混合均匀时间 t，根据混匀时间 t 与 3 个变量之间的变化规律，通过拟合处理，可以推导出混匀时间 t、筒体转速 n、筒体直径 D 和填充率 φ 这 4 个参数之间的函数关系。

假设时间 t 的对数与转速 n 的对数、筒体直径 D 的对数、填充率 $\varphi \times 100$ 的对数成线性关系。即：

$$\ln t = b_1 \ln(D) + b_2 \ln(n) + b_3 \ln(\varphi) + b_0 \qquad (4\text{-}31)$$

式中　t——混匀时间，s；

　　　D——筒体直径，mm；

　　　n——筒体转速，r/min；

　　　φ——筒体填充率。

接下来将仿真设计组别的相关参数数值和软件导出的混匀时间 t 代入拟合程序，求解方程中的参数 b_1、b_2、b_3。

4.4.4.2 程序的编写及分析处理

根据以上处理数据，再根据仿真输出数据，最后通过颗粒接触数量比值曲线确定出混匀具体时间，之后对时间 t 进行对数求解，然后运用数据归纳处理软件 MATLAB 对数据进行整合。

根据选取的函数形式，选取逐步回归方法对数据进行拟合。对数据进行逐步回归，程序和处理结果如下：

```
[b,se,pval,inmodel,stats,nextstep,history] = stepwisefit(x,t);
Initial columns included: none
Step 1, added column 3, p=0.00124008
Step 2, added column 2, p=0.000586267
Step 3, added column 1, p=2.02062e-06
Final columns included: 1 2 3
```

'Coeff'	'Std. Err.'	'Status'	'P'
[0.7370]	[0.1155]	'In '	[2.0206e-06]
[-0.1716]	[0.0257]	'In '	[1.0340e-06]
[0.3461]	[0.0375]	'In '	[5.0378e-09]

```
>>inmodel
inmodel =
    1    1    1
```

```
>>b0 = stats. intercept,b
b0 = -1. 9469
b =
     0. 7370
    -0. 1716
     0. 3461
>>ALLp = stats. pval
ALLp = 8. 5107e-10
>>P = stats. PVAL
P =
   1. 0e-05 *
   0. 2021
   0. 1034
   0. 0005
>>rmse = stats. rmse
rmse = 0. 0280
>>R = 1-stats. SSresid/stats. SStotal
R = 0. 8668
```

结果:$\ln t = 0.7370\ln(D) - 0.1716\ln(n) + 0.3461\ln(\varphi) - 1.9469$

由:$P =$(个体显著性系数)

$$P = 1.0e-05 *$$

$$0. 2021$$

$$0. 1034$$

$$0. 0005$$

　　常用的显著性水平有三种,为 0.1、0.05、0.01。常用的是 0.05,从以上 P 值可知,三个自变量系数的显著系数分别为:

$$P_1 = 0.2021 \times 1.0 \times 10^{-5}$$

$$P_2 = 0.1034 \times 1.0 \times 10^{-5}$$

$$P_3 = 0.0005 \times 1.0 \times 10^{-5}$$

都远小于 0.05,由此可知,时间 t 的对数与 3 个自变量对数均有着很好的线性关系。与此同时,整体方程显著性系数为:

$$P_{方程} = 8.5107 \times 10^{-10}$$

数值非常小,说明拟合方程线性程度十分高。

　　由 MATLAB 拟合出来的运行结果可知:$b_0 = -1.9469$,$b_1 = 0.7370$,$b_2 = -0.1716$,$b_3 = 0.3461$。由系数 $b_n (n = 1, 2, 3)$ 正负可知,混匀时间 t 随自变量的变化趋势,由系数 b_n 大小可知自变量对因变量影响大小。b_1、b_3 为正值,即混匀时间 t 是随着自变量筒体直径 D,筒体填充率 φ 的增大而逐渐增大。b_2 为负值,

可知混匀时间 t 是随自变量筒体转速 n 增大而逐渐减小。将运行结果代入式（4-31）得：

$$\ln t = 0.7370\ln(D) - 0.1716\ln(n) + 0.3461\ln(\varphi) - 1.9469 \qquad (4\text{-}32)$$

如图 4-45 所示为程序计算窗口，由以上归纳处理得到筒体直径 D，筒体转速 n，填充率 φ 和混匀时间 t 的函数关系式（4-32），通过以上分析得出各个参数之间函数关系，通过 VC 进行程序编写，得到程序计算界面，分为四个窗口，输入以上分析中任意 3 个参数，点击运算，通过调用已拟合好的函数式（4-32），经程序计算，即可得第 4 个参数具体数值。

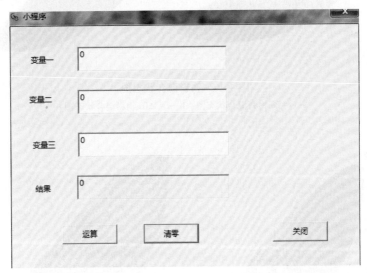

图 4-45　计算窗口

4.4.4.3　仿真验证

针对仿真实验，设计相对应的验证仿真来验证方程的正确性。在该验证中，筒体内物料种类设定为 3 种，其中筒体直径 $D = 4400\text{mm}$，筒体转速为 $n = 7\text{r/min}$，填充率 $\varphi = 15\%$。在筒体中加入颗粒直径分别为 3mm、5mm、8mm，三种颗粒体积各三分之一。

如图 4-46 所示，其中图 4-46a 为 $t = 6\text{s}$ 时三种颗粒混合时的状态图，此时物料加入完毕，刚刚开始混合。

图 4-47 所示为三种物料完成混合时的状态图。三种物料大小依次为 3mm、5mm、8mm，颜色依次对应黑、红、蓝。其中，图 4-47a 所示为物料混匀时的速度云图。物料只有在最表面有一些高速运动的颗粒，云图中显示为红色。再往下是一层黑色活动层，最后是占据大部分区域的蓝色静止层。如图 4-47b 所示为物料混合时物料速度矢量图，从图中可知颗粒在料层表面速度方向分布均匀，均沿

料层表面向下，内部出现速度涡流现象，底层物料在接近筒体壁位置处，物料随筒体壁做圆周上升运动，速度方向沿着筒体壁向上。

图 4-46　物料混合状态图

a—t = 6s 物料混合状态图；b—t = 150s 物料混合状态图

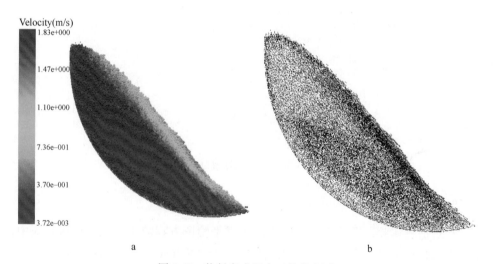

图 4-47　物料完成混合时的状态图

a—物料的速度；b—速度矢量图

　　由于增加一种颗粒，在评定物料混合状态时最初设定的公式会有一些变化。最初设定为评价与测量物料混合度公式为式（4-11），该式只适用于两种颗粒，即颗粒 A 和颗粒 B。此处加入了一种新的颗粒 C，根据公式的原理：

　　$M(t)$ = 一种颗粒与其他不同颗粒接触总数／所有颗粒之间接触总数

　　可将公式（4-11）变形为如下形式：

$$M(t) = \frac{n_{AB}(t) + n_{AC}(t)}{n_{AA}(t) + n_{BB}(t) + n_{CC}(t) + n_{AB}(t) + n_{AC}(t) + n_{BC}(t)} \tag{4-33}$$

根据该公式，对仿真数据进行处理，输出各种颗粒相互接触比值，然后代入上式求得 $M(t)$ 值，根据数据绘制曲线如图 4-48 所示。

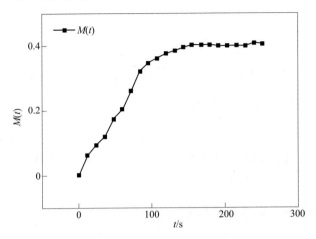

图 4-48　三种物料混合颗粒接触比值

根据图 4-48 和输出数据确定出混匀时间为 $t_{仿真} = 156\mathrm{s}$，将该仿真的混匀时间以及其他三个自变量的数据代入式（4-32），得出 $t_{计算} = 144\mathrm{s}$。

$$\Delta = \frac{t_{仿真} - t_{计算}}{t_{仿真}} \times 100\% = \frac{156 - 144}{156} \times 100\% = 7.69\% \qquad (4\text{-}34)$$

经验证，误差在允许范围内，符合要求。另外，从上述仿真结果可以看出，蓝色颗粒集中在外围，即大颗粒在外围，中间为黑色颗粒居多，红色颗粒介于蓝色和黑色颗粒之间，可知不同粒径的物料存在一定分离现象。

通过以下具体参数来进行验证。取筒体直径 $D = 4400\mathrm{mm}$，筒体转速 $n = 7\mathrm{r/min}$，填充率 $\varphi = 20\%$，筒体长度 $L_1 = 18\mathrm{m}$，安装倾角 $\alpha_1 = 2.5°$，物料动态休止角 $\alpha_2 = 33°$。将以上参数具体数值代入物料停留时间表达式，得：

$$T = \frac{3 \times 18 \times \sin 33°}{4\pi \times 2.2 \times 7 \times \tan 2.5°} = 3.68\mathrm{min}$$

将 $D = 4400\mathrm{mm}$，$n = 7\mathrm{r/min}$，$\varphi = 20\%$，代入式（4-32）得：

$$\ln t = 0.7370\ln 4400 - 0.1716\ln 7 + 0.3461\ln 20 - 1.9469 = 4.94876$$

取指数得时间 $t = 141\mathrm{s}$。

物料停留时间表达式变形得到：

$$L = \frac{4\pi R n T \tan\alpha_1}{3\sin\alpha_2} \qquad (4\text{-}35)$$

将时间 $T = t = 141\mathrm{s} = 2.35\mathrm{min}$ 代入式（4-35）得：

$$L_2 = \frac{4\pi \times 2.2 \times 7 \times 2.35\tan 2.5°}{3\sin 33°} = 12.14\mathrm{m}$$

可得：

$$\Delta = \frac{L_1 - L_2}{L_1} \times 100\% = \frac{18 - 12.14}{18} \times 100\% = 32.56\%$$

由以上计算可得，筒体长度经过优化处理后相对于初始长度缩短 32.56%，这将大大降低生产制造成本，节约大量资源。

4.5　新式圆筒混合机仿真研究

新式圆筒混合机采用轮胎支撑、销齿传动、电机或液压马达驱动，能够克服现有齿轮传动、胶轮传动圆筒混合机的不足之处。本节借助数值仿真技术对不同类型的混合机进行了对比研究。

4.5.1　新型圆筒混合机动力学仿真

4.5.1.1　三维实体模型建立

以 $\phi 3.8m \times 16m$ 圆筒混合机为例，模拟渐开线齿轮和销齿传动时的混合机筒体的动力学特性。为了使模拟更加方便，对于一些对传动部分影响不大的结构都忽略掉，例如进料装置、出料装置以及筒体内的衬板等。圆筒混合机基本参数见表 4-20。

表 4-20　几何模型参数

参　数	渐开线齿轮传动	销齿传动
混合机规格/m×m	3.8×16	3.8×16
填充率/%	16.66	16.66
混合机转速/r·min⁻¹	7.5	7.5
物料的密度/t·m⁻³	1.8	1.8
模数（节距）/mm	40	126
传动比	5	5.5
齿数（z_1/z_2）	21/105	18/99
托辊/轮胎的接触角/(°)	30	30
动态物料安息角/(°)	35	35

两种传动方式的圆筒混合机几何模型如图 4-49 和图 4-50 所示。如图 4-49 所示的渐开线齿轮传动三维模型由小齿轮、大齿圈、筒体滚圈、托辊组成，整个筒体由 4 个托辊支撑。如图 4-50 所示销齿传动三维模型主要由小齿轮（匀速齿）、销轮、筒体以及简化的轮胎组成。

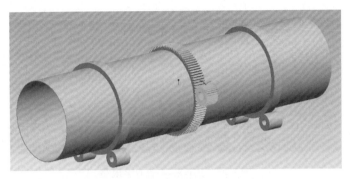

图 4-49   渐开线齿轮传动三维模型

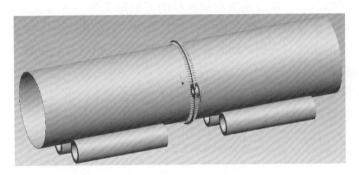

图 4-50   销齿传动三维模型

4.5.1.2   动力学模型建立

两种混合机的仿真动力学模型如图 4-51 和图 4-52 所示。

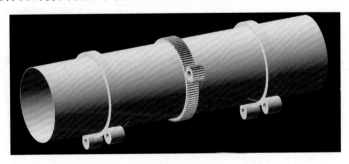

图 4-51   渐开线齿轮传动动力学模型

4.5.1.3   接触函数的选择与相关参数计算

当一个构件的表面与另一个构件的表面之间发生碰撞接触时，相互作用的两个构件就会在接触的位置产生接触力。接触力是一种比较特殊的力，根据接触状态的不同可以分为两种类型的接触：一种是连续的接触，在这种情况下，两个构

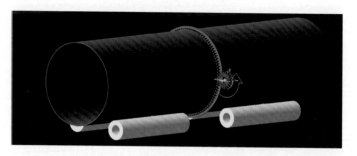

图 4-52　销齿传动动力学模型

件始终处于接触状态，这时系统会把这样的接触定义为一种非线性弹簧的形式，构件材料的弹性模量类似于弹簧刚度，阻尼类似于能量损失；一种是不连续的接触，例如下落的钢球与铁板之间的碰撞，由于弹性，钢球会被弹起，此类接触属于不连续接触。

A　碰撞函数定义

Impact 函数的一般表达式为：

$$Impact = \begin{cases} 0; & x \geqslant x_1 \\ \max(0, k(x_1 - x)e - step(x, x_1 - d, c_{max}, x_1, 0)x); & x < x_1 \end{cases} \quad (4\text{-}36)$$

式中　k——碰撞刚度系数；

　　x_1——初始碰撞距离，m；

　　x——实际碰撞距离，m；

　　e——碰撞指数；

　　d——切入深度，它决定了阻尼何时达到最大值，m；

c_{max}——最大阻尼系数。

为了防止接触碰撞过程中阻尼力的不连续，选用了二次插值函数 step 函数，表达式为：

$$step = \begin{cases} h_0; & x \leqslant x_0 \\ h_0 + (h_1 - h_0)[(x - x_0)/(x_1 - x_0)]^2[3 - 2(x - x_0)/(x_1 - x_0)]; & x < x_1 \\ h_1; & x \geqslant x_1 \end{cases}$$

$$(4\text{-}37)$$

B　碰撞参数设置

ADAMS 中的接触参数设置如图 4-53 所示，从图中可以看出，主要的参数有 Stiffness（刚度系数）、Force Exponent（碰撞指数）、Damping（阻尼系数）、Penetration Pepth（切入深度）。

（1）刚度系数 k 的确定。齿轮轮齿与销轮上圆柱销的接触力，可以简化为两

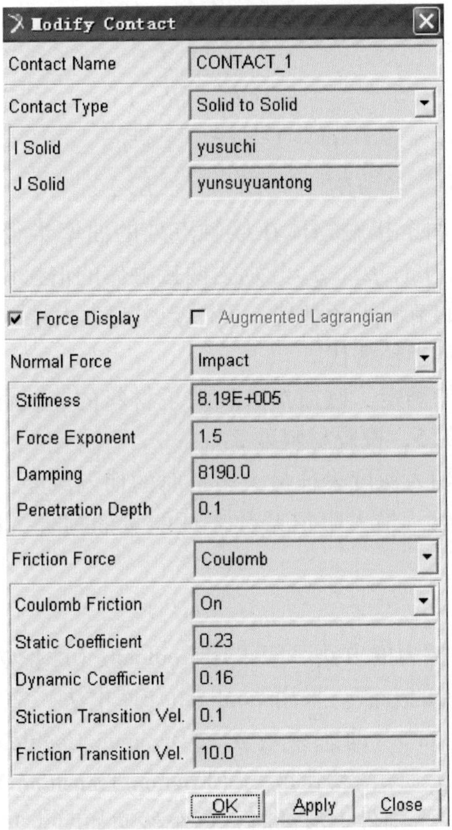

图 4-53 接触参数设置

个变曲率半径柱体撞击问题。根据 Hertz 静力弹性接触理论中得到，对于两个简单的旋转体：

$$\delta = \left(\frac{9P^2}{16\rho E^{*2}}\right)^{\frac{1}{3}} \tag{4-38}$$

式中 δ——相互接触的两个刚体对应点接近的距离，m；

P——载入在刚体上的载荷，N；

ρ——综合曲率半径，m；

E^*——综合弹性模量，Pa。

由上式可以得出接触力 P 与变形 δ 之间的关系，如下式：

$$P = \frac{4}{3}\rho^{\frac{1}{2}}E^*\delta^{\frac{3}{2}} \tag{4-39}$$

k 取决于接触物体的材料和几何形状，即：

$$k = \frac{4}{3}\rho^{\frac{1}{2}}E^{*} \qquad (4\text{-}40)$$

$$\frac{1}{\rho} = \frac{1}{R_1} + \frac{2}{R_2} \qquad (4\text{-}41)$$

$$\frac{1}{E^{*}} = \frac{1-\mu_1^2}{E_1} + \frac{1-u_2^2}{E_2} \qquad (4\text{-}42)$$

式中，R_1、R_2 分别为两个接触物体在接触点处的曲率半径，m；E_1、E_2 分别为两接触体的弹性模量，Pa；μ_1、μ_2 分别为两接触体的泊松比。对于渐开线齿轮传动，可以用两个齿轮的节圆半径替代，而不会引起太大误差，对于销齿传动，用销的半径和齿轮的节圆半径替代。

（2）碰撞指数 e 的确定。碰撞指数反映了材料的非线性度。按照 ADAMS 的推荐值，金属材料取 1.5，橡胶材料取 2。

（3）切入深度。切入深度表征最大阻尼时的切入深度，一般取 0.1mm。

（4）最大阻尼系数。最大阻尼系数表征能量的损失，通常设置为刚度系数的 0.1% ~ 1%。

C　摩擦力设置

ADAMS 中计算摩擦力的方法一般采用 Coulomb（库伦法），用户也可以根据需求自定义计算摩擦力的方法。采用 Coulomb（库伦法）需要输入的参数有静态系数 μ_s（Staic Coefficient）、动态系数 μ_d（Dynamic Coefficient）、静滑移速度 v_s（Stiction Transition Vel）、动滑移速度 v_d（Friction Transition Vel）。

当一个构件在另一个构件上滑动时，系统按照如图 4-54 所示的曲线计算摩擦系数，本章仿真时根据 ADAMS 推荐的数值，考虑润滑取 $\mu_s = 0.23$，$\mu_d = 0.16$；$v_s = 0.1$mm/s，$v_d = 10$mm/s。

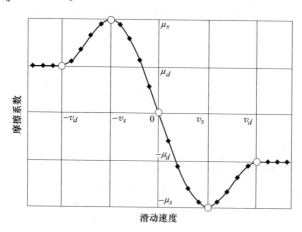

图 4-54　摩擦系数与滑动速度曲线

仿真的相关参数见表 4-21。

表 4-21　仿真参数表

仿真参数	渐开线齿轮传动	销齿传动
切入深度/mm	0.1	0.1
刚度系数/N·mm$^{-3/2}$	2.818×10^6	8.19×10^5
碰撞指数	1.5	1.5
最大阻尼系数	刚度系数×0.1%	刚度系数×0.1%
静态摩擦系数	0.08	0.08
动态摩擦系数	0.05	0.05
静滑移速度/mm·s^{-1}	0.1	0.1
动滑移速度/mm·s^{-1}	10	10
输入转速/°·s^{-1}	225	247.5
阻力矩/N·mm	588600000	588600000
仿真时间/s	8	8
仿真步数	8000	8000

4.5.1.4　仿真结果与分析

仿真时间为 $360/45 = 8s$，混合机正好转过一周，仿真步数取 8000。为了避免混合机在启动时突然啮合产生冲击，对小齿轮的输入转速采用 $Step$ 函数，在初始 1s 内使其角速度逐渐增加达到平稳状态。

A　速度变化

筒体速度变化规律如图 4-55 和图 4-56 所示。图 4-55 中，在初始 1s 内，混合机角速度逐渐增加，到 1s 以后混合机角速度基本稳定，在某一值上下波动，其平均值为 45.17°/s，与理论值 45°/s 非常接近，最大值 51.09°/s，最小值 39.76°/s，波动幅度为 25.08%。

图 4-56 中，在初始 1s 内，混合机角速度逐渐增加，到 1s 以后混合机角速度基本稳定，在某一值上下波动，其平均值为 44.89°/s，与理论值 45°/s 基本一致，最大值为 49.90°/s，最小值为 39.53°/s，波动幅度为 （49.90 - 39.53）/44.89×100% = 23.10%。

对比图 4-55 和图 4-56，可以得出，销齿传动的速度变化小于渐开线齿轮速度变化，即销齿传动更加平稳。

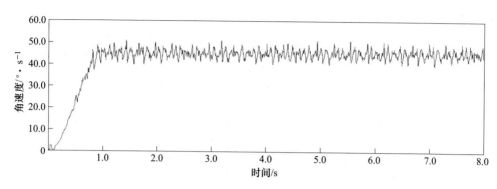

图 4-55　渐开线齿轮传动混合机角速度变化曲线

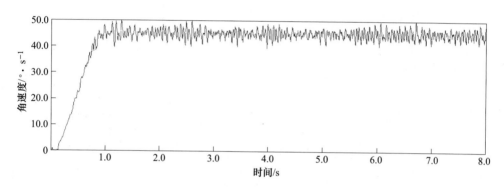

图 4-56　销齿传动混合机角速度变化曲线

B　质心位移变化

质心位移变化规律如图 4-57 和图 4-58 所示。由于模型的建模误差，使得混合机的质心不在原点处，但从图 4-57 中可以看出混合机的质心在某一处上下波动，1s 以后变化基本稳定，平均值 2.03mm，最大值 5.42mm，最小值 0.05mm，波动幅度为 5.37mm。图 4-58 中可以看出混合机的质心在某一处上下波动。平均

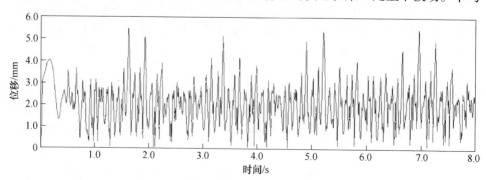

图 4-57　渐开线齿轮传动混合机质心位移变化曲线

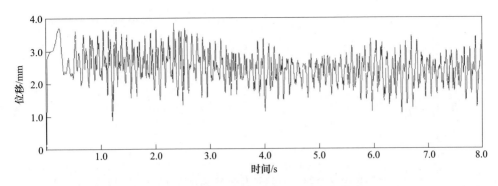

图 4-58　销齿传动混合机质心位移变化曲线

值为 2.50mm，最大值 3.87mm，最小值 0.91mm，波动幅度为 2.96mm。对比以上两结果可以看出，在两种传动方式下，混合机的质心位移均产生变化，相对而言，销齿传动时混合机的质心位移变化比渐开线齿轮传动时混合机质心的变化要小很多。因此，可以得出结论，在销齿传动下混合机运转更加平稳，振动更小。

4.5.2　混合状态分析

前述研究表明，不同混合工艺参数对物料的混合状态影响较大，进而影响到混合物料的产量和质量。同时，仿真数据也表明，通过不同工艺参数的优化调配，在特定条件下，小直径混合机可以达到常规生产工艺条件下大直径混合机的产能，这一结论为混合机的节能减排提供了新的途径。为验证这一结论的准确性，本节选取直径为 $\phi5.1$m 和 $\phi4.4$m 两种规格的混合机筒体进行了仿真数据对比。

图 4-59 为 $\phi5.1$m 和 $\phi4.4$m 两种规格的圆筒混合机在相同的混合时间（150s）、产量、速度 6r/min 条件下的物料混合状态仿真情况，由图中可知，$\phi4.4$m 筒体的混合效果更好，物料更加均匀。图 4-60 为两组的混合程度对比，

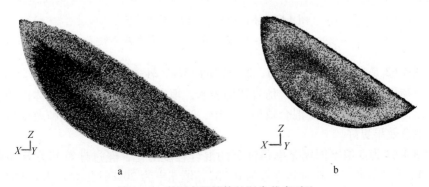

图 4-59　不同直径筒体的混合状态对比

a—$\phi5.1$m；b—$\phi4.4$m

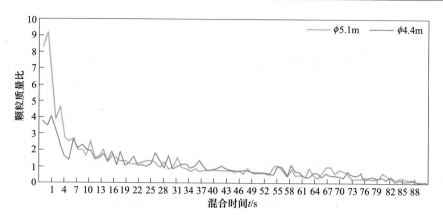

图 4-60　不同直径筒体内的颗粒质量比

经过计算其方差（期望值为1），ϕ5.1m 直径的筒体方差为 1.015，ϕ4.4m 直径的筒体方差为 0.515，可见 ϕ4.4m 直径的筒体比 ϕ5.1m 直径的筒体混合效果好。结果表明，若工艺参数选取恰当，小直径筒体完全可以代替大直径筒体。

图 4-61 所示为在相同的混合时间 150s、速度、筒体直径 4.4m 的条件下，不同填充率对物料混合状态的仿真结果。由图 4-61b 可知，该条件下物料混合效果较好，若进一步对不同填充率大小条件进行仿真，完全可以找到不同工艺条件下的最佳填充率数值范围。

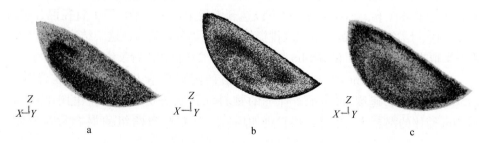

图 4-61　不同填充率的混合状态对比

a—填充率 15%；b—填充率 20%；c—填充率 25%

图 4-62 是在筒体直径 4.4m、混合时间 150s、转速 8r/min 的条件下，不同填充率对物料颗粒速度的影响。仿真数据表明，填充率不同时物料在筒体内的运行速度差比较明显，影响了混合效果。其中，当填充率为 20% 时的颗粒速度更加一致，混合效果更好。

图 4-63 为 3 组不同填充率条件下的混合程度对比，经过计算其方差（期望值为1），填充率为 15% 时其方差为 0.732；填充率为 20% 时其方差为 0.657；填充率为 25% 时其方差为 0.388。可见，15% 填充率与 20% 填充率条件下的混合效果较好且相差不大，表明填充率在一定范围内可适当提高。

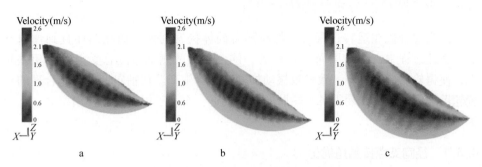

图 4-62　不同填充率的物料颗粒速度对比

a—填充率 15%；b—填充率 20%；c—填充率 25%

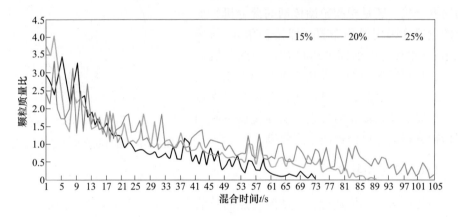

图 4-63　不同填充率条件下的颗粒质量比

结合上述动力学仿真数据和物料混合状态分析，可以得出以下结论：

（1）通过对 $\phi4.4m$ 和 $\phi5.1m$ 仿真数据分析处理可知，在产量相同的条件下，通过选取合适的工艺参数，$\phi4.4m$ 筒体可以代替 $\phi5.1m$ 筒体，在保证混合料的产量和混合效果的同时，可以大幅度降低设备总体重量，降低设备投资，节约电能，实现低能耗的绿色生产，给用户带来可观的经济效益。

（2）液压马达销齿传动、轮胎支撑的新式圆筒混合机的设备参数和工艺参数均是采用最新科研成果的新方法来确定，数据准确可靠。优化后的轮胎布局和支撑结构完全能够满足中、大型圆筒混合机负载大的工况要求，同时保证每个支撑轮胎都在较低的载荷下工作，磨损小、寿命长。

（3）针对不同规格的混合设备，设定转速、填充率等参数在不同数值范围内进行离散元仿真，研究各参数与最佳混合效果时对应的混合时间、设备产量等之间的内在联系，通过对大量仿真数据的回归分析，即可建立各个混合参数间的函数关系，给出准确的函数方程，并可获得混合设备的最佳工艺参数。

4.6　新型圆筒混合机结构优化设计

圆筒混合机在运转过程中，物料随着筒体提升泻落，如此循环直到物料排出。在此过程中，物料压向混合机的一侧，导致两侧支撑点总受力大小相差较大，使得轮胎的磨损不一致导致振动加剧，影响生产。在轴向上，若能合理的布置轮胎之间的距离，使得各个轮胎的受力接近，有利于提高轮胎使用寿命，从而提高生产效率。

4.6.1　径向支点接触角优化

圆筒混合机支点截面如图 4-64 所示。

目前国内使用的无论是渐开线齿轮传动的圆筒混合机，还是橡胶轮胎传动的混合机，支点的位置均采用对称布置，即接触角 α_1 与接触角 α_2 相等。由前面分析可知，在混合机运动时，物料压向一侧，导致两侧的受力相差较大，约 1 倍。因此，通过优化，合理布置支点支撑位置，使两侧受力接近，从而使设备使用寿命得到提高，进而提高生产效率。

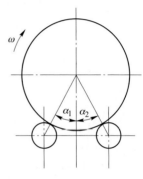

图 4-64　圆筒混合机支点截面图

4.6.1.1　目标函数

目标函数可以描述为，主动侧支点的总的支反力与从动侧支反力之差最小。其表达式如下：

$$\min f(\alpha) = \min(N_{主} - N_{从}) \tag{4-43}$$

$N_{主}$、$N_{从}$ 可以由下面两式表示：

$$N_{主} = \frac{WR\cos\alpha\sin\alpha_2 + G\cos\alpha(e\cos\delta + R\sin\alpha_2) + F_R R\cos(\delta - \alpha_1)}{R\sin(\alpha_1 + \alpha_2)} \tag{4-44}$$

$$N_{从} = \frac{WR\cos\alpha\sin\alpha_1 + G\cos\alpha(e\cos\delta - R\sin\alpha_1) + F_R R\cos(\delta + \alpha_1)}{R\sin(\alpha_1 + \alpha_2)} \tag{4-45}$$

式中　G——混合机内物料的重力，N；

$\quad\quad W$——筒体自身重力，N；

$\quad\quad \alpha_1$——主动侧橡胶轮胎与筒体之间的接触角，(°)；

$\quad\quad \alpha_2$——被动侧橡胶轮胎与筒体之间的接触角，(°)；

$\quad\quad \delta$——离心力与 x 轴之间的夹角，$\delta = \dfrac{\pi}{2} + \dfrac{\phi}{2} - \beta$，(°)；

$\quad\quad \alpha$——圆筒混合机倾角，(°)。

4.6.1.2 设计变量

目标函数中的设计变量为：

$$X = \left[\alpha_1, \alpha_2\right]^T \qquad (4-46)$$

国内普遍使用的圆筒混合机，其接触角 α_1、α_2 均为 30°。

4.6.1.3 约束条件

约束条件主要有两个：

（1）主动侧支点的受力为正值，即：

$$N_{主} > 0$$

（2）从动侧支点的受力为正值，即：

$$N_{从} > 0$$

4.6.1.4 优化的方法

由于混合机工作时物料压向一侧，因此优化时，从动侧接触角 α_2 保持不变，逐步优化主动侧接触角 α_1，主从动侧的受力差值最小。

4.6.2 轴向轮胎布置位置优化

轴向方向上，由于有多个轮胎支撑，类似连续梁的支撑。轮胎之间的距离不同，其受力大小也就差别较大。通过优化计算，合理布置轮胎的支撑位置，使得轮胎受力最小，轮胎间的受力差值最小，以达到提高轮胎的使用寿命，提高烧结厂生产效率的目的。

4.6.2.1 优化目标函数

优化的目标函数可以描述为：给定一组轮胎的布置，便可以求出每个轮胎的受力情况，通过比较可以得出最大的轮胎受力。轴向轮胎支点如图 4-65 所示。

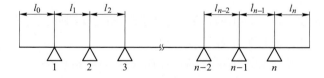

图 4-65　圆筒混合机轮胎支撑位置示意图

混合机一侧有 n 个轮胎支撑，规定第一段的距离为 l_0，第一个轮胎与第二个轮胎之间的距离为 l_1，以此类推，如图 4-65 所示。给定一组这样的距离 l_i，便可以得到一组轮胎受力 F_i，因此可以找到这样一组距离值，使得这一组中最大的轮胎受力是所有可能距离值中最小的，其目标函数可以表示为：

$$\min(\max F(l_i))$$

式中　　l_i——表示第 i 个轮胎与第 $i+1$ 个轮胎之间的距离，m，$i = 1$，2，3，
　　　　　　$\cdots$，n；

　　$F(l_i)$——第 i 个轮胎的受力，N；

$\max F(l_i)$——每一组 l_i 值中最大的轮胎受力值，N。

4.6.2.2　设计变量的确定

给定一组距离值，就可以得出每个支点处的截面弯矩，进而得出各个轮胎的受力情况。目标函数的设计变量则可以描述为：

$$X = [l_1, l_2, l_3, \cdots, l_n]^T \tag{4-47}$$

4.6.2.3　约束条件的确定

在对轮胎布置位置优化的过程中，所取的变量有一定的取值范围，应该满足一定的条件。

（1）考虑到轮胎的宽度，因此轮胎间的距离应大于轮胎的宽度而小于混合机的长度，即：

$$b < l_i < l \tag{4-48}$$

式中　　b——轮胎的宽度，m；

　　　　l——混合机的长度，m。

（2）所有的距离之和应当等于混合机的长度，即

$$\sum_i^n l_i = l \tag{4-49}$$

4.6.3　优化实例

根据上述优化方法，以国内某烧结厂橡胶轮胎传动圆筒混合机为例，对轴向轮胎布置进行优化。其原始参数见表 4-22。

轴向轮胎布置位置和受力优化结果如图 4-66 ~ 图 4-69 所示。从图 4-66 和图 4-68 可以看出，经过优化后，轮胎布置趋向平均分配，但不是完全均布。从图 4-67 和图 4-69 可以看出，经过优化后，各个轮胎受力完全一致。由于受力完全一致，则轮胎的磨损也基本相同，这有利于降低混合机的振动，提高混合机生产效率。从图 4-66 ~ 图 4-69 可以分析得出，最佳的轮胎布置即各个轮胎受力大小相同，并不是轮胎采用均匀分配，这对工作设计有一定指导意义。

表 4-22 圆筒混合机原始参数表

参数名称	参数值	参数名称	参数值
圆筒长度 L/m	12	转速 n/r·min^{-1}	8.7
圆筒半径 R/m	1.5	物料密度 ρ/kg·m^{-3}	4300
填充率 φ/%	15	圆筒重量 G_1/kN	206.4
主从支反力夹角 γ/(°)	120	重力加速度 g/m·s^{-2}	9.8
圆筒倾角 α/(°)	1.5		
主动侧轮胎个数/个	12	从动侧轮胎个数/个	8
第 0 段长度 L_0/m	0.5	第 0 段长度 L_0/m	0.5
第 1 段长度 L_1/m	0.7	第 1 段长度 L_1/m	1.4
第 2 段长度 L_2/m	0.7	第 2 段长度 L_2/m	1.25
第 3 段长度 L_3/m	1.25	第 3 段长度 L_3/m	1.6
第 4 段长度 L_4/m	0.8	第 4 段长度 L_4/m	2.1
第 5 段长度 L_5/m	0.8	第 5 段长度 L_5/m	1.6
第 6 段长度 L_6/m	2.1	第 6 段长度 L_6/m	1.25
第 7 段长度 L_7/m	0.8	第 7 段长度 L_7/m	1.4
第 8 段长度 L_8/m	0.8	第 8 段长度 L_8/m	0.5
第 9 段长度 L_9/m	1.25		
第 10 段长 L_{10}/m	0.7		
第 11 段长 L_{11}/m	0.7		
第 12 段长 L_{12}/m	0.5		

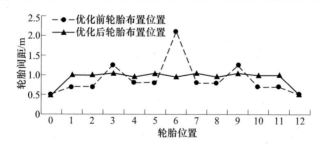

图 4-66 主动侧优化前后轮胎布置位置对比

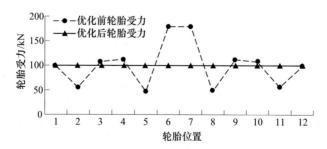

图 4-67 主动侧优化前后轮胎受力大小对比

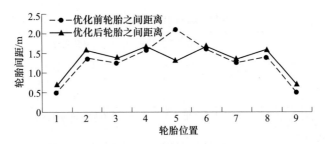

图 4-68　从动侧优化前后轮胎布置位置对比

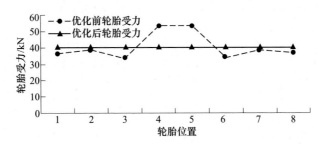

图 4-69　从动侧优化前后轮胎受力大小对比

5 混合设备新技术研究

圆筒混合设备在使用过程中存在工艺参数不匹配、筒体振动大、能耗高等诸多问题，本章即针对这些问题开展研究，从设备结构、智能化操作等方面介绍了在混合设备有关方面的新成果。

5.1 新型圆筒混合机的结构特征

在现有的烧结圆筒混合机中，生产工艺参数在设备设计完成后已基本确定，现场安装生产后无法更改和调整，而现场生产条件的变化，往往会导致混匀和制粒效果参差不齐，现有圆筒混合机无法满足随生产条件变化而进行装备调整的技术条件，并且对成品的产量和混匀制粒的效果质量无法进行有效的判定。因此，本章所提出的新型圆筒混合机，将能够很好地解决以上问题，其设备结构如图5-1所示。

新型圆筒混合机的主要特征包括：筒体通过轮胎支承组支撑在可倾动底座上，并通过柔性传动装置驱动，底座设置调倾角装置，轮胎支承采用非对称角度布置，传动平稳，双液压马达驱动可实现无级调速。

a

b

c

d

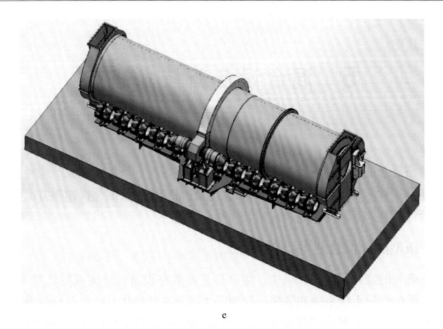

e

图 5-1   新型圆筒混合机三维仿真图

a—主视图；b—左视图；c—后视图；d—右视图；e—轴测图

为及时清理筒体内壁粘料，并避免人工清料的危害，新型圆筒混合机筒体内部设置自动清料刮刀，如图 5-2 所示。

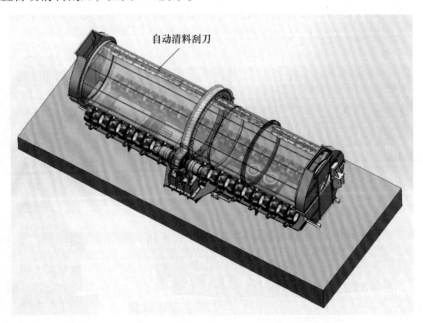

图 5-2   设置自动清料刮刀的新型圆筒混合机示意图

图 5-3 所示是混合机销齿传动结构。根据设备规格和混合工艺的不同，销齿传动可分别设置不同结构，对于大中型混合机，由于筒体自重、装料量大，为保证销齿强度和传动平稳，可以设置为双排销齿传动结构。同时，考虑到支撑轮胎的承重极限，轮胎组数量及布置需要经过严格计算确定，另外，将支撑轮胎设计为带辅助支撑辊的支撑轮对，如图 5-4 所示，辅助支撑辊采用硬质金属结构，支撑辊的辊面低于轮胎组的工作面，具体参数需要根据设备规格确定。当筒体物料少、工作强度低时，完全由轮胎组支撑筒体重量。随着筒体物料增多，轮胎组负荷增大，当其压缩变形量达到一定数值时，金属支撑辊开始工作，将轮胎负荷分流。

图 5-3　销齿传动透视图

图 5-4　带辅助支撑辊的支撑轮对

5.2　电动刮刀圆筒混合机

5.2.1　技术背景

在混合与制粒的过程中，需要对粉状物料加入适量的水分。为了防止湿润的混合物料在金属混合圆筒的内表面发生粘结以及对圆筒筒壁发生磨损，在圆筒混合机的圆筒内部一般均设有衬板，衬板的材质一般采用耐磨铸件，其物料粘结很严重。为了减少粘结，现在许多企业的圆筒混合机采用了尼龙衬板，物料粘结现象有所改善，但其耐磨性较差，使用寿命较短，同时仍不同程度的存在粘结现象，圆筒内壁粘料的清理比较困难，增大圆筒混合机运转负荷，减少圆筒混合机生产产量，尤其是对二次混合机造球制粒效果起到不良影响。

传统的圆筒混合机物料粘结的清理方式一般是定期人工清理，增加了工人劳动强度，同时清理过程中容易破坏内部衬板，而且容易造成混合机内部塌料，造成喷水管及吊挂钢丝绳的破坏，甚至威胁工人人身安全。

为解决混合机圆筒粘结问题，通常使用两种结构型式的清理装置或称刮刀，一种是沿圆筒混合机筒壁母线方向密排固定刮刀的结构型式，这种结构型式中，沿圆筒混合机长度方向都与物料接触，刮料阻力巨大，对混合机动力消耗较大。近些年的新结构设计虽然减小了接触长度，进一步减小了刮料阻力，但不能沿圆筒母线在全长范围内刮料，因而仍有部分物料粘结现象；另一种型式是让一把或多把刮刀沿混合机母线方向运动，在新增动力的驱动下刮刀可以沿圆筒母线方向往复运动，虽然在较少刮刀情况下增大了刮料的范围，但在设备生产状态下很难进行全方位刮料，需要定期停机刮料，而且结构复杂，增加了新的动力消耗和控制系统。针对这些问题，为克服圆筒混合机的衬板易结料、影响产量和产品质量等问题，提出了一种设置电动刮刀装置的圆筒混合机，能有效去除筒体内粘料。

5.2.2　技术特征

圆筒混合机电动刮刀装置的装配效果如图 5-5 所示，包括前传动组件、笼式刮刀组件和后传动组件。刮刀装置采取滚筒内置电动传动组件的结构形式，如图 5-6 所示。并且刮刀组件的相邻刮刀采用无间隙对称错位排列，形成以刮刀长度方向中心向两侧呈正反双向螺旋排列，工作时只有两把刮刀同时进入刮料位置，因而既能够减小刮刀装置的刮料阻力，又能够实现筒体的全长度无死角清理粘料。

图 5-5　电动刮刀装置的装配图

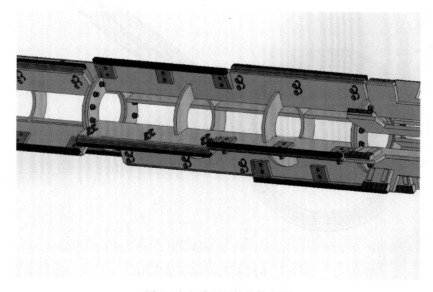

图 5-6　电动刮刀结构仿真图

5.3　无动力刮刀圆筒混合机

5.3.1　技术背景

电动刮刀装置增加了新的动力消耗和控制系统，因而结构复杂，使用过程中产生故障的可能性更大。针对这种情况，圆筒混合机在线无动力刮刀系统能够解决这一问题。通过对 5.2 节所述的笼式电动刮刀装置的改进设计，可实现随时进行结料清理，无需停机和额外增加动力。

5.3.2　技术特征

圆筒混合机在线无动力刮刀系统如图 5-7 所示。该系统主要包括驱动销轮装置、前传动装置、前接头装置、笼式刮刀装置、后接头装置和后支撑装置，驱动销轮装置与混合机圆筒同心固定安装并随混合机圆筒一同旋转，如图 5-8 所示，通过前传动装置经前接头装置带动笼式刮刀装置与混合机圆筒逆向旋转，实际设计时，需按照设备规格、混合工艺的转速要求进行计算后再确定刮刀装置的速比分配。

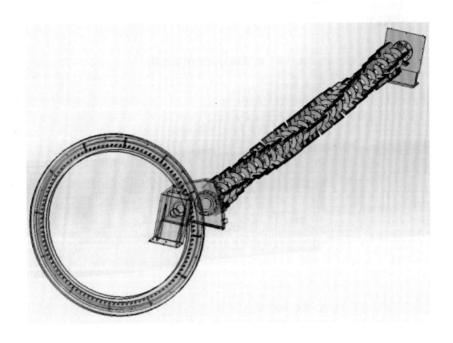

图 5-7　在线无动力刮刀系统仿真图

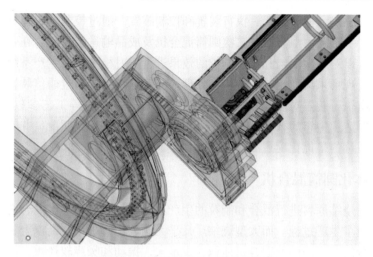

图 5-8　刮刀驱动销轮与筒体的装配

5.4　智能型圆筒混合机

智能型圆筒混合机混料造粒生产系统如图 5-9 所示，包括一次圆筒混合机、

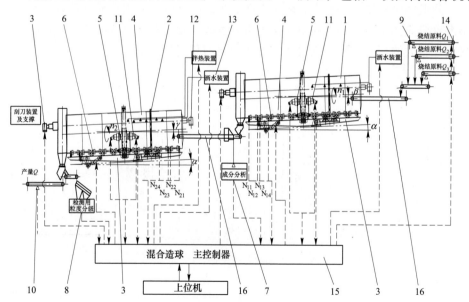

图 5-9　智能型圆筒混合机生产系统示意图

1— 一次圆筒混合机；2—二次圆筒混合机；3—可倾动底座；4—回转圆筒；5—柔性传动装置；
6—柔性支撑装置；7—成分分析装置；8—粒度分级装置；9—配料计量装置；10—成品计量装置；
11—液压马达；12—刮刀装置；13—洒水装置；14—前端给料装置；15—主控制器；16—中间给料装置

二次圆筒混合机、检测装置、执行装置和控制装置。通过控制装置将烧结生产的给料装置、一次圆筒混合机、二次圆筒混合机及成品输送装置组合在一起。通过检测装置可以对一次混匀和二次制粒的效果进行实时检测，对生产系统的各种工艺参数进行现场采集、比较、分析和处理，并将处理结果通过通信装置反馈至执行装置，由执行装置对圆筒转速、倾角、填充率、洒水量等工艺参数进行调整，实现对混料造粒生产的智能化控制，以达到最佳的工艺参数匹配，并实现生产效率和产品质量的最优化配置。

5.5   一体化圆筒混合机

作为对烧结原料进行混合和制粒的生产系统，一般分为一次混合混匀和二次混合造粒两个生产过程。而大型烧结厂几乎无例外地都采用圆筒混合机作为一次和二次混合设备。因圆筒混合机体积、重量大，振动和噪声较严重，筒体内壁结料的清理也比较困难，尤其是作为二次混合设备其造球制粒效果不能令人满意。

混匀制粒一体化圆筒混合机如图 5-10 所示，通过对现有一次混合与二次制粒分段生产工艺中的圆筒混合机进行技术改进，将一次混合机和二次混合机的功能设置在一个筒体中完成，不仅可以缩短生产工艺流程、减轻混合工段设备重量、降低混合机振动和噪声、减小占地面积，而且可以采用智能化控制，随时调整混合机筒体角度、转速和填充率等工艺参数，充分发挥设备潜能，以较小的规格实现较大的产能指标，同时达到理想的混匀和制粒效果。

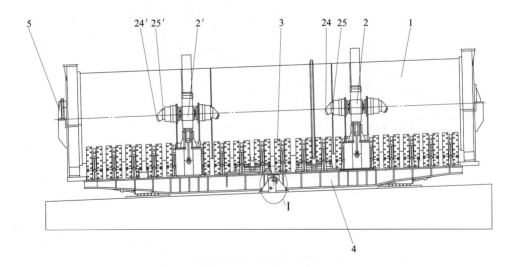

图 5-10   混匀制粒一体化圆筒混合机结构示意图

1—筒体；2, 2′—柔性传动装置；3—轮胎支承组；4—可倾动底座；
5—刮刀装置；24, 24′—增量型编码器；25, 25′—驱动马达

　　该设备主体包括筒体、柔性传动装置、轮胎支承组、可倾动底座、刮刀装置和检测装置。在筒体内壁沿轴线方向均布多块混匀扬料板和制粒扬料板，且混匀扬料板的高度大于制粒扬料板的高度，两者之间设置梯形的过渡扬料板。通过设置变高度的扬料板，筒体内部能够产生不同的物料运动线速度，各结构参数设置合理，则可以使一台圆筒混合机具备混匀和制粒两种功能，缩短生产工艺流程。

6 球团焙烧机械设备

6.1 圆盘造球机

将细粒物料预先在造球机中成球及球团固结，是球团生产的两大基本环节，因此，造球机是球团厂的重要设备之一。造球机工作的好坏，直接影响球团矿产量和质量及球团厂的技术经济指标。对于造球机械设备，一般有以下要求：（1）结构简单，工作平稳可靠；（2）设备重量轻，电能消耗少；（3）对原料的适应性强，易于操作和维护；（4）产量高，质量好。从上述要求出发，多年来国内外都进行了大量的试验研究工作，这对于球团矿的发展起了很好的促进作用。用于冶金生产的造球机械主要有圆盘造球机和圆筒造球机，本章主要对圆盘造球机进行设计与仿真研究。

6.1.1 工作原理

圆盘造球机造球过程如图 6-1 所示。它的主要部件是倾斜布置的带有周边的钢质圆盘，圆盘绕中心轴按一定速度旋转。通过皮带机向盘内加料区加入细粒的混合矿料，从圆盘上方用喷水器加入适量水分，由于水的凝聚力的作用，使散料形成母球。物料在盘边、盘底产生的摩擦力的带动下向上提升，当矿料被带至一定高度时，即当其本身的重力分量大于摩擦力分量时，矿料将向下滚落，类似于"滚雪球"，细粒物料粘在潮湿的母球表面，不断滚粘散料而长大，不同大小的母球随圆盘作上向、下向滚动运动，不断搓压而密实，并长大到规定的尺寸。不

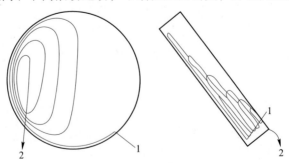

图 6-1 圆盘造球机造球过程示意图

1—加料；2—排球

同尺寸的小球颗粒自然分级，小颗粒离开排料端，贴盘底沿大圆弧滚动，大颗粒集中往排料端（盘边）滚动，最后经盘边排出。

　　圆盘造球机具有自动分级功能。所谓自动分级，即圆盘中物料能按其本身粒径大小有规律地运动，并且均有各自的运动轨迹。物料按照图 6-1 所示的运动轨迹逐渐长大，且粒度大的物料，其运动轨迹靠近盘边，且在料面上。相反，粒度小或未成球的物料，其运动轨迹贴近盘底并远离盘边。当粒径大小满足工艺要求时，则从盘边自行排出，粒度小的球贴近盘底运动，继续滚动长大。自动分级效果取决于是否能正确地选择圆盘造球机的工艺参数，以便最大限度地提高造球机的产量和质量。因此，对圆盘造球机中的物料运动规律进行分析是必要的。

6.1.2　圆盘造球机结构

6.1.2.1　圆盘造球机的结构

　　圆盘造球机是目前国内外广泛使用的造球设备，我国球团厂大多采用这种设备，从结构上可分为伞齿轮传动的圆盘造球机和内齿轮圈传动的圆盘造球机。

　　（1）伞齿轮传动的圆盘造球机结构示意图如图 6-2 所示。主要由圆盘、刮刀、刮刀架、大伞齿轮、小圆锥齿轮、主轴、调倾角机构、减速机、电动机、三角皮带和底座等组成，造球机的转速可通过改变皮带轮的直径来调整，圆盘的倾角可以通过螺杆调节。圆盘的伞齿轮传动如图 6-3 所示。

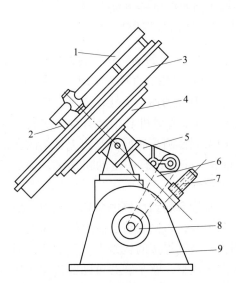

图 6-2　伞齿轮传动的圆盘造球机
1—刮刀架；2—刮刀；3—圆盘；4—伞齿轮；
5—减速机；6—中心轴；7—调倾角螺杆；
8—电动机；9—底座

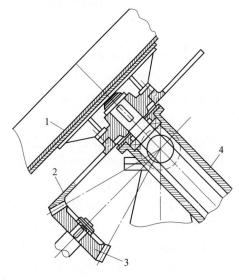

图 6-3　圆盘的伞齿轮传动
1—圆盘；2—大锥齿轮；
3—小锥齿轮；4—主轴系统

（2）内齿轮圈传动的圆盘造球机是在伞齿轮传动的圆盘造球机的基础上改进的。改造后的造球机主要结构为，圆盘连同带滚动轴承的内齿轮圈固定在支承架上，电动机、减速机、刮刀架均安在支承架上，支承架安装在机座上，并与调整倾角的螺杆相连，当调节螺杆时，圆盘连同支承架一起改变角度，如图6-4所示。

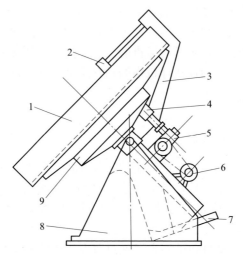

图 6-4　内齿轮圈传动的圆盘造球机
1—圆盘；2—刮刀；3—刮刀架；4—小齿轮；5—减速机；
6—电动机；7—调倾角螺杆；8—底座；9—内齿圈

内齿轮圈传动的圆盘造球机转速通常有三级（如 $\phi5.5m$ 造球机，转速有 6.05r/min、6.75r/min、7.73r/min），通过改变皮带轮的直径来实现。其结构特点是圆盘采用内齿轮圈传动，整个圆盘由大型压力滚动轴承支托，因而运转平稳。

（3）刮刀装置。为防止盘内物料粘结，圆盘造球机必须装有刮刀装置，又称刮板装置，包括盘底刮刀和盘边刮刀，用来刮掉圆盘底面和盘边上粘结的多余物料，使盘底保持必要的料层（底料）厚度。底料具有一定的粗糙度，增加了球粒与底料之间的摩擦，以提高球粒的长大速度。

合理地配置刮刀，对提高生球的产量、质量会起到良好的效果。刮刀一般布置在母球区和过渡区。成球区是不能布置刮刀的，否则会将已制成的生球破坏。

刮刀装置安于固定的圆盘上方的钢管或型钢焊接的机架上，各刮刀的刀杆均垂直于盘面。刀头与盘面间的距离可按需要调整，整个装置可随圆盘倾角的调整而调整。

目前，国内圆盘造球机所用刮刀装置，有固定刮刀和电动刮刀。如图 6-5 所示为圆盘造球机的刮刀装置结构示意图，图 6-5a 是固定式底刮刀装置，图 6-5b 是回转式电动底刮刀装置。

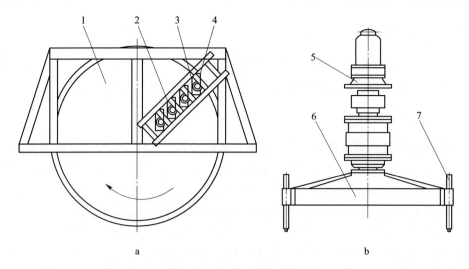

图 6-5　刮刀装置结构示意图

a—固定式刮刀装置；b—回转式刮刀装置

1—圆盘；2—刀架；3—刮刀片；4—刀杆；5—摆线针轮减速机（带电动机）；

6—刮刀架；7—刀杆及刀头

6.1.2.2　大型内齿传动、滚动轴承支撑圆盘造球机

新式圆盘造球机通常采用大型内齿传动结构和大型回转滚动轴承支撑结构，因大型轴承自身带有内齿，既起到支撑作用，又起到转动造球盘的作用，可以取代大伞齿轮和小轴承以及其紧固件，因而具有自重小、运转平稳、寿命长等优点，其整体结构的三维仿真如图 6-6 所示。

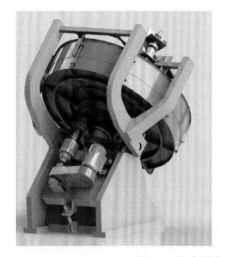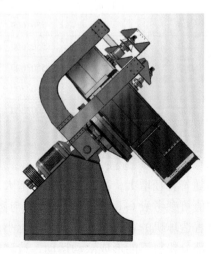

图 6-6　新式圆盘造球机三维仿真图

6.1.3 圆盘造球机的主要参数

为了制取合格的物料颗粒，圆盘造球机的参数，如圆盘转速、圆盘倾角、盘边高度、填充率以及物料停留时间等，均应根据不同的圆盘规格而定。

6.1.3.1 圆盘直径 D

圆盘造球机的圆盘直径，决定着圆盘面积的大小。其面积对生球质量没有影响，但对造球机的产量却具有决定性的意义。直径 D 增大，加入盘中物料增多，物料在盘内碰撞的几率增大，有利于母球的形成、长大和密实。根据对圆盘造球机的运动特性分析，其产量是与圆盘面积或圆盘直径的平方成正比的。

圆盘直径的大小，主要依据造球规模的大小而定。现有圆盘造球机的直径系列规格从 $\phi3500 \sim 7500$mm 不等。具体参数见表 6-1 和表 6-2。

表 6-1 我国已系列化的圆盘造球机基本参数

型　号	直径 D/mm	边高 H/mm	转速/r·min^{-1}	倾角/(°)	产能/t·h^{-1}
QP-35	3500	450	10.5	40~55	9.5~14.5
QP-45	4500	500	8~10	40~55	16~24
QP-50	5000	600	6.8~8.2	40~55	20~30
QP-60	6000	600	6.2~7.6	40~55	29~43
QP-65	6500	600	6.5~6.9	40~55	44~66

表 6-2 国外常用圆盘造球机的技术参数

直径 D/mm	圆盘面积 A/m^2	边高 H/mm	转速/r·min^{-1}	倾角/(°)	产能/t·h^{-1}
5000	20	550/600	6.5/7.5	40~48	9.5~14.5
5500	23.5	550/600	6.5/7.5	40~48	16~24
6000	28	550/600	6/7	40~48	20~30
7000	38	600/700	6/7	40~48	29~43
7500	44	600/800	6/7	40~48	44~66

6.1.3.2 圆盘边高 H

随着直径增大，边高也应相应增大，边高可按直径的 0.1~0.12 倍考虑，具体取值可参考表 6-1 和表 6-2。边高与圆盘倾角和圆盘直径有关，它的大小直接影响着造球机的容积填充率。倾角越小，边高越大，则填充率越大。但填充率过大，部分粉料不能形成滚动运动，造球机生产率反而下降，所以圆盘边高是有一定限度的。当圆盘直径和倾角都不变时，边高还与原料的性质有关。如果物料的粒度粗、黏度小，盘边应取得高些；反之则取低些。

6.1.3.3 圆盘倾角 α

圆盘倾角与物料性质和圆盘转速有关。不同物料其安息角不同，用于不同物料的圆盘，其倾角必须大于物料的安息角 φ_0。否则，物料将形成一个相对于盘底静止的粉料层（如图 6-7 所示），与圆盘同步运动，此时，可借助刮刀强迫物料下落而滚球，成球后安息角自然减小，否则无法造球。单纯考虑倾角时，减小倾角，增大成球粒度；增大倾角，减小成球粒度。取值一般在 45°~55°，对于某些物料，在某种转速下，倾角也可能大到 60°。转速高的圆盘，其倾角可取大值，否则应取小值。倾角过大，则物料对盘底压力减小，物料的提升高度降低，盘面不能充分利用，使圆盘造球机的产量下降。

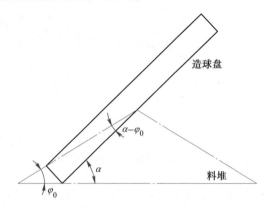

图 6-7 圆盘倾角与物料安息角

6.1.3.4 圆盘充填率

圆盘充填率是指圆盘造球机中物料容积占圆盘有效容积的百分数。该数值太大，会破坏物料的运动性，使其不能按粒度分层，其值一般在 10%~20% 之间。

6.1.3.5 造球时间 t

从物料进入圆盘到制成合格生球的时间为造球时间。造球时间与成品球的粒度和质量要求、原料成球的难易、原料的粒度等有关，时间的长短可由调整圆盘的转速和倾角来控制。一般情况下，造球时间为 6~8min。实验表明，随造球时间的延长，生球的抗压强度、落下强度均提高。

6.1.3.6 圆盘转速 n

当圆盘直径、倾角一定时，圆盘转速 n 只能在一定范围内变动。转速过大，离心力过大，物料甩到盘边，造成圆盘中心空料，不能分级；转速过小，离心力不够，物料不能上升到盘顶，造成母球区形成空料区。一般以圆盘边线速度计，约 $1.0 \sim 2.0 \mathrm{m/s}$。或以最佳转速为临界转速的 $60\% \sim 70\%$ 来控制。

圆盘转速 n 的确定：

首先做一个计算模型。圆盘倾角为 α，取圆盘内物料颗粒小球 A 为研究对象，设其质量为 m，速度为 v，该颗粒处于平衡状态时其受力如图 6-8 所示。

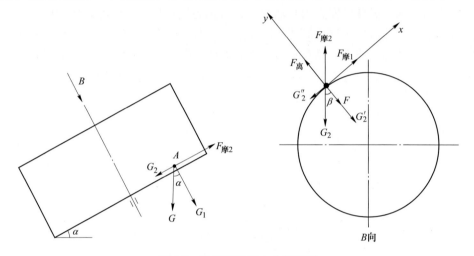

图 6-8　物料颗粒受力分析模型

颗粒所受重力 G 的两个分力分别为 G_1 和 G_2。为方便分析，假设摩擦力分解为两个分力，$F_{摩2}$ 阻止这个小球依重力分力 G_2 沿盘面向下运动，而 $F_{摩1}$ 则阻止这个小球依重力的分力 G_2'' 沿盘边向下运动，从而使小球依圆盘旋转而被带到一定高度。若小球上升至 A 点静止不动，则所有的力彼此相互平衡，如图 6-8 所示。

在 B 向，盘子平面内，G_2 的分力为 G_2' 和 G_2''，离心力 $F_{离}$ 和反力 F（盘边对小球的作用力）及摩擦力 $F_{摩1}$。建立平衡方程 $\sum F_y = 0$，有：

$$F + G_2' = F_{离} + F_{摩2}\cos\beta \tag{6-1}$$

当小球离开盘边并开始沿盘面滚落的瞬间，此时 $F = 0$，则由式（6-1）得：

$$G_2' = F_{离} + F_{摩2}\cos\beta \tag{6-2}$$

因 $G_2' = G_2\cos\beta = G\sin\alpha\cos\beta$、$F_{离} = m\dfrac{v^2}{R}$、$F_{摩2} = G_1 f$、$G_1 = G\cos\alpha$、$F_{摩2} = G_1 f = fG\cos\alpha$，代入式（6-2）整理并化简得：

$$n \approx \frac{30}{\sqrt{R}}\sqrt{(\sin\alpha - f\cos\alpha)\cos\beta} \quad (\mathrm{r/min}) \tag{6-3}$$

式中　　v——圆盘周速，$v = \dfrac{\pi D n}{60} = \dfrac{\pi R n}{30}$，$\mathrm{m/s}$；

f——物料与盘底的摩擦系数，$f = \tan\phi$；

ϕ——物料与盘底的摩擦角，（°）；

α——圆盘倾角，（°）；

β——物料颗粒的脱离角，（°）。

脱离角 β 由式（6-3）变换即可得到：

$$\cos\beta \approx \frac{Rn^2}{900} \times \frac{1}{\sin\alpha - f\cos\alpha} \qquad (6\text{-}4)$$

由式（6-4）可知，当圆盘直径、转速、倾角一定时，对于不同直径 d 的小球，其脱离角 β 就不同。这主要是由于未成型物料和小球在滚动成型的不同阶段具有不同摩擦系数所造成的。

不同直径的物料小球，设 $d_1 > d_2$，因 $\phi_1 < \phi_2$，所以 $\tan\phi_1 < \tan\phi_2$，即 $f_1 < f_2$，得：

$$\cos\beta_1 < \cos\beta_2，即 \beta_1 > \beta_2$$

因此，球径 d 越大，脱离角 β 就越大，即球上升的高度越小。因而，在滚动成型过程中，物料小球将按粒度发生偏析。

6.1.4 圆盘造球机的刮到性

圆盘造球机采用底、侧刮刀进行盘内粘料清理，由于固定刮刀性能较差，致使造球机的盘底和侧边粘料严重，影响了球团矿的产量和质量。而采用电动转动刮刀，不仅可以清理盘底和侧边粘料，使盘内矿料表面经常处于平坦而粗糙的理想状态，而且可以避免将盘内矿料压成死料层；同时，尺寸较小的电动转动刮刀与盘底的摩擦阻力远比固定刮刀小，从而减少了圆盘造球机的功率消耗。需要注意的是，尽管电动转动刮刀的刮到性较好，但是使用不当，仍会造成盘底料面不均、粘料严重、进而影响成球性能，其主要原因在于圆盘转速与刮刀转速不匹配，刮刀运行轨迹不佳，导致刮到性恶化。下面以电动底刮刀为例，分析其刮到性。

6.1.4.1 电动底刮刀的尺寸设计与布局

目前，多数圆盘造球机设置规格相同的 2 台底刮刀，对于大型圆盘造球机可以设置 3 台刮刀，其结构布局如图 6-9 所示，其设计要点主要有：

（1）根据圆盘造球机的具体类型，具体分析、具体设计；

（2）必须满足使用要求，使得整个圆盘的任何一处都能刮到，不留空隙；

（3）刮刀盘和造球盘分别以 ω_1、ω_2 的角速度，按相反方向旋转，其角速度之比应满足 $\dfrac{\omega_1}{\omega_2} < 1$ 且接近 1 的条件，最好使 $\dfrac{\omega_1}{\omega_2}$ 没有一个倍数能使其为整数；

（4）刮刀轨迹之和大于造球盘的直径；

（5）由于制造工艺或安装误差，为避免刮刀与盘边相碰，在设计时造球盘的径向要留有余量 ΔR，一般取 $\Delta R = 50 \sim 60mm$；

（6）刮刀数量应尽量少，刮刀所划圆环面应不重叠，目前我国一般设 2 台刮刀；

（7）为避免 2 台底刮刀架相撞，2 台底刮刀外沿应保持一定距离，且不能布置在同一半径上，同时，内侧刮刀的轨迹线必须通过造球盘中心，避免中心积料；

（8）每个刮刀盘的刀头数量不宜过多，否则会破坏物料成球的机会和增大阻力，一般设 5 把刀头为宜。

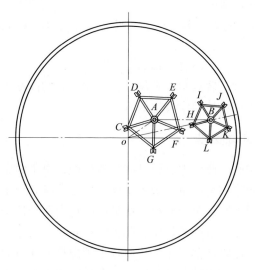

图 6-9 电动底刮刀在盘底的布局

6.1.4.2 电动底刮刀的轨迹方程

转动刮刀在盘面上的运行轨迹可用分析法和作图法求得，采用反转法可以降低求解难度，如图 6-10 所示，圆盘上设置刮刀 Ⅰ 和刮刀 Ⅱ，设想给刮刀支架施加一个和造球盘角速度 ω_2（如图 6-10a 所示）大小相等、方向相反的角速度 ω_2，而使造球盘不转动，刮刀支架相对造球盘逆时针转动（如图 6-10b 所示）。

如图 6-11 所示，o_2 为极点，亦是造球盘中心，o_2A 为极轴，o_1 为 Ⅰ 号刮刀盘的中心，r 为所在圆的半径，a 为 o_2o_1 的中心距，θ_2 为刮刀盘支架的垂线所转过的角度，$\omega_1 t$ 为刮刀相对支架所转过的角度，t 为时间，ω_1 为刮刀相对支架的角速度，$o_2M = \rho$ 为刮刀刃 M 点的极径，θ_t 为 M 点的极角，在 o_2Mo_1 中，有：

$$\rho = \sqrt{r^2 + a^2 - 2ra\cos\omega_1 t} \tag{6-5}$$

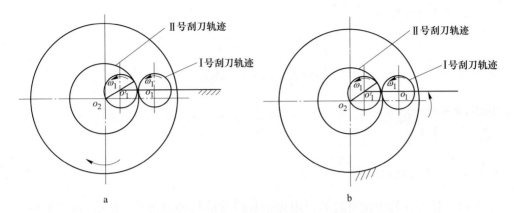

图 6-10　反转法求解刮刀轨迹示意图

a—刮刀盘固定、造球盘转动；b—造球盘固定、刮刀盘转动

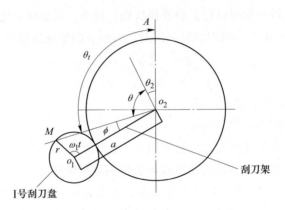

图 6-11　Ⅰ号刮刀的极坐标轨迹反转法示意图

因 $\sin\phi = \dfrac{r\sin\omega_1 t}{\rho}$ ，$\phi = \arcsin\left(\dfrac{r}{\rho}\sin\omega_1 t\right)$ ，则：

$$\theta = \frac{\pi}{2} - \phi = \frac{\pi}{2} - \arcsin\left(\frac{r}{\rho}\sin\omega_1 t\right) \tag{6-6}$$

$$\theta_t = \theta + \theta_2 = \frac{\pi}{2} - \arcsin\left(\frac{r}{\rho}\sin\omega_1 t\right) + \omega_2 t \tag{6-7}$$

所以Ⅰ号刮刀盘 M 点的轨迹方程为：

$$\begin{cases} \theta_t = \theta + \theta_2 = \dfrac{\pi}{2} - \arcsin\left(\dfrac{r}{\rho}\sin\omega_1 t\right) + \omega_2 t \\ \rho = \sqrt{r^2 + a^2 - 2ra\cos\omega_1 t} \end{cases} \tag{6-8}$$

当Ⅰ号刮刀盘的中心距 $o_2 o_1$ 变为 r 时，即 $a=r$ 时，则Ⅰ号刮刀盘变为Ⅱ号刮刀盘，其轨迹方程为：

$$
\begin{cases}
\theta_t = (\dfrac{1}{2}\omega_1 + \omega_2)t \\[2mm]
\rho = 2r\sin\omega_1 t = 2r\sin k\theta_t
\end{cases}
\tag{6-9}
$$

式中，$k = \dfrac{1}{1 + \dfrac{2\omega_2}{\omega_1}}$。

6.1.4.3　刮刀轨迹分析

（1）极径 ρ 的变化周期 T_1。由极坐标形式的轨迹方程式（6-8）可以看出，轨迹的极径 ρ 是周期函数，其周期为：

$$
T_1 = 2\pi/\omega_1
\tag{6-10}
$$

（2）造球盘转一周时极径 ρ 的变换次数。设当 ρ 周期地变化一次时，圆盘转过 θ 角，此时 $\theta = \omega_2 T_1$，当圆盘转一周时，极径 ρ 的变化次数应为：

$$
c = \frac{2\pi}{\theta} = \frac{2\pi}{\omega_2 T_1} = \frac{\omega_1}{\omega_2} = \frac{n_1}{n_2}
\tag{6-11}
$$

式中　n_1——刮刀的转速，r/min；

　　　n_2——圆盘的转速，r/min。

（3）刮刀轨迹在盘面上的重复周期 n。定义刮刀头由造球盘上 M 点起始又回到 M 点时为止，造球盘转过的角度或转数称为重复周期。

设圆盘转过 n 转后刮刀轨迹开始重复，即重复周期为 n。此时，极径 ρ 有完整的变化次数，设为 l，则由式（6-10）可得造球盘转动时间为 $t = T_1 \cdot l$，由此可知 θ_t 应为：

$$
\theta_t = \frac{\pi}{2} + 2n\pi
\tag{6-12}
$$

比较式（6-11）与式（6-12），则可得重复周期为：

$$
n = \frac{l}{c}
\tag{6-13}
$$

式中，只要取 n 与 l 同时为整数并且互质，则造球盘转过 n 转后，轨迹便开始重复，即 n 为一把刀头运动轨迹的重复周期。

在生产实际中，只是通过调整 c 值来调整轨迹的重复周期。由上可知，c 的选择使 n 越大越好。若 c 值为一个带有无限不循环小数部分的数，则永远找不到一个 l，使 n 成为整数，即轨迹永远不会重复，这是一种理想状态。实际生产中，完全靠选择参数来达到目的是不可能的，还要考虑其他因素。

（4）轨迹密度 D。刮刀工作情况好坏以刮刀在盘面形成轨迹的精密程度及其宏观分布情况描述。所谓轨迹密度就是刮刀轨迹在造球盘面上的分布密度，它应以重复周期内的轨迹分布进行计算。因为 c 值一定时，轨迹总是以重复周期为周期而重复着，不再有其他变化。

定义圆盘转一周时，轨迹在盘面形成的一条封闭的或不封闭的曲线为一圈轨迹曲线，则密度首先与周期内轨迹的圈数成正比。显然，圈数越多密度越大。其次，如周期相同，则 c 值越大，密度越大。这是因为当 c 值大时，刮刀头运动的路程也相应长了，就是说刮刀轨迹密度与刀头走过的路程成正比。定义轨迹密度如下：

$$D = m \cdot s \qquad (6\text{-}14)$$

式中　D——轨迹曲线密度；

　　　m——刮刀头个数；

　　　s——重复周期内轨迹曲线长度。

（5）轨迹覆盖指数 f。底刮刀在圆盘上的工作范围如图 6-12 所示，图中外环阴影及内部阴影分别是Ⅰ号与Ⅱ号刮刀的工作区域。刮刀头是由 30mm 粗的圆钢棒制成的，所以实际上刮刀轨迹是一条具有一定宽度的带状区域，刮刀头以这种带状轨迹运行，便可实现轨迹对盘面的覆盖。由图 6-12 可以清楚地看出，刮刀的工作区域宽度实际上是刮刀盘的直径 d，刮刀形成的轨迹全部在各自的区域内，用重复周期内单位宽度上的轨迹条数与刀头直径 b 乘积来表示覆盖程度，定义为覆盖指数：

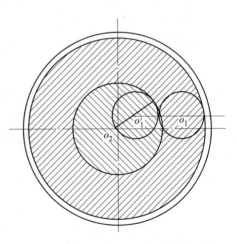

图 6-12　底刮刀在圆盘上的工作范围示意图

$$f = \frac{nb}{d} \cdot m \qquad (6\text{-}15)$$

式中　f——覆盖指数；

　　　n——重复周期内轨迹条数，数值上与周期相同；

　　　b——刀头直径；

　　　d——刮刀盘直径；

　　　m——刮刀头个数。

显然，f 值越大，刮刀覆盖程度越高，刮到性就越好。

6.1.4.4　刮刀轨迹仿真

仿真分析是对所建立的仿真模型进行数值实验的过程。刮刀轨迹的理论计算只能得到抽象的轨迹方程，无法直观地表示出刮刀的运动特征。为了能够更加直观的观察刮刀的运动轨迹，从而更科学的对刮刀运动进行优化设计，得到最佳的刮刀轨迹，即造球盘转速与刮刀转速的最佳匹配值，通过仿真手段研究刮刀的运动轨迹，评价其刮到性以及刮刀覆盖率。

为了对比不同条件下的刮到性优劣，以 $\phi6m$ 的圆盘造球机为例，圆盘转速取 7r/min，仿真数据按表 6-3 所示，共分几组数据进行仿真。

表 6-3　不同速比条件的仿真数据

分　组	圆盘转速 n_2 /r · min^{-1}	刮刀转速 n_1 /r · min^{-1}	c 值
第一组	7.0	3.50	0.50
第二组	7.0	5.25	0.75
第三组	7.0	5.88	0.84
第四组	7.0	6.81	0.973
第五组	7.0	6.93	0.99
第六组	7.0	7.21	1.03

图 6-13 为圆盘转速 7r/min、刮刀转速 3.5r/min 条件下，经过 20s 后刮刀轨迹路线开始重复，由图可见，刀头轨迹线十分稀疏，可见刮刀轨迹密度低，覆盖指数比较低，刮刀回转周期短，轨迹不理想。图 6-14 为圆盘转速 7r/min、刮刀转速 5.25r/min 条件下，经过 41s 后刮刀轨迹路线开始重复，由图可见，刀头轨迹线仍旧比较稀疏，轨迹覆盖指数比较低，轨迹不理想。

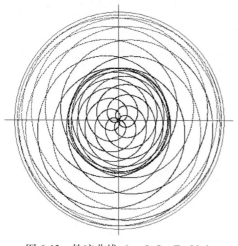

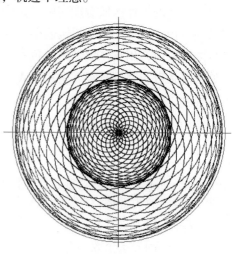

图 6-13　轨迹曲线（$c = 0.5$，$T = 20s$）　　　　图 6-14　轨迹曲线（$c = 0.75$）

图 6-15 为圆盘转速 7r/min、刮刀转速 5.88r/min 条件下，经过 60s 后形成的刮刀轨迹，由图可见，轨迹线比较密集，轨迹密度较大，与图 6-13 和图 6-14 相比要好很多，但仍有一定区域为死料区，刀头无法清理，轨迹亦不太理想。图 6-16 为圆盘转速 7r/min、刮刀转速 6.81r/min 条件下刮刀的运行轨迹，由图可见，轨迹线比较密集，轨迹覆盖指数大，运行轨迹比较理想。

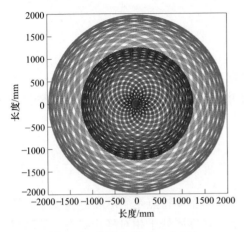

图 6-15　轨迹曲线（$c=0.84$）

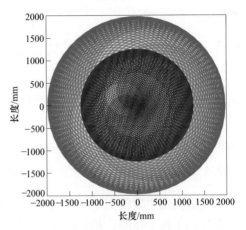

图 6-16　轨迹曲线（$c=0.973$）

图 6-17 为圆盘 7r/min、刮刀转速 6.93r/min 条件下形成的刮刀轨迹，由图可见，尽管刮刀转速较高，但与图 6-16 相比，轨迹线却又开始变得稀疏，轨迹覆盖指数降低，同时存在大量的死料区，清料效果反而不佳。图 6-18 为圆盘转速 7r/min、刮刀转速 7.21r/min 条件下刮刀的运行轨迹，由图可见，轨迹线相对比较密集，轨迹覆盖指数较大，死料区少，轨迹比较理想。但由于刮刀是高速运行，能耗较高，而覆盖率略低于图 6-16 所示的运行效果。

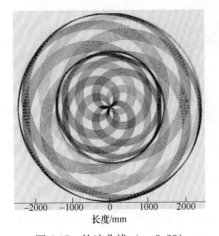

图 6-17　轨迹曲线（$c=0.99$）

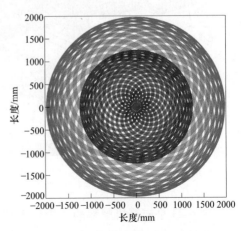

图 6-18　轨迹曲线（$c=1.03$）

综上所述，通过对实验数据的仿真分析可知，c 值越大，刮刀轨迹密度越大，但在实际生产中 c 值越大，刮刀盘与圆盘转速差也随之增大，此时刮刀头与盘面的相对速度也随之增大，刀头会使刚刚生成的小球破坏，直接影响到造球产量。同时，刮刀头磨损也非常严重。因此，圆盘转速与刮刀盘转速相近是比较理想的工况。当 $c<1$ 并接近于 1 时，刮刀的刮到性能较好，这一结论与理论分析相同。

6.2　球团焙烧机械设备结构仿真

球团焙烧工艺主要有竖炉法、带式焙烧工艺以及链篦机—回转窑—环冷机工艺。其中，链篦机—回转窑—环冷机工艺由于该系统独特的热工制度控制和调节，使其成为我国首选的球团焙烧工艺。下面给出了链篦机—回转窑—环冷机工艺的主机设备三维仿真结构。

6.2.1　链篦机结构仿真

链篦机的主要作用是生球的干燥和预热，其主要特点是生球在链篦机上分段完成加热干燥、预热，脱除吸附水和结晶水，且球团处于相对静止状态。造球机生产的生球经皮带运输机输送至链篦机入口处，首先经摆动布料器（如图 6-19所示）将生球均匀的布在宽皮带上（如图 6-20 所示），之后将其传送到辊式布料器上（如图 6-21 所示），将生球厚度均匀地布入链篦机台车上。链篦机的整体结构如图 6-22 所示。

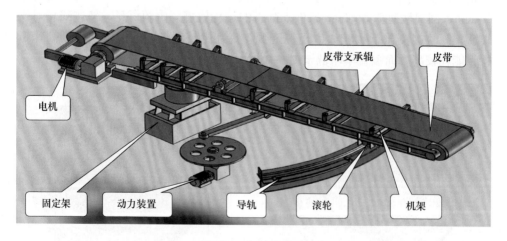

图 6-19　摆动布料器

图 6-23 是链篦机尾部的三维仿真结构，尾部设有驱动装置、铲料板，链篦机的驱动装置采用柔性传动装置，如图 6-24 所示。

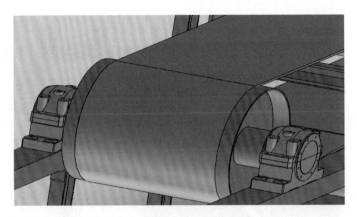

图 6-20 宽皮带

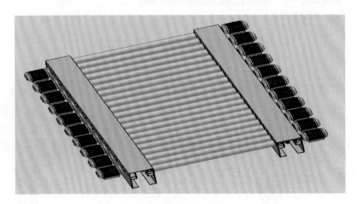

图 6-21 辊式布料器

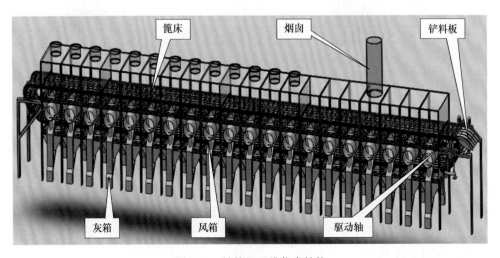

图 6-22 链箅机三维仿真结构

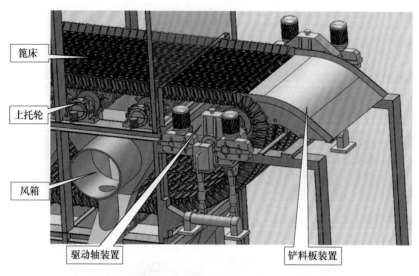

篦床

上托轮

风箱

驱动轴装置

铲料板装置

图 6-23　链篦机尾部的三维仿真结构

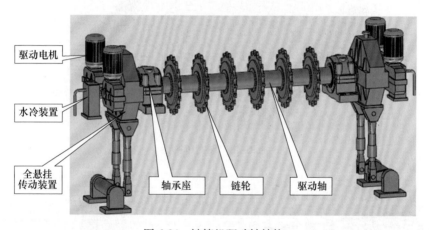

驱动电机

水冷装置

全悬挂
传动装置

轴承座

链轮

驱动轴

图 6-24　链篦机驱动轴结构

6.2.2　回转窑结构仿真

生球在链篦机上完成预热后进入回转窑，其结构如图 6-25 所示。回转窑外观类似圆筒混合机，但设备规格远大于圆筒混合机，球团在回转窑内的焙烧固结是在高温、滚动状态下进行的，可以使受热均匀，同时由于球团不断滚动，使球团矿颗粒更加密实，焙烧效果好，因此，不论矿石种类如何，均可获得质量波动较小的成品球团。回转窑通常采用液压马达驱动，整个筒体由两组金属托辊装置支撑，如图 6-26 所示。

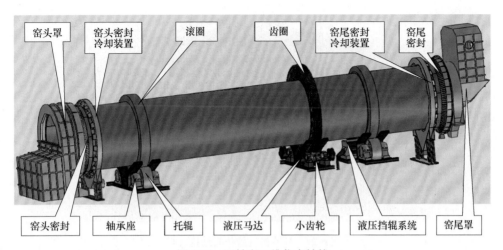

图 6-25 回转窑三维仿真结构

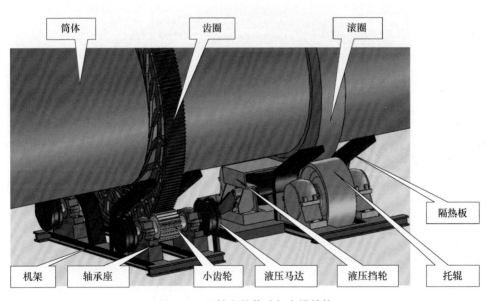

图 6-26 回转窑的传动与支撑结构

6.2.3 环式冷却机结构仿真

焙烧完成的球团矿进入环式冷却机内冷却，最后成为成品球团。环式冷却机的结构如图 6-27 所示，设备呈环形布置，承载球团矿的台车装置坐落在回转体上，下部设有风箱装置（如图 6-28 所示），通过风机鼓入冷风将热矿冷却。

图 6-27　环冷机三维仿真结构（1）

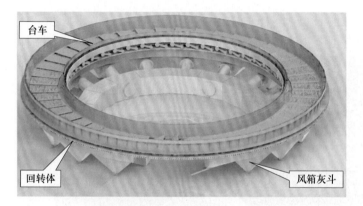

图 6-28　环冷机三维仿真结构（2）

7 烧结工艺及设备组成

随着高炉容积不断扩大，大型高炉对含铁炉料的粒度、强度、化学成分，尤其是冶炼特性的要求越来越高。因此，生产优质烧结球团矿所需要的设备——烧结机和球团焙烧机的作用显得尤其重要。设备的设计、制造、自动化程度、能源利用、环境保护和实现清洁生产等情况是这一领域发展水平的重要标志，也是国内外冶金设备行业共同关注的课题。

7.1 带式烧结机概述

7.1.1 烧结在钢铁生产中的作用

目前，随着钢铁工业的发展，对铁矿石的需求量日益增多，然而可直接入炉冶炼的富矿越来越少，必须大量开采和使用贫矿资源。贫矿直接入炉冶炼会使高炉生产指标恶化，经济效益变差，因此，贫矿需通过选矿处理，选出高铁份的精矿粉。精矿粉和富矿在开采加工过程中产生的粉矿需造块后才能用于高炉炼铁，目前，铁矿粉造块的方法主要有烧结和球团两种。

烧结是将不能直接送入高炉的贫铁矿和经过选矿得到的精矿粉，富铁矿在破碎、筛分过程中得到的粉矿，生产过程中回收的含铁粉料以及熔剂和燃料等，按一定比例混合，借燃料燃烧产生的高温，使烧结料中的组分熔化并发生化学反应，冷却后黏结成块，再经破碎、筛分使之成为适于高炉冶炼炉料的一种方法。

球团矿生产需要粒度很细的精矿，并需用气体或液体燃料进行焙烧，原料条件要求比较高，各国发展也很不均衡。

烧结法对原料的适应性很强，不仅可以用精矿粉和粒度较粗的富矿生产烧结矿，同时，各种工业含铁废弃物，含铁烟尘、泥与渣等，皆可用烧结法返回再利用，充分回收含铁金属。所以，烧结法在世界各国都得到了广泛的应用和发展，烧结生产占据着铁矿粉造块生产的主导地位。据统计，用烧结法生产的烧结矿占入炉含铁原料总量的70%~90%。

用烧结法生产烧结矿不仅解决了粉矿炼铁问题，同时还改善了含铁原料的冶金性能，使高炉生产指标和经济效益均得到明显提高。

烧结法按照烧结设备和供风方式不同，大致可按图7-1分类。

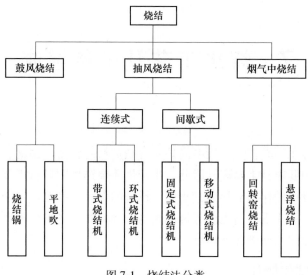

图 7-1　烧结法分类

7.1.2　带式烧结机的发展历史

1897 年，T. Hunting Ton 等人申请了硫化铅矿焙烧专利，而后用于生产，主要采用烧结锅设备完成鼓风间断烧结作业。1905 年，E. J. Savelsberg 首次将烧结锅用于铁矿粉烧结（鼓风）。

抽风烧结生产的发展以及其生产的历史已经有一个世纪了，它起源于资本主义发展较早的英国、瑞典和德国。发展经历了间歇式和连续式，其中连续式又包括环式和带式烧结机。1909 年，S. Penbach 申请用连续环式烧结机烧结铅矿石。

现今广泛使用的带式烧结机是由 A. S. Dwigth 和 R. L. Lloyd 在 20 世纪初设计的，并取得了美国专利。1911 年，世界钢铁工业上第一台带式烧结机在美国建成并投入生产。它的出现，引起烧结生产的重大革新，从此，带式烧结机得到了广泛的应用。近二十几年来，由于天然富矿的减少，烧结工业得到了迅速的发展，带式烧结机在国内外烧结生产中开始普遍采用。

随着钢铁工业的发展，为达到烧结矿产量要求，带式烧结机因生产能力大、热能利用率高、可实现自动化而在铁矿石烧结中广泛应用，设备的烧结面积也不断增大。例如，日本在 1976 年设计的带式烧结机最大烧结面积已经达到了 600m²。烧结设备大型化是国内外从经济考虑追逐的目标，因为设备大型化，使生产量增大、设备投资相对降低、生产经济效益增大、而相对设备维修和管理费用却大大降低。

我国从建国初期，仅有首钢的烧结锅，本钢的烧结盘以及鞍钢的 50m² 带式烧结机。1952 年我国从苏联引进了当时面积最大的 75m² 烧结机，而后我国开始自行设计和制造。20 世纪 70 年代起，我国设计并制造出了 $90\sim130m^2$ 带式烧结机；20 世纪 80 年代初，宝钢引进了日本的 $450m^2$ 带式烧结机；经过移植和消化，90 年代，我国已经能够自行设计并制造该规格的带式烧结机。表 7-1 所示为我国生产的主要型号带式烧结机的技术参数。

表 7-1 我国带式烧结机的主要技术参数

型号规格	KSH 050	KSH 060	KSH 075	KSH 090	KSH 132	KSH 180	KSH 265	KSH 300	KSH 360	KSH 450
有效烧结面积/m^2	50	60	75	90	132	180	265.125	300	360	450
台车规格 $\frac{长}{m}\times\frac{宽}{m}$	1×2	1×2	1×2.5	1×2.5	1×3	1×3	1.5×3.5	1.5×4	1.5×4.5	1.5×5
台车数量	70	81	85	97	113	156	129	128	140	148
有效烧结长度/m	25	30	30	36	44	60	75.75	75	80	90
星轮转速 /r·min^{-1}	0.133~0.398	0.165~0.499	0.165~0.499	0.236~0.709	0.154~0.462	0.154~0.462	0.154~0.462	0.154~0.462	0.102~0.308	0.147~0.441
台车移动速度 /m·min^{-1}	1.16~3.47	1.42~4.35	1.42~4.35	2.06~6.18	1.50~4.50	1.50~4.50	2.00~6.18	2.00~6.18	1.33~4.00	1.90~5.70
头尾星轮中心距 /mm	33250	36250	43245	49245	57250	74350	90350	89600	98625	104600
主传动电机功率 /kW	13	18.5	18.5	22	30	30	30	45	45	45
台车质量 /kg	2.27×10^3	2.27×10^3	2.59×10^3	2.59×10^3	3.9×10^3	3.9×10^3	5.9×10^3	7.2×10^3	8.85×10^3	9.58×10^3
机器总质量 /kg	417×10^3	485×10^3	500×10^3	516×10^3	835×10^3	1200×10^3	1700×10^3	2000×10^3	2200×10^3	3680×10^3

目前，通过不断吸收、改进和自主创新，我国已有多家冶金设计院所已掌握大型烧结设备的核心技术，拥有烧结面积最大 $660m^2$ 的各种规模烧结工程设备的设计和制造能力，能为客户提供技术领先、装备先进、自动化水平高、节能低耗的烧结工程总承包服务。

7.1.3　带式烧结机的发展趋势

在钢铁产业竞争日益加剧的形势下，高炉大型化已成为国内外炼铁技术的主流发展方向。相应地亦需加强烧结装备的技术水平，其未来发展方向主要有：

（1）在机型向大型化发展的同时带式烧结机更加注重技术创新。为了生产出满足高炉冶炼性能的优质烧结矿，发展高料层烧结技术以提高烧结成品率，降低燃料消耗，改善烧结矿的质量。

（2）设备自动控制水平的提高，应用计算机控制系统，提高对工艺过程控制的精度、可靠性和响应性。

（3）降低设备运行能耗，发展余热回收技术，强调环保节能的生产方式。

7.2　烧结生产工艺

铁矿烧结法类型众多，目前，带式烧结机是国内外烧结生产中普遍采用的主流烧结设备，其烧结供风采用抽风式，绝大多数的优质人造富矿都是通过带式烧结机生产出来的。

带式烧结生产的工艺流程如图7-2所示，包括原燃料的准备和配料、混合布料、烧结、烧结矿破碎筛分等几个环节。

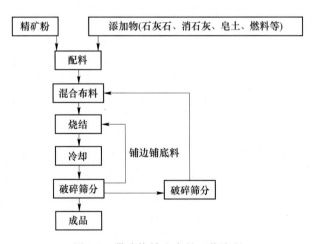

图 7-2　带式烧结生产的工艺流程

7.2.1　原料准备与配料

烧结用原料包括含铁原料（原矿及精矿粉）、熔剂（生石灰、石灰石）、燃料（焦炭或无烟煤）、附加物（轧钢皮、钢铁厂的回收粉尘）及返矿等。这些原料除了要求具有一定化学成分外，还要求一定的化学成分稳定性。经机械强制混合后的物料形成了不同粒径的小球，使物料具有良好的透气性。返矿的加入，有利于增加混合料的透气性。

7.2.2 混合布料

配好的各种粉料进行混匀制粒，以保证获得质量比较均一的烧结矿，在混合过程中加入必须的水分使烧结料充分润湿，以提高烧结料的透气性，通常采用的是二次混合工艺，一次混合主要是混匀并加入适当水润湿，二次混合时补足到适宜水分使混合料中细粉造成小球。采用宽皮带给料机沿台车宽度上均匀布料，以保证透气性一致，同时保证料面平正，并有一定松散性。

7.2.3 点火烧结

烧结台车上的物料，经点火炉进行料面点火，从料面开始烧结，并在强制通风的情况下使混合料中配入的燃料从上至下燃烧达到烧结的目的。点火炉采用高炉煤气点火，节约了烧结矿的能耗，降低了成本。

7.2.4 烧结矿破碎筛分

对烧结矿进行破碎筛分，使烧结矿粒度均匀和除去部分夹生料，为高炉冶炼创造有利条件，筛子选用双层筛，其中6mm以下的作为返矿进入配料，6~20mm的作为铺底料，20mm以上的进入高炉矿仓。

烧结是钢铁生产工艺中的一个重要环节，它是将铁矿粉、粉（无烟煤）和石灰、高炉炉尘、轧钢皮、钢渣按一定配比混匀。经烧结而成的有足够强度和粒度的烧结矿可作为炼铁的熟料。利用烧结熟料炼铁对于提高高炉利用系数、降低焦比、提高高炉透气性、保证高炉运行均有一定意义。

7.3 带式烧结机的种类和结构特征

7.3.1 带式烧结机的种类

带式烧结机结构复杂，尺寸庞大。根据机型结构的异同，世界上各国使用的带式烧结机从机型结构归纳起来大体可分为以下五种：鲁奇式（Lurgi）、麦基式（Makee）、考帕斯式（Koppers）、机上冷却式和前苏联式。

鲁奇式带式烧结机主要是由联邦德国的鲁奇化学冶金技术公司提供技术制造的烧结机。鲁奇公司在全世界烧结技术的发展中，起着重要的作用。目前，鲁奇式烧结机的烧结面积约占世界总烧结面积的40%。鲁奇式带式烧结机的主要特点是烧结机自调驱动装置、尾部设有摆架或者移动架、头尾星轮结构尺寸相同。烧结机的自调式驱动装置分为两类：对较小规格的烧结机，传动星轮的安装结构设计成可调的，用来校正台车的运动方向防止跑偏，同时还采用了扭转防护筒，星轮轮齿使用特殊的锰合金制成，寿命较长；对于大规格的烧结机，由于星轮驱动台车的转矩急剧增大，因此采用全悬挂或半悬挂多点啮合柔性传动装置。这种传动装置尺寸小，重量轻，运转可靠，有利于烧结机的调偏。鲁奇式烧结机的尾部结构采用了摆动或水平移动的活动架形式，可自动调节台车的热膨胀，避免了台车互相碰撞和减少漏风。

　　麦基式带式烧结机主要是由美国麦基公司提供技术制造的烧结机。麦基式烧结机的主要特点是传动装置机架不固定，采用移动架结构。移动架的作用是使头部星轮可作水平移动，检修台车时，使用安装在移动架上方的起重机即可将台车从头部取出。这种结构与尾部活动架相比，其优点是烧结机头部的环境条件好于尾部，头部灰尘少、温度低，这对移动装置的正常运行很重要。由于机尾星轮是固定的，机尾刮刀不必移动，散料漏斗容易布置。

　　考帕斯式带式烧结机主要是由美国考帕斯公司提供技术制造的烧结机。考帕斯式带式烧结机的尾部卸矿端采用一种固定弯道，通过液压装置可按台车的热膨胀量与尾架一起自动伸缩。

　　机上冷却式带式烧结机是由法国德拉特-勒夫维尔公司（Delatte-Levivier）开发的一种机型。机上冷却式带式烧结机的长宽比较大，因此台车跑偏问题必须解决。为此，德拉特—勒维维埃公司在烧结台车回行段上安装一种调速挂轮（该公司专利），可使上部轨道和下部轨道一段上的台车保持连续接触。

　　前苏联式带式烧结机由苏联乌拉尔重型机器厂制造。该结构烧结机在尾部卸矿端，对于中小型烧结机采用弯道控制台车，对于大型烧结机采用星轮控制台车。烧结机侧面采用双排胶皮水管密封装置，管内水压为 0.0245～0.0342MPa。

　　鲁奇式和麦基式基本相同，头尾部均设有结构参数完全相同的星轮，其不同点是鲁奇式在尾部设有平移架（或摆架），尾部星轮设置在平移架（或摆架）上，并随其移动（或摆动），用来补偿烧结机台车的热伸长所产生的头尾星轮中心距的变化；麦基式的调整装置设在烧结机的头部，而考帕斯式头部只有传动星轮，调整是在尾部采用热膨胀调节装置进行的。机上冷却式和前苏联式带式烧结机现在较少采用。

7.3.2　带式烧结机的结构组成

　　目前我国应用最多的烧结设备类型是鲁奇式带式烧结机，且其尾部移动架多数为移动式。本书亦针对此种机型进行相关研究。这种带式烧结机结构复杂，如图 7-3 所示，主要由以下部分组成：驱动装置、原料供给装置、头部弯道、头部星轮、上部水平轨道、下部水平轨道、点火装置、台车、风箱装置、骨架、尾部星轮、尾部弯道。

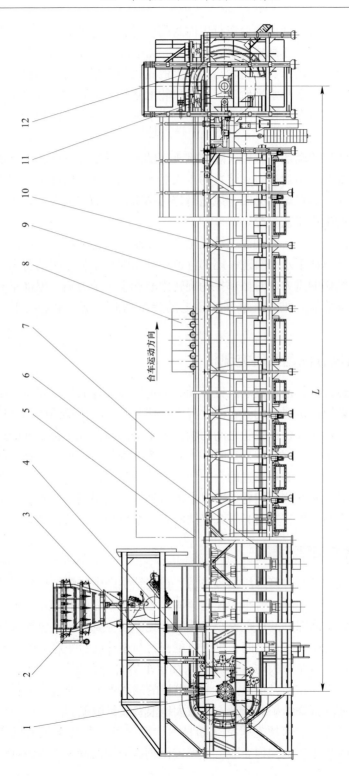

台车运动方向

L

图 7-3 带式烧结机结构

1—驱动装置；2—原料供给装置；3—头部弯道；4—头部星轮；5—上部水平轨道；6—下部水平轨道；7—点火装置；

8—台车；9—风箱装置；10—骨架；11—尾部星轮；12—尾部弯道

在钢结构的机架上铺设有台车行走的封闭轨道，其上铺满了彼此接触而又互相独立的台车，整条台车列成带状，"带式"烧结机也由此得名。驱动装置带动头部星轮做连续的转动，头部星轮与台车上的辊轮相作用，将下部水平轨道上的台车经头部弯道抬到上部水平轨道。由于星轮的连续转动，在上部水平轨道上形成了后台车推动前台车，使整个上部水平轨道上的台车列向烧结机机尾方向运动的形式。

在台车向机尾移动的过程中，烧结机头部的原料供给装置向台车铺底料和布料。台车中的烧结原料经过点火装置的点火后，在风箱装置的抽风作用下开始烧结过程，当台车到达机尾部第二个风箱时烧结结束，从而完成布料、点火、抽风烧结这一系列的生产工艺过程。

烧结过程结束后，台车到达烧结机尾部，在尾部星轮和尾部弯道的控制作用下卸掉烧结矿并返回下水平轨道。尾部弯道中与尾部星轮相作用的台车的重力及台车内部分烧结矿的重力，对尾部星轮旋转中心产生一个力矩。尾部星轮受该力矩的驱动作连续旋转，推动下水平轨道上的台车列向头部运动进行下一次工作循环。

7.4 烧结机现存问题及研究现状

烧结设备运行时，通过驱动装置带动头部星轮转动进而推动装有烧结混合料的台车沿运行轨道向机尾移动。在此过程中，伴随着一个严重的问题，即系统漏风；此外，由于星轮和台车辊轮之间的啮合关系不协调，致使台车列的运行速度出现波动，且台车在下部轨道运行时，下台车列出现起拱现象。各种规格的现行烧结机，在运行中都会出现上述的台车列速度波动和下台车列起拱，以及上台车列跑偏、脱轨等现象，这些问题长期以来未得到有效的解决。这些问题严重时会导致台车端角磨损严重，亦成为带式烧结机系统漏风的一个重要影响因素。

7.4.1 烧结系统的有害漏风

目前，带式烧结机普遍采用抽风烧结。在烧结生产中，烧结机的系统漏风一直是烧结工艺的疑难问题，台车为独立个体，相邻台车之间的相互接触面、各运动面之间必然存在间隙，漏风现象必然无法避免。其主要漏风点包括风机到风箱的管道、台车列与密封滑道之间、机头机尾密封与相应的台车底面间、相邻台车的接触端面之间、台车栏板与台车之间以及台车体自身，此外，烧结机风箱处、烟道除尘系统等也存在漏风现象。由于烧结机的漏风现象，通过烧结料层的风量势必减少，进而降低烧结矿的产量，并极大地浪费大量电能。

目前，国外烧结技术领先国家（如日本、德国等）的烧结机漏风率大都已经降低到了30%以下，而国内企业，上海宝山钢铁公司的漏风率约为40%，其他企业的问题更加严重，漏风率多在 45%~60%，更有甚者在 60% 以上。烧结漏风对生产影响极大。空气只有通过料层，给混合料层中的燃料提供充分的氧气保证燃烧，才能满足烧结工艺，而当系统产生有害漏风时大量空气泄漏而不经过料层，同时亦降低了风箱负压。通过单位烧结面积的有效风量减少，必将导致烧结过程不完全，使烧结矿质量降低，另外通过烧结料层的有效风量变少会进一步影响烧结矿的产量，且烧结返矿多、成品率降低幅度明显。为保证烧结产量，只能提高风机功率来弥补漏风的风量损失，增加生产成本。成品烧结矿每生产 1t，约消耗电量 25kW·h，这其中风机消耗的电量就占到 70%~75%。而风机的有用功一般仅有 50%，二分之一由于漏风而损失掉。为满足烧结生产的工艺要求，只能增加风机规格，造成电能消耗过大，按单位成本来计算，仅漏风一项，国内烧结行业每年有超过 40 亿元的损失。

因此，烧结产品质量的提高和烧结工序的节能降耗是今后烧结厂的主要发展方向。漏风率是烧结机的一项重要指标，漏风率越低越好，漏风率越高，则总排气量越高，增加了风机的负担，增大了其电耗总量。实践表明，单位电耗降低，成品率就提高。由此可见，降低烧结机的漏风率对降低烧结工序能耗，提产增效有着深远的战略意义。漏风率居高不下，已被烧结行业公认为一个世界性的难题，始终制约着烧结生产能力和烧结矿质量的提高，因此有效的密封对于提高烧结设备的生产率具有重要的应用价值。

7.4.2 下台车列起拱

台车的运动是靠头部星轮轮齿的推动来完成的，由于现行烧结机星轮的各轮齿齿形均相同，而台车列各车轮的相邻轮距是交替变换的，因此各台车在运行中势必会出现运动速度的波动现象。当台车转过尾部弯道进入下部回车道摆平后，该台车与台车列之间存在一个间隙，当其追赶上台车列之后，台车辊轮与星轮齿之间的压力陡增，产生一个很大的倾翻力矩，使得其后轮抬离轨道，整个下台车列呈锯齿形向前方运动，称为"起拱"现象，如图 7-4 所示。

a

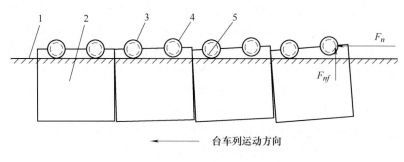

b

图 7-4　下台车列的起拱现象

a—现场照片；b—平面示意图

1—下部轨道；2—台车；3—台车的前轮；4—台车的后轮；5—台车的辊轮

烧结机台车列是由相互独立的多个台车紧密排列构成，由于上述的台车速度波动问题的存在，在各台车之间及台车与星轮之间将会产生惯性力和冲击力，导致设备使用寿命缩短，同时亦是台车起拱的一个重要因素，台车速度波动与起拱对烧结设备在日常生产和维护过程中造成的影响主要有如下几点：

（1）装载烧结矿的台车在尾部排矿侧卸料后，经由弯道转弯后向机头行进，受尾部星轮的推力作用而起拱，起拱台车运行一段时间后，在其本身重力作用下，台车起拱程度降低，个别台车会瞬间坠落，久而久之致使台车端部磨损，不但降低了台车的使用寿命，导致漏风率升高，同时很容易导致台车轴承损坏，增加易损件的消耗数量。另外下台车列的起拱，台车列的整体长度被迫增加，台车之间产生附加力，推动尾部移动架向机尾方向行进以缓解此附加力的作用，如若台车起拱量过于严重时，将使尾部移动架的移动距离超出其行程范围，导致设备停机事故。

（2）台车除了在下部的回程轨道上起拱之外，亦有可能在弯道内发生，当其离开尾部弯道时在台车和轨道间产生膨胀力，使弯道出口段轨道的磨损现象加剧，亦有可能使此处钢结构的局部产生变形、失效，使得台车运行更加难以控制，频繁更换或修复弯道也将降低烧结作业率，同时还会增加烧结机的负荷，容易造成烧结机跳闸等事故。

（3）台车起拱对烧结系统来说危害主要有两个，一是导致台车端部异常磨损，使得价格昂贵的台车提前报废；另外，端面磨损使得相邻台车在其端面间出现较大的缝隙，部分空气从此间隙流走而不经过烧结矿，从而增加了系统的漏风率，有关数据表明，由于台车磨损造成的漏风量也相当可观，不可忽视，在烧结系统总的漏风量中其值达到了 5% ~ 8%。

7.4.3 台车起拱和速度波动的研究现状

自带式烧结机诞生以来，台车的速度波动和起拱问题亦随之而来。来自各方面研究结果表明，其影响因素颇多，比如烧结速度、弯道形状、链轮齿廓、台车与星轮间的啮合关系、台车间的相互作用力等。国外许多专家学者针对此问题通过许多方面做了大量工作，取得了一定的成效，但结果仍不理想。

到 20 世纪 70 年代后，钢铁生产的重心逐渐由欧、美、日等国家转移到发展中国家，对于设备的技术创新的重要性开始降低，大型烧结机设备已基本不再新建，相关人员的工作重点也主要致力于现行设备的维护、烧结烟气的余热回收以及环境污染的治理和改进，并到达了一定水平。

带式烧结机技术在我国的发展相对落后于西方发达国家。到 90 年代我国已经具备自行设计并制造大规格烧结机的能力，对于下台车列起拱、台车速度波动等问题的研究也取得了很大的进展。国内各大钢铁集团和设计院根据现场情况，针对起拱采取了一系列措施，但是未能从根本上解决起拱问题，仅收到一定效果。

关于烧结设备理论层面的研究成果主要集中在燕山大学。追溯到 20 世纪 80 年代该单位就作为国家"七五""八五"重点攻关项目的承担单位，针对带式烧结机的起拱、漏风以及星轮齿形等问题进行了深入研究，并公开了一系列研究成果。邱坤在其毕业论文的课题研究中，结合导师白明华教授的指导思想，详细总结台车起拱的原因与危害，结合试验观察，提出采用偶数个齿数的新齿形星轮来解决台车的变速运动，为解决尾部星轮齿对台车卡轮所施加的推力过大问题，提出了在尾部星轮主轴设置阻尼装置以进行推力主动控制的设想。1995 年，白明华等人从力学原理出发，全面研究了导致烧结机台车起拱的各个原因，总结了下台车列起拱力学原因的四个组成部分，并提出通过设计新型星轮齿廓曲线，增加尾部星轮阻力矩装置等方面来解决起拱问题进行了分析，给出了理论上的解决办法；剖析了带式烧结机运动原理、受力状态的常规算法，提出了台车运行阻力矩的新算法，给出了相应的推导公式，用模型试验验证了该公式的正确性。岳晓丽根据无起拱烧结机理论，利用微机绘制了星轮齿廓线，生成了偶数齿烧结机结构图，通过模拟烧结机运动状态，计算了台车在不同运动状态的位置，对引起台车起拱的主要因素——过剩力矩进行了详细的分析计算。随后，白明华教授综合以往的研究成果，完成了新式偶数齿烧结机关键技术的设计理论研究，出版了关于带式烧结机新结构原理与设计方面的一部专著，并在其中相关理论的指导下完成了 1 台实验用的偶数齿烧结机模型。2001 年，白明华等人用反转法对偶数齿星轮的齿廓方程作了进一步完善，并在计算机上进行了运动模拟。余梅生详细介绍了针对烧结机进行实时仿真的程序原理与实现方法，为了克服系统模型在建立过程中的难点，提出采用现有的造型软件建立几何模型，再通过数据交换标准由仿真系统获得造型软件生成的实体模型的数据，分析了在建模过程中不同造型软件的功能及其所绘制图形格式之间的差别，针对各种格式在互相之间进行转换的过程中遇到的冲突给出了有效的解决办法，其方法简单易行，具有很大的应用空间，为新式无起拱烧结机运动仿真的实现奠定了理论基础。郝春雨在学位论文中描述了台车在运动过程中的最佳状态，即提出了单辆台车进行变速运动的思想，围绕这一中心思想，从机构的运动学角度上对烧结机头尾星轮的齿廓曲线进行了优化，有效地弥补了原有设计理论中的不足，并将 VB 和 AutoCAD 相结合，开发了新型带式烧结机参数化设计系统，可实现各种常见规格的新型烧结机核心部件（星轮、台车和弯道）的参数化设计和数据管理，并能对台车运动进行二维运动模拟。何云华等人通过分析带式烧结机台车的运行状态，找到其速度不均匀产生的原因，提出星轮的变齿距设计方法，将啮合原理与星轮同辊轮啮合的具体工况相结合，推导出星轮的齿廓曲线方程。梁宏志在前人基础之上，将啮合角函数法引入到星轮齿廓曲线的设计之中，建立了星轮复合齿廓、匀速齿廓方程的统一表达式，系统分析了下台车列起拱的力学原因，应用仿真软件对新齿形的设计结果进行了三维实体建模，结合现场工况对烧结机进行了系统仿真研究，得到了在应用力控制法前后，上下台车列受到的来自尾部星轮的推力大小等随时间变化的曲线关系，为设计新型 $60m^2$ 无起拱带式烧结机的力控制装置提供了基本数据。

尽管企业界和高校领域对烧结设备的研究作了大量工作，取得了一定的成效，但是从相关研究成果可以看出，对烧结机台车起拱行为的研究还存在以下问题需要进一步研究：

（1）关于偶数齿星轮新齿形建立，目前已经实现了多种方法，比如反转法、啮合角函数法等，但是对新齿形的曲线特性分析结果表明，这些齿形的运动特性并不是十分令人满意，尤其是星轮复合齿廓曲线由三段曲线相连接构成，各连接点的速度曲线、加速度曲线上往往出现拐点，致使星轮与台车辊轮啮合时仍有局部冲击现象，如何构造适合的齿形曲线有待研究；

（2）目前关于下台车列起拱的原因，主要集中在考虑尾部星轮对台车辊轮之间作用力的大小、方向等，而实际尾部星轮具有一定的工作温度，由温度引起的星轮齿廓变形问题值得研究；

（3）新式烧结机设计理论为解决起拱，研究了液压阻力矩加载装置，但传统带式烧结机不具备该装置的安装条件，因此，现行烧结机尾部星轮主轴的改造问题应进行深入研究，为阻力矩加载装置的工业应用奠定理论基础。

8   偶数齿烧结机设计理论研究

偶数齿烧结机是在鲁奇式带式烧结机的基础之上，通过关键部件的技术创新而发展起来的，因此与传统带式烧结机相比，既有相同之处，又有不同之处。偶数齿烧结机研制的终极目标是要实现台车运行匀速化、下台车列运行无起拱以及降低系统漏风率，达到节能环保的绿色烧结生产。本章的主要内容包括头部和尾部星轮的研制、车轮轨道的设计、下台车列起拱的力学原因及力控制方法研究、避免下台车列起拱的力控制装置研制和带式烧结机基本参数的确定。

8.1   偶数齿烧结机思想的发展历程

偶数齿烧结机思想的提出最早可追溯至 20 世纪 80 年代。针对带式烧结机存在的起拱现象以及伴随而来的不良后果，燕山大学白明华教授经过多年潜心研究和反复试验，提出并逐步完善了一种新型带式烧结机的结构设计理论——偶数齿烧结机，从理论上解决了烧结机台车起拱的问题。在研究之初，为了进行试验研究，验证这一理论的正确性，在没有经费支持的条件下，按照烧结机的实际结构进行等比例缩放，成功制作出第一台实物模型用于科研和教学任务（如图 8-1 所示）。

a   b

图 8-1   早期的烧结机模型
a—偶数齿烧结机模型；b—课堂教学

1990 年开始，白明华教授及其课题组在偶数齿烧结机的研制方面投入了更多的精力，在白明华教授指导下，邱坤在其硕士论文中分析了下台车列起拱的各种原因，并首次提出了齿数为偶数的星轮新齿形和对尾部星轮主轴转矩进行控制的思想。随后研制了第一台偶数齿烧结机实验样机（如图 8-2 所示），借助该设备进行实验研究，分别从力学起因、星轮齿形、弯道曲线、尾部星轮主轴转矩控制等方面对起拱问题进行了分析并给出了理论上的解决方法。1996 年，岳晓丽通过编制程序对偶数齿的台车执行牵引机构进行了二维仿真。随后，白明华教授综合了以往的研究成果，发表了关于新型带式烧结机的专著。

a　　　　　　　　　　　　　　　　　　　b

图 8-2　首台偶数齿烧结机实验样机
a—研制人完成设备调试；b—开展教学实验

2000 年，修建生通过对 AutoCAD 的二次开发，对新型带式烧结机的执行牵引机构进行了二维运动仿真，发现了星轮的两个齿与台车辊轮啮合向一个齿与台车辊轮啮合的过渡过程中，星轮轮齿与辊轮有干涉现象，因此应用三次插值样条函数对星轮的齿廓曲线进行了修正以期望延长星轮和辊轮的寿命。2001 年，白明华等人对台车牵引执行机构的偶数齿星轮作了进一步完善。2002 年，余梅生论述了烧结机实时仿真的理论和实现方法，其中包括建立系统的三维模型，在 OpenGL 中读取 DXF 文件以及用 VC++调用 OpenGL 函数绘制图形、分析了在仿真模型建立过程中使用的各种图形格式的特点及其在互相转换的时候所产生的问题，提出了一种建立系统仿真模型以及解决有关图形转换问题的新方法，为通过编制程序进行带式烧结机的运动仿真做出了贡献。2004 年，郝春雨从单辆台车的变速运动和整列台车的匀速运动这一思想出发，从另外一种角度推导出偶数齿的星轮齿形，应用 VB 和 AutoCAD 相结合，开发了新型带式烧结机参数化设计系统——CASID（Computer-Aided Sinter Chain Intellectualized Design System），可实现星轮、台车和弯道的参数化设计和数据管理过程，并能对台车的运行过程进行二维运动模拟。2003~2008 年期间，梁宏志系统研究了新型头尾星轮的齿形设计，建立了分段的星轮实际齿廓曲线，并将该分段曲线用统一方程表达。采用非线性有限元对理想接触工况及实际接触工况进行了模拟，在上述研究基础上，设计制造了新型 $60m^2$ 带式烧结机的偶数齿数变齿距、高承载能力的头尾星轮。通过分析带式烧结机尾部星轮和上、下台车列的力学关系,建立了下台车列无起拱的力学模型,提出了对尾部星轮主轴进行转矩加载和对尾部配重进行合理设置作为下台车列无起拱的力控制方法。在对新型 $60m^2$ 带式烧结机台车执行牵引机构进行多刚体仿真的基础上,得到了尾部星轮转矩、力控制前和力控制后的尾部星轮对上、下台车列推力等数值随时间变化的曲线,并初步确定了进行力控制的一组力值,为设计新型 $60m^2$ 无起拱带式烧结机的力控制装置提供了基本数据。仿真还从可视化角度证明了消除下台车列起拱的力学模型正确、力控制方法有效。

在前述研究基础之上,2006 年,白明华教授在唐山不锈钢有限责任公司完成了新型 $60m^2$ 无起拱带式烧结机的工业实验研究,从设备加工到企业现场调试,整个过程顺利完成(如图 8-3 和图 8-4 所示),标志着经过几十年的呕心沥血,首台偶数齿烧结机终于实现了工业化进程。

a　　　　　　　　　　　　　　　b

图 8-3　偶数齿烧结机的制造与工业调试
a—偶数齿星轮加工现场;b—工业现场调试

图 8-4　首台偶数齿烧结机的工业化试车成功

偶数齿烧结机思想的提出，经过多年的理论研究、计算机仿真、从教学模型、实验室样机，再到工业化应用，在工业现场的实验调试过程中所取得的成绩证明了偶数齿烧结机思想的相关研究理论的正确性和可靠性。

迄今，偶数齿烧结机设计理论已经取得了许多成绩，硕果累累，但这些成果都是阶段性的，未来仍需努力！

8.2　偶数齿烧结机的研制内容与基本参数

8.2.1　偶数齿烧结机的特点

新型带式烧结机发展和完善了原有的带式烧结机设计理论，虽然只对台车执行牵引机构做了 4 方面的改进，但是却给传统带式烧结机的结构和基本参数带来显著的变化。因此，与传统带式烧结机相比，新型带式烧结机具有如下几个特点：

（1）齿数为偶数的、齿距交替变化的头尾星轮。该头尾星轮可减小台车速度的波动，消除惯性力，也是解决下台车列起拱的一个方法。

（2）采取多种措施提高了星轮轮齿的齿面承载能力。

（3）由于星轮结构和尺寸的变化，新型带式烧结机具有新的轨道标高，因此其车轮轨道需要重新设计。

（4）偶数齿数的变齿距星轮与烧结机台车具有特殊且固定的装配关系，因此新型带式烧结机的头尾星轮中心距必须满足特定的关系。

（5）新型带式烧结机的尾部星轮主轴上安装转矩加载装置，该装置平衡尾部星轮的过剩转矩，消除尾部星轮轮齿作用在下台车列台车辊轮上的过剩推力，从而消除由此而引起的下台车列起拱。

（6）尾部移动架配重的准确施加。由于在尾部星轮主轴上安装了液压转矩加载装置，因此新型带式烧结机的尾部移动架配重的重量一般要减少，减少的重量需要根据转矩加载装置的加载数值和现场使用情况来确定。

（7）新型带式烧结机的基本参数与传统带式烧结机有区别，最主要表现在头尾中心距、台车数量等的不同。

根据上述新型带式烧结机的主要特点，新型带式烧结机也可称作"偶数齿无起拱带式烧结机"，或者叫做"新型无起拱带式烧结机"。

8.2.2　台车执行牵引机构

带状运行的台车是由台车执行牵引机构驱动的。该机构由头部星轮、头部弯道、台车、上部水平轨道、尾部星轮、尾部弯道、下部水平轨道和尾部移动架组成。机构的示意图如图 8-5 所示。

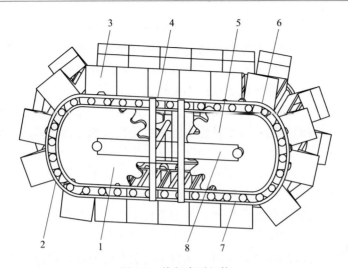

图 8-5　执行牵引机构

1—头部星轮；2—头部弯道；3—台车；4—上部水平轨道；
5—尾部星轮；6—尾部弯道；7—下部水平轨道；8—尾部移动架

其中头部星轮主轴安装于固定的轴承座上；头部弯道、上部水平轨道和下部水平轨道固联在一起。尾部弯道和尾部星轮安装在尾部移动架上并且能随移动架前后移动以补偿带式烧结机中心距的变化。该中心距的变化是由台车列的高温变形和台车在运行过程中的姿态及轨迹变化造成的。尾部弯道同上、下水平轨道在接头部相错布局，保证台车能得到连续支撑。

台车执行牵引机构中的星轮与台车辊轮的啮合属于齿轮—销齿条关系，星轮可视为齿轮，成列台车的辊轮视为销齿条。台车在头部和尾部弯道中运行时，车轮受与星轮基础圆半径无关的弯道控制，其运行姿态和轨迹与星轮无关，因而星轮对台车辊轮仅起到支撑作用而无啮合关系。在上、下水平轨道上，台车端面之间互相接触而成列运行，星轮与台车辊轮也没有啮合关系。因此，星轮与台车辊轮的齿轮—销齿条啮合关系发生在上部水平轨道和下部水平轨道靠近头部和尾部的弯道处。

8.2.3　头部和尾部星轮

带式烧结机头尾星轮的功能有两个：一是驱动轨道上成带状的台车列的运行；二是与头部弯道和尾部弯道相配合，避免台车在转弯时的干涉和异常磨损。带式烧结机的动力装置在头部星轮主轴施加驱动，驱动装置的电机功率与有效烧结面积有关。相对于庞大的带式烧结机，其驱动功率并不是很大。然而由于烧结机的机速很低，导致头部星轮主轴的驱动转矩及头尾星轮的轮齿与台车辊轮之间的接触应力非常大。因此，带式烧结机属于典型的低速重载工况。

尾部星轮的转动并非通过尾部星轮主轴驱动，而是来自于挂在尾部星轮轮齿上的台车的重力及其内部部分剩余烧结矿对尾部星轮主轴产生的转矩。由于尾部星轮的两片齿轮同时推动下台车列的运行，因此若忽略星轮驱动台车时左右两片轮齿的不同步关系，尾部星轮主轴并不承担受扭工况。

带式烧结机的头部和尾部星轮作为台车工作循环过程中的核心部件，对台车运行起着非常关键的作用。由于星轮上的两个轮齿分别与台车的前、后辊轮接触或者啮合来完成台车的既定运动，因此，基于星轮轮齿和台车辊轮之间磨损最小这一目的，目前国内外正在应用的传统带式烧结机的头尾星轮，齿数均设计为奇数，一般取 15 齿、17 齿、19 齿或 21 齿。

轨道上运行的成带状的台车列，为避免台车相互干涉和异常磨损，在头部下水平轨道、尾部上水平轨道过渡到弯道时，应使台车先拉缝后转弯；在头部上弯道、尾部下弯道过渡到水平轨道时，使台车先摆平再追赶，消除间隙后与前方的台车共同成列运动。为了满足上述台车的正常运行，台车执行牵引机构的星轮齿廓曲线、齿距和轨道曲线必须满足一定的要求。

目前，齿廓曲线一般有两种形式：一种齿廓是使用较早的，应用量最多的，由两段圆弧和一段直线组成，图 8-6a 是应用在 $60m^2$ 带式烧结机上的这种齿形的齿廓图；另一种齿廓是在我国宝山钢铁公司引进日本 $450m^2$ 带式烧结机之后，通过作图法绘制而成的，它由三段圆弧组成，齿高较短，图 8-6b 是应用在 $300m^2$ 带式烧结机上的这种齿形的齿廓图。

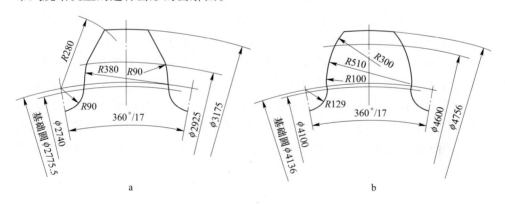

图 8-6 传统带式烧结机的星轮齿廓

a—$60m^2$ 带式烧结机星轮齿廓；b—$300m^2$ 带式烧结机星轮齿廓

8.2.4 台车运行轨道及弯道

8.2.4.1 水平轨道

烧结机是一个由台车列紧密排列形成的密闭的烧结带。在驱动电机的作用下，头部星轮与其上所挂台车的辊轮相啮合，最终推动台车列沿着一个密闭的近似环形轨道作循环运动。台车的运行轨道主要由上、下水平轨道、头部和尾部弯道组成，且是由内轨和外轨共同构成，台车的车轮在内外轨道之间运行，其结构简图如图8-7所示。

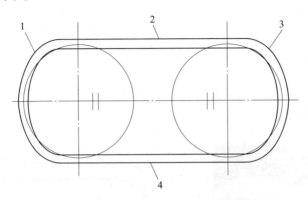

图 8-7　台车运行轨道简图

1—头部弯道；2—上部水平轨道；3—尾部弯道；4—下部水平轨道

8.2.4.2　头尾弯道

带式烧结机的头尾弯道一般由三段中心圆弧曲线构成，使台车能够圆滑地上升和下降。保证台车在弯道上先摆平后接触，或者先分离后拐弯，使台车在轨道上运行平稳。无论是传统的带式烧结机还是新式的偶数齿烧结机，弯道结构的设计形式，关系到烧结系统的运行平稳性，尾部星轮卸料处的台车运行姿态直接由弯道形状来控制，这必将影响台车在其中运行时受到的阻力、星轮齿廓与辊轮的啮合以及设备的使用寿命长短等方面。

偶数齿烧结机在理论设计时，星轮的基圆半径发生变化，是根据星轮齿数和台车的辊轮轮距等参数计算得到，这与传统带式烧结机的节圆半径取值不同。而星轮基圆半径是弯道设计时的一个最重要的基本参数，因此，新型弯道曲线有必要结合已知条件重新求解，而不能套用传统烧结机的原有数据。弯道分为头部弯道和尾部弯道，并且均由内侧弯道和外侧弯道共同组成。一条具体弯道又是由4段圆弧光滑连接而成，设计相对复杂。为确保弯道内相邻台车间独立运行而没有干涉和碰撞，新型弯道在设计过程中应做到：

（1）水平轨道上各台车间需要紧密接触以防止漏风，而在尾部弯道处台车卸料，则需要台车分离，完成卸料并转弯到下部轨道，因此要求各弯道应能保证其中各台车之间自始至终保留一适量间隙，以避免干涉、碰撞和磨损等的发生；

（2）装料台车在尾部卸矿处，应使台车列的第一辆台车与其后台车之间先拉开一段距离，然后再转弯到弯道内；尾部弯道内的台车过渡到下部水平轨道时，应先将车体摆正到水平状态后再追赶台车列，待其追赶上台车列、并成为台车列的一部分之后再共同运行。如此即可避免台车在弯道与水平段轨道的过渡段运行时相互之间产生干涉和异常磨损现象；

（3）台车在弯道上的阻力矩应最小，易于卸矿；

（4）为简化加工和方便安装，弯道的各段圆弧形状应尽量简单，圆弧数量亦是越少越好。

8.2.4.3　新型头部弯道

图 8-8a 是来自现场的头部弯道头安装图，进行弯道设计时，可简化为图 8-8b 所示的计算模型。

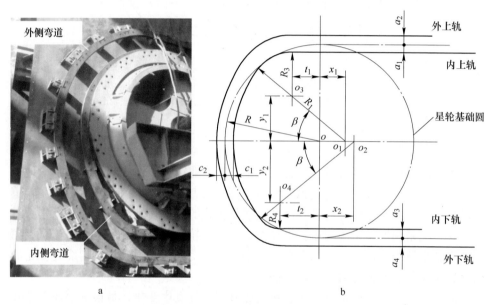

图 8-8　头部弯道曲线设计示意图

图中，参数 a_1、a_2、a_3、a_4 分别为星轮基础圆的顶点处其坐标相对于各水平轨道的垂直段距离；c_1、c_2 为星轮基圆最左端处节点坐标到内侧和外侧弯道的水平段距离；t_1、t_2 分别为弯道曲线中上、下部圆弧曲线的圆心坐标到星轮中心之间线段在水平方向上的投影距离。以上参数均为已知条件，在弯道设计之前已经给定具体数值，各参数之间有如下关系：

$$
\begin{cases}
a_1 = a_4 = c_1 = R_C \\
a_2 = a_3 = c_2 = R_C + 10 \\
t_1 \geq b - R_r \\
t_2 \geq b + R_r
\end{cases}
\tag{8-1}
$$

式中　R_c——台车车轮半径，m；

　　　　R_r——台车辊轮半径，m。

前已述及，各条弯道由 4 段圆弧连接而成。因此，关键步骤是各段圆弧的圆心坐标及半径的计算。此处以内侧弯道为例，根据图 8-8b，则需要计算的参数包括各圆心 o_1、o_3、o_2、o_4 及半径 R_1、R_3、R_2、R_4。其中圆心 o_1 和 o_2 的 2 段圆弧与星轮的中心 o 均在同一水平位置，于是有：

$$\begin{cases} (R_1 - R_3)\sin\beta = y_1 \\ (x_1 + t_1)\tan\beta = y_1 \\ R + x_1 - c_1 = R_1 \\ R - y_1 - a_1 = R_3 \end{cases} \quad (8\text{-}2)$$

式中　R——带式烧结机星轮基础圆半径，m；

　　　　β——弯道分度角，(°)。

解此方程可得：

$$\begin{cases} x_1 = \dfrac{t_1(1 - \sin\beta) - (a_1 - c_1)\cos\beta}{\sin\beta + \cos\beta - 1} \\ y_1 = (x_1 + t_1)\tan\beta \\ R_1 = R + x_1 - c_1 \\ R_3 = R - y_1 - a_1 \end{cases} \quad (8\text{-}3)$$

同理可得：

$$\begin{cases} x_2 = \dfrac{t_2(1 - \sin\beta) - (a_3 - c_1)\cos\beta}{\sin\beta + \cos\beta - 1} \\ y_2 = (x_2 + t_2)\tan\beta \\ R_2 = R + x_2 - c_1 \\ R_4 = R - y_2 - a_3 \end{cases} \quad (8\text{-}4)$$

内侧弯道的曲线形状可以由式(8-1)、式(8-3)和式(8-4)三个方程组精确给出。代入已知参数值即可生成相应的弯道曲线。

对应位置的外侧弯道圆弧和内侧弯道圆弧之间均为同心圆弧，依据这一关系，可以很方便地得到头部外侧弯道曲线。

8.2.4.4　新型尾部弯道

尾部弯道曲线设计时的已知条件 t 值和头部弯道曲线的 t 值呈对角线对称，其他已知条件与头部弯道曲线的相同。因此采用同样的方法，可设计出尾部弯道曲线，但应注意头尾轨道的标高要相等。头部弯道曲线设计示意图如图 8-9 所示。

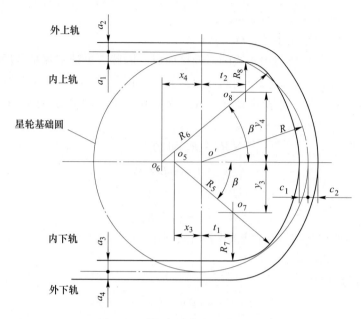

图 8-9　尾部弯道曲线设计示意图

以尾部内侧弯道曲线为例，需要确定各圆弧的圆心 o_5、o_7、o_6、o_8 及半径 R_5、R_7、R_6、R_8。根据图中的几何关系，有：

$$\begin{cases} (R_5 - R_7)\sin\beta = y_3 \\ (x_3 + t_1)\tan\beta = y_3 \\ R + x_3 - c_1 = R_5 \\ R - y_3 - a_3 = R_7 \end{cases} \tag{8-5}$$

解此方程可得：

$$\begin{cases} x_3 = \dfrac{t_1(1 - \sin\beta) - (a_3 - c_1)\cos\beta}{\sin\beta + \cos\beta - 1} \\ y_3 = (x_3 + t_1)\tan\beta \\ R_5 = R + x_3 - c_1 \\ R_7 = R - y_3 - a_3 \end{cases} \tag{8-6}$$

同理可得：

$$\begin{cases} x_4 = \dfrac{t_2(1 - \sin\beta) - (a_1 - c_1)\cos\beta}{\sin\beta + \cos\beta - 1} \\ y_4 = (x_4 + t_2)\tan\beta \\ R_6 = R + x_4 - c_1 \\ R_8 = R - y_4 - a_1 \end{cases} \tag{8-7}$$

同样地，在尾部弯道中，各圆弧段在内外侧弯道上仍保持对应的同心关系，按上述方法方便求出尾部的外侧弯道曲线形状。

8.2.5 偶数齿烧结机的基本参数

正确地确定设计参数是烧结厂设计的基础，直接影响到工艺流程的确定和设备的选型。对于偶数齿烧结机来说，其设计要点主要包括台车、烧结机长度、烧结机头尾星轮中心距以及风箱布置等，下面分别叙述。

8.2.5.1 台车体

台车是烧结系统的重要部件之一，带式烧结机是由多台台车组成的一个封闭的烧结带，每个台车为独立个体，相互之间无连接。图 8-10a 给出了台车实体的实际外形，其主要部件包括台车主体、箅条、台车车轮、卡轮、栏板等部分。

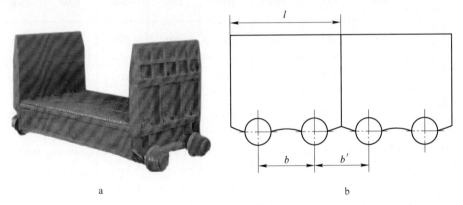

a   b

图 8-10　台车结构简图

a—台车的实际形貌；b—台车列平面示意图

台车的尺寸定义比较特殊。其较小尺寸的方向被定义为长度，记为 l 表示，而数值较大的尺寸方向称为宽度，用字母 B 表示。图 8-10b 给出了相邻台车之间的基本参数值，同一辆台车间的轮距 b 和其长度 l 之间可表述为：

$$b = \frac{l}{2} + \delta \tag{8-8}$$

式中　δ——拉缝间隙的设计值，mm。

紧密排列的相邻两台车之间的轮距为：

$$b' = l - b = \frac{l}{2} - \delta \tag{8-9}$$

从图 8-10b 可以看到，台车列各车轮之间的轮距是交替变化，而非定值。

台车的长度尺寸一般有 1m 和 1.5m 两种规格，相应地其轮距 b 亦分为两种规格，分别是 510mm 和 760mm。而台车的宽度 B 取值较多，一般为 0.5m 整数倍，具体大小根据烧结面积来选择。故烧结机头尾星轮在进行设计时的基本参数是台车的长度和轮距，与台车宽度无关。

目前，我国带式烧结机台车的各项技术参数基本上已经标准化，台车规格及各参数的取值见表 8-1。

表 8-1 我国烧结机台车的规格和相关参数

台车规格 （长×宽） /m×m	1×1.5	1×2	1×2.5	1×3	1.5×3.5	1.5×4	1.5×4.5	1.5×5
有效宽度 B/mm	1502	2020	2500	3000	3500	4000	4500	5000
台车长度 l/mm	1000	1000	1000	1000	1500	1500	1500	1500
轮距 b/mm	510	510	510	510	760	760	760	760
车轮直径 D_C/mm	$\phi200$	$\phi240$	$\phi240$	$\phi240$	$\phi320$	$\phi320$	$\phi360$	$\phi360$
辊轮直径 d_r/mm	$\phi160$	$\phi160$	$\phi170$	$\phi170$	$\phi170$	$\phi250$	$\phi250$	$\phi250$
车体材料	QT450-10	QT450-10	QT450-10	QT450-10	QT450-10	QT450-10	QT450-10	QT450-10
台车质量 /kg	$1.49×10^3$	$2.27×10^3$	$2.59×10^3$	$3.9×10^3$	$5.9×10^3$	$7.2×10^3$	$8.85×10^3$	$9.58×10^3$

8.2.5.2 有效烧结面积

烧结机的有效烧结面积是指台车的宽度与烧结机吸风段（即有效长度）之乘积。由于台车宽度已经标准化，因此在选择好烧结机的规模之后，亦即选择了有效烧结面积。此时台车宽度即可依据有效烧结面积的大小选择适当值，最后得到烧结机的有效长度。三者之间的关系可表述为：

$$S = BL_s \tag{8-10}$$

式中 L_s——烧结机的有效长度，m。

由上式可知，在选定台车宽度 B 的大小时，有效烧结面积 S 的大小与有效长度 L_s 的大小之间为线性关系，然而大规格烧结机并不能只是选择较大的烧结长度，其原因是有效长度越长，台车列行进中遇到的阻力就越大，这对头尾星轮的材料特性就提出了更高的要求，而且台车运行长度越大，其跑偏的可能性和程度就越大。因此，台车宽度某一取值仅能满足一定范围内的烧结面积。对整个烧结机来说，其有效长度和台车宽度的比例（L_s/B）目前一般在 20~30。所以，随着烧结面积的增大，台车的宽度也应相应增加。表 8-2 为日立造船公司推荐的带式烧结机长宽比取值。

表 8-2　带式烧结机的有效烧结面积与台车宽度的相互关系

台车宽度/m	烧结机最大有效长度/m	最大烧结面积/m²	烧结机有效长度$\left(\dfrac{L_s}{B}\right)$台车宽度
2.0	48	96	24
2.5	60	150	24
3.0	84	252	28
4.0	128	512	32
5.0	140	700	28
6.0	152	912	25
6.5	154	1000	24

8.2.5.3　头尾星轮中心距与台车数量

图 8-11 为带式烧结机头尾星轮中心距示意图，头尾中心距共由三个关键尺寸组成，其表达式为：

$$L = L_t + L_s + L_w \tag{8-11}$$

式中　L——头尾星轮之间的中心距，m；

　　　L_t——头部星轮到头部风箱起始部位的距离，m；

　　　L_w——尾部风箱终端到尾部星轮之间的距离，m。

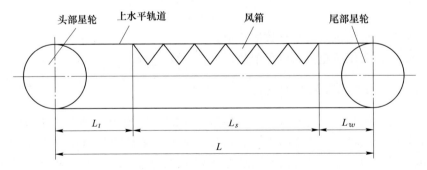

图 8-11　烧结机中心距的长度构成

有效长度 L_s 的数值由式（8-10）确定，通过带式烧结机有效烧结面积和台车宽度计算得出。L_t 和 L_w 的大小选择跟烧结机具体结构有关，台车宽度尺寸、机架结构、头尾密封装置的类型等都对其取值有影响。

　　带式烧结机是由多辆台车沿上、下水平轨道、头尾弯道紧密排列而成的一个循环系统，如果中心距计算不准确，就不能保证星轮轮齿与台车辊轮的正确啮合。加上偶数齿烧结机的基圆半径和弯道形式都跟现行带式烧结机有区别，因此其中心距的算法自然与传统算法有不同之处。

　　偶数齿烧结机在确定其头尾星轮的中心距时，根据图 8-12 给出的台车列分布状态进行计算。根据图中几何关系，首尾星轮中心距为：

$$L = l(n - 1) + b \tag{8-12}$$

式中　n——下水平轨道上的台车数量，个。

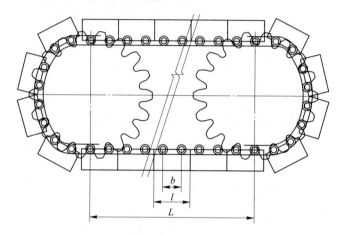

图 8-12　偶数齿烧结机中心距简图

　　在计算偶数齿烧结机台车总数量时，主要考虑台车的长宽比、烧结机的有效烧结面积以及其头尾星轮中心距等参数，具体关系为：

$$n_t = 2n + n_p \tag{8-13}$$

式中　n_t——烧结机的台车总数量，个；

　　　　n_p——头尾星轮上的台车个数，个，一般 $n_p = 8$。

8.2.5.4　烧结机风箱数目的确定

　　带式烧结机有效长度内风箱布置标准风箱的长度为 4m，通常，在每一机架之间布置两个风箱，以此烧结机厂房设计的标准机架柱距为 8m。考虑到烧结长度与风箱尺寸的匹配，设置长度规格为（3.5m）、3m、（2.5m）及 2m 的非标准风箱以备选用，一般情况下尽量选取整数倍的长度规格。对于大型带式烧结机而言，尽量选择大尺寸的风箱，而中小型烧结机其风箱则较短为宜。根据所选择的各种风箱长度尺寸，烧结机的有效长度 L_s 亦可表示为：

$$L_s = 4N_1 + 3N_2 + 2N_3 + L_f \tag{8-14}$$

式中　N_1——标准长度的风箱总个数，个；

N_2——3m 长风箱总个数，个；

N_3——2m 长风箱总个数，个；

L_f——烧结机点火段长度，m。

带式烧结机风箱的总个数为：

$$N_W = N_1 + N_2 + N_3 + N'_W \tag{8-15}$$

式中　N'_W——点火段风箱个数，个。

8.3 偶数齿烧结机设计理论研究

为了解决传统带式烧结机星轮存在的问题，消除台车的速度波动，降低下台车列的起拱程度，需要研制偶数齿数的变齿距带式烧结机头尾星轮。研究内容主要包括星轮齿距的确定，齿廓曲线的设计，提高齿面承载能力的研究，星轮轮齿材料、热处理、制造方法，星轮总体结构的设计等。

偶数齿数变齿距星轮的齿形设计关键为星轮齿数是偶数和齿距是间隔变化的；设计难点为开发既满足啮合原理，又满足带式烧结机台车具体运行工况的齿廓曲线。由于星轮与辊轮属于齿轮—销齿条啮合传动形式，因此星轮的基本齿廓曲线比较容易求得。为了满足台车在转弯时端面不产生干涉和异常磨损这一工况，本节将啮合角函数法首次应用于带式烧结机星轮齿形的求解领域，在基本齿廓曲线上进行处理，得到了令人满意的、能够用统一方程表示的实际齿廓曲线，为星轮的最终制造和应用打下了基础。

在研制新型星轮齿形过程中主要考虑以下要求：

（1）星轮的齿距要与相隔变化的辊轮列的轮距相匹配，应该也是间隔变化的，这就要求星轮的齿数为偶数。

（2）星轮的齿廓曲线与辊轮的啮合必须满足平面啮合理论。

（3）星轮的齿形还要满足台车在转弯时端面不能产生干涉和异常磨损这一要求。

（4）星轮的齿廓曲线应具有良好的几何特性。

（5）星轮易于加工制造。

8.3.1 变齿距星轮的齿形设计

8.3.1.1 齿距和齿数的确定

星轮齿距所对应的弦长等于台车辊轮的轮距 b，于是星轮的齿距为：

$$p = \frac{b\pi}{z\sin(\pi/z)} \tag{8-16}$$

式中　z——带式烧结机星轮的齿数。

为了使星轮的齿距与辊轮列的轮距相匹配，根据齿轮—销齿条中齿轮齿距的计算公式及式(8-8)和式(8-9)，星轮的齿距应分为两种，而且齿距 p_1 和 p_2 需要间隔布置。

$$\begin{cases} p_1 = b \\ p_2 = b' = l - b \end{cases} \tag{8-17}$$

因此，齿距 p_1 和 p_2 对应的圆心角的度数分别为：

$$\begin{cases} \gamma_1 = \dfrac{720b}{zl} \\ \gamma_2 = \dfrac{720(l-b)}{zl} \end{cases} \tag{8-18}$$

显然这种变齿距星轮的齿数 z 是偶数，根据台车结构和目前奇数齿星轮的齿数，齿数一般取 18。

8.3.1.2　基本齿廓曲线

新型带式烧结机星轮的基本齿廓曲线是不考虑台车进行转弯运动而产生干涉和异常磨损情况下的星轮齿廓曲线，此时星轮与辊轮啮合的一般关系如图 8-13 所示。

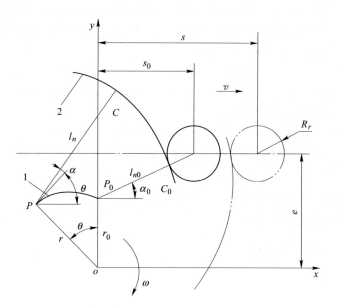

图 8-13　星轮与辊轮的啮合关系

建立直角坐标系 oxy 与星轮固联，原点在星轮的回转中心 o 点。初始位置时 y 轴铅垂向上，x 轴水平。星轮和辊轮的轴线垂直于 oxy 平面，且二者的轴线在 y 方向的偏置距离为 e。辊轮沿 x 轴水平运动，其半径为 R_r。曲线 1 为星轮的节曲线，曲线 2 为星轮的齿廓曲线。

辊轮在星轮推动下作水平直线运动，其运动方程为：

$$s = s(\theta) \tag{8-19}$$

式中　s——辊轮（台车）的运动距离，m；

　　　θ——星轮的旋转角度，rad。

辊轮和星轮的传动比为：

$$i = \frac{v}{\omega} = \frac{\dfrac{\mathrm{d}s}{\mathrm{d}t}}{\dfrac{\mathrm{d}\theta}{\mathrm{d}t}} = \frac{\mathrm{d}s}{\mathrm{d}\theta} \tag{8-20}$$

式中　v——辊轮的运动速度；

　　　ω——星轮的旋转角速度。

初始位置时，辊轮的运动距离 $s=s_0$，辊轮与星轮齿廓接触点的公法线过节点 P_0，法线长度 $l_{n0} = C_0 P_0 = \sqrt{s_0^2 + (e-r_0)^2} - R_r$；节曲线的极径为 $r_0 = oP_0$；齿廓曲线的压力角为 α_0。

根据三心定理，oP_0 垂直于辊轮的移动方向，即应与 y 轴重合。

设 C 为星轮齿廓曲线上任一点，当星轮转过角度 θ 后，C 点进入啮合。该点的齿廓法线 CP 与星轮节曲线交于点 P，节曲线在 P 点处的极径为 oP；啮合点的压力角为 α；oP 转到铅垂位置；辊轮运动的距离为 s。此时，节点 P 处的速度为 $v = r\omega$，因此星轮节曲线的极径为：

$$r = oP = \frac{v}{\omega} = i = \frac{\mathrm{d}s}{\mathrm{d}\theta} \tag{8-21}$$

齿廓曲线的法线长度为：

$$l_n = CP = \sqrt{s^2 + (e-r)^2} - R_r \tag{8-22}$$

齿廓曲线的压力角为：

$$\alpha = \arctan \frac{e-r}{s} \tag{8-23}$$

一对共轭齿廓接触点处的公法线与齿廓节点处圆周速度之间的夹角称为啮合角。根据这个定义，式（8-23）表示的压力角也就是齿廓曲线的啮合角。啮合角的表达式是求解其他参数及齿廓曲线的一个重要函数，因此，将本节求解星轮齿廓曲线的方法称为啮合角函数法。

由图 8-13 中的几何关系，星轮齿廓曲线方程，即 C 点的坐标为：

$$\begin{cases} x = l_n \cos(\theta + \alpha) - r\sin\theta \\ y = l_n \sin(\theta + \alpha) + r\cos\theta \end{cases} \tag{8-24}$$

不考虑台车运行过程中的转弯，带式烧结机星轮和台车辊轮的实际运行工况为：

（1）星轮齿廓与辊轮开始啮合时：

$$s_0 = R_r \tag{8-25}$$

（2）星轮匀速转动，角速度为 $\omega = \omega_0$。

（3）辊轮匀速直线运动，运行的速度为 $v = v_0$。

（4）根据式（8-21），星轮的节曲线极径 r 为常数，于是节曲线为基础圆，并设 $r = R$。根据几何关系，为方便讨论和计算，设：

$$r = R = e \tag{8-26}$$

于是有：

$$v_0 = \omega_0 R \tag{8-27}$$

得辊轮的运动方程为：

$$s = s_0 + v_0 t = R_r + R\theta \tag{8-28}$$

将式（8-26）和式（8-28）代入式（8-22）和式（8-23），可得 $l_n = R\theta$ 和 $\alpha = 0$，再根据式（8-24），可得星轮的基本齿廓曲线为标准渐开线，其方程为：

$$\begin{cases} x_0 = R\theta\cos\theta - R\sin\theta \\ y_0 = R\theta\sin\theta + R\cos\theta \end{cases} \tag{8-29}$$

由于两个星轮轮齿驱动一辆台车，因此基本齿廓曲线所对应的基础圆半径为：

$$R = \frac{zl}{4\pi} \tag{8-30}$$

8.3.1.3　实际齿廓曲线

A　实际齿廓曲线的组成

具有基本齿廓曲线的变齿距齿形，可使星轮匀速转动的同时台车列作匀速直线运动，但将导致台车的端面在转弯时面临着相互干涉和异常磨损的危害。因此，需要结合基本齿廓曲线同星轮与台车辊轮的具体啮合工况，设计星轮的实际齿廓曲线。

如图 8-14 所示，以台车刚从头部弯道转至上部水平轨道为例，此时台车辊轮和星轮开始发生啮合关系。

渐开线 I 为基本齿廓曲线。取坐标原点在星轮的旋转中心，原点指向渐开线 I 的起点 C_1 为 y 轴，x 轴方向与辊轮运动方向一致。渐开线 II 为渐开线 I 的等距曲线，且在 x 方向上与渐开线 I 的距离为 Δ，Δ 的确定要考虑到前后两个台车转弯时的追赶和拉缝距离。$C_1 C_2$ 为从渐开线 I 起点 C_1 到渐开线 II 上某点 C_2 的过渡曲线，它和渐开线 II 的 C_2 点之后部分组成实际齿廓曲线。

根据图中各渐开线之间距离的配置关系，当后辆台车的前辊轮与渐开线 I 啮

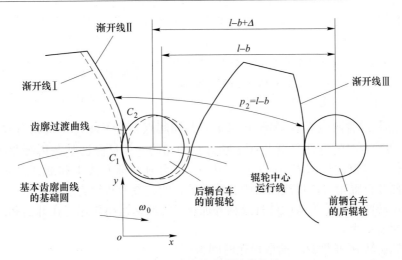

图 8-14　实际齿廓曲线的组成

合时，前、后辆台车辊轮轮距为 $l-b+\Delta$；当与渐开线 II 啮合时，前、后辆台车辊轮轮距为 $l-b$。因此，当台车转弯时，后台车的前辊轮在 C_1 点与过渡曲线 C_1C_2 保持接触，前后两辆台车端面之间存在间隙，干涉和异常磨损不会发生。转弯后，后台车的前辊轮首先与过渡曲线 C_1C_2 啮合，然后与渐开线 II 啮合。在与过渡曲线 C_1C_2 啮合过程中，随着星轮的转动，两台车端面的间隙将由 Δ 变为 0，后台车与台车列的间隙逐渐消除并且成为台车列的一部分。

渐开线 II 的等距齿廓曲线——渐开线 III 与前辆台车的后辊轮相啮合，推动包含前辆台车在内的整列台车运动。为了保证这种运动为匀速运动，每条齿廓曲线上 C_2 点的位置不能随意确定。因此，在辊轮与过渡曲线 C_1C_2 这一啮合过程中的星轮的转角应满足：

$$\theta_0 \leqslant \frac{2\pi}{z} \tag{8-31}$$

B　渐开线段齿廓方程

由于实际齿廓曲线的渐开线 II 部分是齿廓基本曲线渐开线 I 的等距线，二者之间 x 方向的距离为 Δ，可知渐开线 II 的方程为：

$$\begin{cases} x_1 = x_0 + \Delta \dfrac{\mathrm{d}y_0/\mathrm{d}\theta}{\sqrt{(\mathrm{d}x_0/\mathrm{d}\theta)^2 + (\mathrm{d}y_0/\mathrm{d}\theta)^2}} \\[4mm] y_1 = y_0 - \Delta \dfrac{\mathrm{d}x_0/\mathrm{d}\theta}{\sqrt{(\mathrm{d}x_0/\mathrm{d}\theta)^2 + (\mathrm{d}y/\mathrm{d}\theta)^2}} \end{cases} \tag{8-32}$$

对式（8-29）求关于 θ 的导数，有：

$$\frac{\mathrm{d}x_0}{\mathrm{d}\theta} = -R\theta\sin\theta, \qquad \frac{\mathrm{d}y_0}{\mathrm{d}\theta} = R\theta\cos\theta \tag{8-33}$$

将式（8-33）代入式（8-32），并且考虑 C_2 的位置，得到渐开线段 II 的齿廓方程为：

$$\begin{cases} x_1 = (\Delta + R\theta)\cos\theta - R\sin\theta \\ y_1 = (\Delta + R\theta)\sin\theta + R\cos\theta \end{cases} \quad \text{其中 } \theta \geqslant \theta_0 \qquad (8\text{-}34)$$

C C_1C_2 段齿廓方程

C_1 点是过渡曲线 C_1C_2 和渐开线 I 的共同起点。为了使台车辊轮在 C_1 点与 C_1C_2 曲线啮合时的特性与渐开线 I 啮合时的相同，并且保证整条齿廓曲线的光滑连续性，过渡曲线 C_1C_2 应在 C_1 点和 C_2 点分别与渐开线 I 和渐开线 II 相切。出于方便分析辊轮与该过渡曲线啮合特性的目的，参考凸轮轮廓的求法，令星轮轮齿为主动件，辊轮为从动件且遵从等加速—等减速运动规律，在开始和结束时的运动速度均为 v_0。

星轮旋转 θ_0 角度这一阶段所用时间为：

$$t_0 = \theta_0 / \omega_0 \qquad (8\text{-}35)$$

相对于与基本齿廓曲线啮合，辊轮在这一段时间内与过渡曲线 C_1C_2 啮合应多移动的距离为 Δ，其运动距离为 $s = s_0 + R\theta_0 + \Delta$。于是，辊轮实际运动的距离为：

$$h = s - s_0 = \Delta + R\theta_0 \qquad (8\text{-}36)$$

为尽可能长时间的在前后台车之间保持一个较大的距离，加速度和减速度的绝对值设为不等。等加速阶段所用的时间为 $3t_0/4$，辊轮移动的距离为 $3h/4$；等减速阶段所用的时间为 $t_0/4$，辊轮移动的距离为 $h/4$。

等加速段有 $v_0 \dfrac{3t_0}{4} + \dfrac{1}{2} a_{ac} \left(\dfrac{3t_0}{4} \right)^2 = \dfrac{3h}{4}$，将式（8-35）和式（8-36）代入，得等加速阶段的加速度为：

$$a_{ac} = \frac{8\Delta}{3t_0^2} \qquad (8\text{-}37)$$

由于 $s = s_0 + v_0 t + \dfrac{1}{2} a_{ac} t^2$，因此将式（8-25）、式（8-27）和式（8-37）代入，得辊轮在等加速段的运动方程为：

$$s = R_r + R\theta + \frac{4\Delta}{3\theta_0^2}\theta^2 \qquad \text{其中 } 0 \leqslant \theta \leqslant \frac{3}{4}\theta_0 \qquad (8\text{-}38)$$

根据式（8-21），在这一段啮合过程中，星轮基础圆的半径将不再满足式（8-26）的关系，而成为节曲线极径变量：

$$r = R + \frac{8\Delta}{3\theta_0^2}\theta \qquad \text{其中 } 0 \leqslant \theta \leqslant \frac{3}{4}\theta_0 \qquad (8\text{-}39)$$

将式（8-38）和式（8-39）代入式（8-22）~式（8-24），可得等加速段的齿廓曲线方程。

当辊轮开始等减速段的运行时，其速度为 $v_t = v_0 + a_{ac}t = v_0 + \dfrac{2\Delta}{t_0}$ ，于是有公式

$v_t \dfrac{t_0}{4} + \dfrac{1}{2} a_{de} \left(\dfrac{t_0}{4} \right)^2 = \dfrac{h}{4}$ ，因此，等减速段的减速度为：

$$a_{de} = -\frac{8\Delta}{t_0^2} \tag{8-40}$$

又由于辊轮在齿廓曲线 $C_1 C_2$ 的推动下已经运行了 $3h/4$ 的距离，于是辊轮在

等减速阶段的运动方程为 $s = R_r + \dfrac{3}{4}h + v_t \left(t - \dfrac{3}{4}t_0 \right) + \dfrac{1}{2} a_{de} \left(t - \dfrac{3}{4}t_0 \right)^2$ ，代入 v_t 和

a_{de} 并化简得：

$$s = R_r + \Delta + R\theta - \frac{4\Delta}{\theta_0^2}(\theta_0 - \theta)^2 \qquad \text{其中} \frac{3}{4}\theta_0 \leq \theta \leq \theta_0 \tag{8-41}$$

同理，星轮基础圆变为节曲线，其极径变量为：

$$r = R + \frac{8\Delta}{\theta_0^2}(\theta_0 - \theta) \qquad \text{其中} \frac{3}{4}\theta_0 \leq \theta \leq \theta_0 \tag{8-42}$$

将式（8-41）和式（8-42）代入式（8-22）~式（8-24），可得等减速段的齿廓曲线方程。

D　实际齿廓曲线方程的统一表达

根据上述分析，新型星轮的实际齿廓曲线由三段组成：从齿沟圆到齿顶依次为等加速曲线、等减速曲线和渐开线。将式（8-22）和式（8-23）代入式（8-24），可得实际齿廓曲线方程的统一表达为：

$$\begin{cases} x = \left[1 - \dfrac{R_r}{\sqrt{s^2 + (R - r)^2}} \right] \left[s\cos\theta - (R - r)\sin\theta \right] - r\sin\theta \\ y = \left[1 - \dfrac{R_r}{\sqrt{s^2 + (R - r)^2}} \right] \left[s\sin\theta + (R - r)\cos\theta \right] + r\cos\theta \end{cases} \tag{8-43}$$

其中，s 和 r 根据 θ 范围的取值见表 8-3。

表 8-3　实际齿廓曲线方程中 s 和 r 的取值

参数	加速曲线	减速曲线	渐开线 II
θ	$0 \leq \theta \leq \dfrac{3}{4}\theta_0$	$\dfrac{3}{4}\theta_0 < \theta \leq \theta_0$	$\theta_0 < \theta \leq \theta_a$
s	$R_r + R\theta + \dfrac{4\Delta}{3\theta_0^2}\theta^2$	$R_r + \Delta + R\theta - \dfrac{4\Delta}{\theta_0^2}(\theta_0 - \theta)^2$	$R_r + \Delta + R\theta$
r	$R + \dfrac{8\Delta}{3\theta_0^2}\theta$	$R + \dfrac{8\Delta}{\theta_0^2}(\theta_0 - \theta)$	R

注：表中 θ_a 为星轮的一个齿从开始啮合到结束啮合，星轮所转过的角度。

E　实际齿廓曲线的几何特性

（1）压力角。利用式（8-23），此式中的偏置距离 e 仍等于基础圆半径 R，再根据表 8-3，可计算出各段齿廓曲线的压力角随 θ 角变化的取值，见表 8-4。

表 8-4　实际齿廓曲线的压力角

压力角	加速曲线	减速曲线	渐开线 II
θ	$0 \leqslant \theta \leqslant \dfrac{3}{4}\theta_0$	$\dfrac{3}{4}\theta_0 < \theta \leqslant \theta_0$	$\theta_0 < \theta \leqslant \theta_a$
α	$-\arctan \dfrac{8\Delta\theta}{3\theta_0^2 s}$	$-\arctan \dfrac{8\Delta(\theta_0 - \theta)}{\theta_0^2 s}$	0

从表 8-4 中可以看出，实际齿廓曲线的过渡曲线 C_1C_2 上的压力角为负值，该负值绝对值的最大值在加速和减速曲线的分界点 $\theta = 3\theta_0/4$ 处，其值为：

$$|\alpha|_{\max} = \arctan \frac{2\Delta}{\theta_0\left(R_r + \dfrac{3R\theta_0}{4} + \dfrac{3\Delta}{4}\right)} \tag{8-44}$$

（2）重合度。根据齿轮—销齿条重合度的计算公式，等齿距星轮与等轮距辊轮列啮合时的重合度为：

$$\varepsilon = \frac{\theta_a}{2\pi/z} \tag{8-45}$$

对于不等距星轮和辊轮列的啮合，其重合度应分为两种情况。由于星轮的两个轮齿推动一辆台车，对应于齿距 p_1 和 p_2 的圆心角的弧度值分别为 $\dfrac{4\pi b}{zl}$ 和 $\dfrac{4\pi(l-b)}{zl}$。因此，对应于齿距 p_1 和 p_2 的重合度分别为：

$$\begin{cases} \varepsilon_1 = \dfrac{\theta_a zl}{4\pi b} \\[3mm] \varepsilon_2 = \dfrac{\theta_a zl}{4\pi(l - b)} \end{cases} \tag{8-46}$$

将表 8-3 中 $\theta = \theta_a$ 的 s 值和 r 代入式（8-43），有 $\dfrac{d_a}{2} = \sqrt{x^2 + y^2} = \sqrt{(\Delta + R\theta_a)^2 + R^2}$。于是得 $\theta_a = \dfrac{\sqrt{d_a - 4R^2} - 2\Delta}{2R}$，将其代入式（8-46），得到重合度为：

$$\begin{cases} \varepsilon_1 = \dfrac{zl(\sqrt{d_a^2 - 4R^2} - 2\Delta)}{8\pi Rb} \\[4mm] \varepsilon_2 = \dfrac{zl(\sqrt{d_a^2 - 4R^2} - 2\Delta)}{8\pi R(l-b)} \end{cases} \tag{8-47}$$

（3）连续性。根据表 8-3 和表 8-4，s、r 和压力角 α 在分界点 $\theta = \dfrac{3}{4}\theta_0$ 和 $\theta = \theta_0$ 处的值是连续的，并且压力角 α 在 $\theta = 0$ 和 $\theta = \theta_0$ 处的值为 0。因此，实际齿廓曲线各点处的一阶导数连续，并且在初始啮合点处与基本齿廓曲线的导数相同，即实际齿廓曲线为 1 阶几何连续。

（4）凸凹性。齿廓曲线的凸凹性可由曲线的曲率半径的正负号决定，而曲率半径的正负号与曲线二阶导数的正负号相同。因此，可根据式（8-43）结合表 8-3 来求解齿廓曲线的二阶导数，从而判断齿廓曲线的凸凹性。

$C_1 C_2$ 段齿廓曲线的曲率半径为：

$$\rho_1 = \dfrac{1}{(r_1\sin\alpha)^{-1} + (r_2\sin\alpha)^{-1} - (\rho_2 + l_n)^{-1}} + l_n \tag{8-48}$$

由于 $r_1 = r$，$r_2 = +\infty$，$\rho_2 = R_r$，结合式（8-22）和式（8-23）、表 8-3 和表 8-4，可判断式（8-48）的正负，以此来判断齿廓曲线的凸凹性。渐开线段齿廓曲线的曲率半径可直接由渐开线方程求出。图 8-15 为计算机分析的曲率表示。

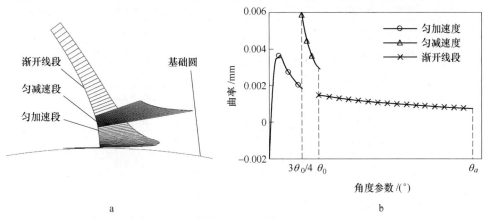

图 8-15 曲率表示
a—曲率梳；b—曲率

从图 8-15 中的曲率梳及曲率的图线可以看出，匀加速曲线在刚刚开始阶段为负曲率，之后变为正曲率，而匀减速曲线和渐开线的曲率均为正值。实际齿廓曲线在起始阶段是凹的，其余阶段均为凸的，而且凹曲线所占比例很小，曲线拐点非常靠近整条齿廓的起点。因此，辊轮与星轮的啮合，在整条星轮齿廓曲线范围内，可视为凸—凸接触啮合。

8.3.1.4 新型 60m² 带式烧结机的齿形参数

新型 60m² 带式烧结机不等齿距星轮的已知设计参数见表 8-5。将这些参数代入式（8-43），可得星轮的齿廓曲线方程，而计算出的星轮齿形参数见表 8-6。

表 8-5 星轮的设计参数

名称	台车长度 l/mm	辊轮轮距 b/mm	辊轮半径 R_r/mm	设计间隙 Δ/mm	星轮齿数 z
取值	1000	510	85	10	18

表 8-6 星轮的计算参数

名 称	取 值
齿距 p_1/mm	510
齿距 p_2/mm	490
基本齿廓的基础圆半径 R/mm	1432.5
齿沟圆半径 r_C/mm	R_r + 7.5
过渡齿廓对应的 θ_0 角/rad	$\pi/9$
齿顶圆直径 d_a/mm	3400
参数 θ 的最大值 θ_a/rad	0.639
加速齿廓的基础圆极径 r/mm	按照表 8-3 计算
减速齿廓的基础圆极径 r/mm	按照表 8-3 计算
加速齿廓的压力角 α/(°)	按照表 8-4 计算
减速齿廓的压力角 α/(°)	按照表 8-4 计算
齿廓曲线方程	式（8-43）
重合度 ε_1	1.775
重合度 ε_2	1.848
齿距 p_1 对应的圆心角 γ_1/(°)	20.4
齿距 p_2 对应的圆心角 γ_2/(°)	19.6

依据表 8-6 所提供参数，设计得到复合齿板的三维造型，如图 8-16 所示。

8.3.2 星轮的结构设计与制造

8.3.2.1 星轮的结构设计

由于轮齿的模数是非标准的而且径向尺寸巨大，因此带式烧结机的星轮结构设计制造成分体装配式。轮齿和星轮体分别制造，然后再装配在一起。

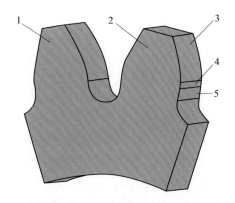

图 8-16 复合齿板的三维造型

1—匀速齿；2—复合齿；3—匀速段；4—减速段；5—加速段

齿距 p_1 和 p_2 的不同，反映到星轮结构上，是星轮轮齿的齿厚不同，且同样为交替变化的形式。又由于星轮的齿数设计为偶数，于是星轮轮齿可设计为双联轮齿结构。如图 8-17 所示，一个宽齿和一个窄齿组成一片双联轮齿，其齿侧端面所对应的圆心角的理论值为 $4\pi/z$。但为了调整齿距和考虑到热变形，实际齿侧端面与理论齿侧端面之间留有一小的调整间隙。

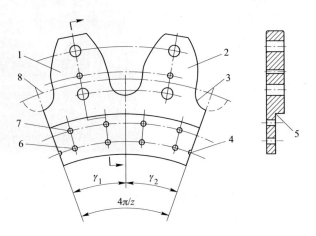

图 8-17 双联轮齿结构

1—宽齿；2—窄齿；3—齿沟圆；4—定位销孔；5—径向止口；
6—普通螺栓孔；7—铰制螺栓孔；8—基本齿廓曲线基础圆

宽齿和窄齿之间的齿沟圆圆心与星轮圆心的连线将双联轮齿分为两部分。包含宽齿和窄齿的部分所占圆心角的理论值（单位为（°））分别等于齿距 p_1 和齿距 p_2 所对应的圆心角 γ_1 和 γ_2。

8.3.2.2　星轮的制造

星轮的双联轮齿模型可由三维造型软件生成，因此其齿廓曲线在软件中可自动生成数控代码，方便用数控铣床加工或采用线切割生成模板，然后用仿形方法制造。轮齿表面粗糙度不得大于 $R_a 6.3$。在制造双联轮齿时，铰制螺栓孔和定位销孔不做出，待装配时与星轮体配钻。

星轮轮齿材料为 50Mn，铸造毛坯；铸造后调质处理至硬度为 HBS 228～265；机加工完毕后，轮齿表面火焰淬火，硬度至 HRC 45～50，深度大于 3mm；轮齿在装配前需进行磁粉探伤或超声波探伤。

星轮的装配如图 8-18 所示。星轮的径向尺寸通过双联轮齿的径向止口与星轮体外圆盘的径向配合保证。对于星轮的齿距保证，首先要调整各轮齿的圆周位置，使交替变化的齿距满足设计要求并用普通螺栓将轮齿固定在星轮体上；在这一过程中，还要保证同一轴上的两片齿轮的齿距同步。然后配钻轮齿及星轮体上的定位销孔和铰制螺栓孔。最后打入定位销，锁紧铰制孔螺栓。

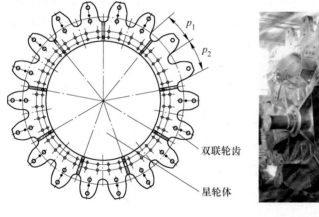

a　　　　　　　　　　　　　　　　　　　　b

图 8-18　星轮的装配

a—变齿距星轮装配结构；b—变齿距星轮现场装配

8.3.3　基于三角函数法的星轮齿形设计

8.3.3.1　运动方程的构建

根据图 8-14 并结合烧结机星轮的运行特点可知，合适的齿形其加速度应具备使台车实现先加速后减速的运动特点，并且在啮合起始和结束位置加速度为 0。为此将加速度方程构造为正弦函数。

已知条件为台车在啮合开始时间 t_0 的运动速度为 v_0，啮合结束时间 t_1 的运动速度亦为 v_0，过渡段啮合时间为 T，拉缝距离设为 Δ，设加速度 $a(t)$ 的方程为：

$$a(t) = A\sin(\omega t) \tag{8-49}$$

根据速度和加速度的微分关系可知，过渡段的速度方程为：

$$v(t) = \int a(t)\,\mathrm{d}t = -\frac{A}{\omega}\cos(\omega t) + C_1 \tag{8-50}$$

同理，过渡段的位移方程为：

$$s(t) = \int v(t)\,\mathrm{d}t = -\frac{A}{\omega^2}\sin(\omega t) + C_1 t + C_2 \tag{8-51}$$

过渡段啮合的边界条件为：

$$\begin{cases} v(t_0) = v(t_1) = v_0 \\ s(t_1) = \displaystyle\int_{t_0}^{t_1} v(t)\,\mathrm{d}t = v_0 T + \Delta \\ \omega = \dfrac{2\pi}{T} \end{cases} \tag{8-52}$$

联立方程式（8-49）~式（8-52），即可求得各参数值为：$\omega = \dfrac{2\pi}{T}$，$A = \dfrac{20\pi}{T^2}$，$C_1 = v_0 + \dfrac{10}{T}$，$C_2 = 0$。将各值代入方程式（8-49）~式（8-51）即可得到过渡段齿廓曲线的加速度、速度、位移方程，分别为：

$$\begin{cases} a(t) = \dfrac{20\pi}{T^2}\sin\left(\dfrac{2\pi}{T}t\right) \\[2mm] v(t) = -\dfrac{10\pi}{T}\cos\left(\dfrac{2\pi}{T}t\right) + v_0 + \dfrac{10}{T} \\[2mm] s(t) = -\dfrac{5}{\pi}\sin\left(\dfrac{2\pi}{T}t\right) + v_0 t + \dfrac{10}{T}t \end{cases} \tag{8-53}$$

由式（8-53）可以看出，加速度、速度、位移方程均为连续函数，因而能够避免分段函数在分界点的速度突变等问题。

8.3.3.2 运动方程特性分析

根据表 8-5 中相关数据，台车列的水平速度为 $v_0 = 2\pi Rn/60 = 22.5\,\mathrm{mm/s}$，台车在过渡段所用的时间为 $T = \theta_0/\omega = 22.2\,\mathrm{s}$。将 v_0 和 T 值分别代入齿形的加速度、速度和位移方程式（8-53）中，即可得到啮合台车在任意时刻的加速度、速度和位移特性曲线（如图 8-19 所示）。

由图 8-19a 可见，加速度在啮合起始时为 0 值，这就避免了由匀速到加速过

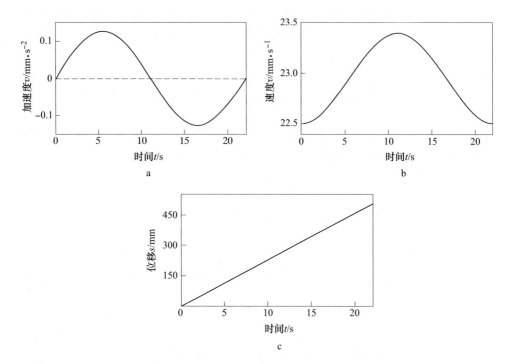

图 8-19　加速度、速度、位移和时间的关系曲线
a—加速度曲线；b—速度曲线；c—位移曲线

程的冲击，随着加速度数值的增加，台车速度达到一定值后，为使速度回落，加速度开始减小到负值，使啮合台车作减速运动，最终加速度为 0 后，完成拉缝，整个过程加速度按照正弦函数变化，曲线光滑连续，避免了加速度突然增大或减小时的冲击现象；图 8-19b 中速度曲线图也表明，整个过程中台车速度逐渐加大到某一时刻后开始减速，曲线速度平稳，最终和匀速台车列的速度保持一致；图 8-19c 中位移按照一定比例递增，无奇异点，表明台车运行平稳。

8.3.3.3　齿廓曲线方程及其特性分析

方程组式（8-53）中的位移方程 $s(t)$ 为时间 t 的函数，根据角速度和线速度的相互关系，将其改写为转角 θ 的函数：

$$s(\theta) = -\frac{5}{\pi}\sin(18\theta) + \frac{R\theta_0 + \Delta}{\theta_0}\theta \tag{8-54}$$

则过渡段齿形的节曲线半径为：

$$r = \frac{\mathrm{d}s}{\mathrm{d}\theta} = -\frac{90}{\pi}\cos(18\theta) + \frac{R\theta_0 + \Delta}{\theta_0} \tag{8-55}$$

根据式（8-54）、式（8-55），代入复合齿齿廓曲线方程的统一方程式（8-43）

即可得到优化后的复合齿形。其中 s、r 的取值根据转角 θ 的范围而不同，见表 8-7。

表 8-7 复合齿廓曲线方程中 s 和 r 的取值

参　数	过渡段	渐开线 II
θ	$0 < \theta \leqslant \theta_0$	$\theta_0 < \theta \leqslant \theta_u$
s	$-\dfrac{5}{\pi}\sin(18\theta) + \dfrac{R\theta_0 + \Delta}{\theta_0}\theta$	$R_r + \Delta + R\theta$
r	$-\dfrac{90}{\pi}\cos(18\theta) + \dfrac{R\theta_0 + \Delta}{\theta_0}$	R

把上述偶数齿星轮复合齿廓和匀速齿廓曲线的统一方程表达式导入三维软件，即可很方便的得到星轮的齿廓模型，如图 8-20 所示。

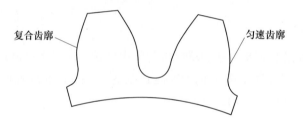

复合齿廓　　　　匀速齿廓

图 8-20　偶数齿带式烧结机的星轮齿形

A　压力角

根据星轮齿与台车辊轮啮合的几何关系可知齿廓曲线的压力角为：

$$\alpha = \arctan\frac{e-r}{s} \tag{8-56}$$

其中偏置距离 e 等于基圆半径 R，因此根据表 8-7 中 s 和 r 的表达式，即可求得压力角随转角 θ 的变化值。很明显在复合齿的匀速段，压力角为 0，而在过渡段内，压力角最大值发生在速度转折点即过渡段的中段 $\theta_0/2$ 处，其值为：

$$|\alpha|_{\max} = \arctan\frac{e-r}{s} = \arctan\frac{90[\cos(18\theta)-1]}{(\pi R + 90)\theta - 5\sin(18\theta)}$$

$$= \arctan\frac{180[\cos(9\theta_0)-1]}{(\pi R + 90)\theta_0 - 10\sin(9\theta_0)} \tag{8-57}$$

B　凹凸性

齿廓曲线的凹凸性可通过曲线曲率半径的正负号来判断。而由于方程复杂，曲率半径的公式推导比较繁琐且不易判别，因此采用软件自动生成曲线的曲率梳。由图 8-21 可知，过渡段在起始阶段很小的部分内齿廓曲率为负值，随后其曲率均保持为正值，包括相衔接的渐开线齿廓的曲率亦为正。因此，曲率为负数的齿廓段比例较小，可以忽略不计，其余齿廓部分均为凸的，故台车辊轮与星轮的啮合可视为凸—凸接触啮合。

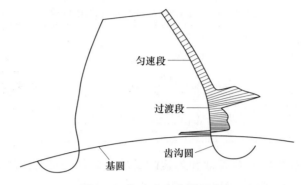

图 8-21　复合齿廓曲线的曲率

C　连续性

根据表 8-6 以及表 8-7 的参数值和表达式可知，s、r 在过渡段和匀速段内均为可导函数，在其分界点 θ_0 处的值亦是连续的，并且在此处的压力角 α 值为 0，因此，复合齿廓曲线为一阶几何连续。

8.3.4　基于多项式的星轮齿形设计

8.3.4.1　台车运动规律优化

台车应满足的运动规律为在开始追赶和结束追赶时台车加速度都为零，而台车要追赶上一个拉缝距离 Δ。台车需要满足如下条件：

$t=0$ 时，$\qquad\qquad a=0,\ v=v_0,\ s=0$ $\qquad\qquad$ (8-58)

$t=T$ 时，$\qquad\qquad a=0,\ v=v_0,\ s=v_0T+\Delta$ $\qquad\qquad$ (8-59)

之后，根据台车运动规律约束条件的数量，可以建立一个加速度—速度—位移方程组：

$$\begin{cases} a = 4bt^3 + 3ct^2 + 2dt + e \\ v = bt^4 + ct^3 + dt^2 + et + f \\ s = \dfrac{b}{5}t^5 + \dfrac{c}{4}t^4 + \dfrac{d}{3}t^3 + \dfrac{e}{2}t^2 + ft + g \end{cases} \qquad (8\text{-}60)$$

式中　　　　　　a ——加速度方程；

$\qquad\qquad\quad v$ ——速度方程；

$\qquad\qquad\quad s$ ——位移方程；

$b,\ c,\ d,\ e,\ f,\ g$ ——未知量。

将上述条件式（8-58）、式（8-59）代入方程组式（8-60）中得到：

$$b = \frac{300}{T^5}, \quad c = -\frac{600}{T^4}, \quad d = \frac{300}{T^3},$$

$$e = 0, \quad f = v_0, \quad g = 0$$

式中 Δ——拉缝距离，m，一般取 0.01m；

    T——追赶时间，s；

    v_0——台车列速度，m/s。

    将以上变量的值代入方程组式（8-60）中得到台车的位移，速度，加速度方程。式（8-61）就是台车追赶和拉缝过程中的位移、速度、加速度方程。

$$\begin{cases} a = \dfrac{1200}{T^5}t^3 - \dfrac{1800}{T^4}t^2 + \dfrac{600}{T^3}t \\[2mm] v = \dfrac{300}{T^5}t^4 - \dfrac{600}{T^4}t^3 + \dfrac{300}{T^3}t^2 + v_0 \\[2mm] s = \dfrac{60}{T^5}t^5 - \dfrac{150}{T^4}t^4 + \dfrac{100}{T^3}t^3 + v_0t \end{cases} \tag{8-61}$$

8.3.4.2 复合齿过渡段方程

    由运动规律得到：

$$s = \frac{60}{T^5}t^5 - \frac{150}{T^4}t^4 + \frac{100}{T^3}t^3 + v_0t \tag{8-62}$$

式中，$T = \dfrac{\theta_0}{\omega}$；$t = \dfrac{\theta}{\omega}$。

    又因为

$$v = Rw = \frac{R\theta}{t} \tag{8-63}$$

$$vt = R\theta \tag{8-64}$$

    由图 8-13 可知：

$$s = s_0 + R_r \tag{8-65}$$

式中 θ_0——过渡齿廓对应的星轮的转角。

    由式（8-62）、式（8-63）、式（8-64）、式（8-65）得：

$$\begin{cases} s = -\dfrac{60}{\theta_0^5}\theta^5 - \dfrac{150}{\theta_0^4}\theta^4 + \dfrac{100}{\theta_0^3}\theta^3 + R\theta + R_r \\[2mm] r = \dfrac{ds}{d\theta} = \dfrac{300}{\theta_0^5}\theta^4 - \dfrac{600}{\theta_0^4}\theta^3 + \dfrac{300}{\theta_0^3}\theta^2 + R \end{cases} \tag{8-66}$$

    将 s 和 r 代入统一齿廓方程中即为改进后的复合齿过渡段的齿廓方程。

8.3.4.3 实际齿廓方程

    新型星轮由匀速齿齿廓、复合齿匀速段、复合齿过渡段组成，其齿廓统一方程见式（8-43），不同范围的 θ 值所对应的各段齿廓方程中的变量 s、r 的表达式见表 8-8，实际齿廓曲线及星轮齿板如图 8-22 所示，整个星轮的三维造型如图 8-23 所示。

表 8-8　不同范围的 θ 值所对应的各段齿廓方程

参数	匀速齿齿廓	复合齿过渡段齿廓	复合齿匀速段齿廓
θ	$0 \leqslant \theta \leqslant \theta_a$	$0 \leqslant \theta \leqslant \theta_0$	$\theta_0 \leqslant \theta \leqslant \theta_a'$
s	$s = R_r + R\theta$	$s = -\dfrac{60}{\theta_0^5}\theta^5 - \dfrac{150}{\theta_0^4}\theta^4 + \dfrac{100}{\theta_0^3}\theta^3 + R\theta + R_r$	$s = R_r + \Delta + R\theta$
r	$r = R$	$r = \dfrac{\mathrm{d}s}{\mathrm{d}\theta} = \dfrac{300}{\theta_0^5}\theta^4 - \dfrac{600}{\theta_0^4}\theta^3 + \dfrac{300}{\theta_0^3}\theta^2 + R$	$r = R$

注：表中 θ_a、θ_a' 分别为匀速齿与复合齿的齿廓所转过的最大角度。

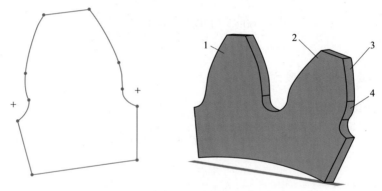

图 8-22　复合齿齿廓曲线及三维造型

1—匀速齿；2—复合齿；3—匀速段齿廓；4—过渡段齿廓

图 8-23　星轮三维造型

9 烧结运动机构力学分析与仿真技术

带式烧结机下台车列起拱产生的原因是多方面的，其中力学原因是一个决定性的因素。本章详细分析了带式烧结机台车执行牵引机构的尾部星轮和下台车的力学关系，建立了台车无起拱的力学模型，提出了无起拱带式烧结机的力控制方法。在对台车执行牵引机构进行力学计算的基础上，应用多刚体仿真技术成功对控制前后的带式烧结机进行了运动仿真，得到了力控制曲线。力学计算和多刚体仿真得到的结果为设计力控制装置和进行工业实验奠定了基础。

9.1 执行牵引机构的力学分析

9.1.1 尾部星轮和下台车列的力学关系

台车执行牵引机构的尾部星轮和尾部弯道均安装在尾部移动架上，其结构及力学关系示意图如图 9-1 所示。

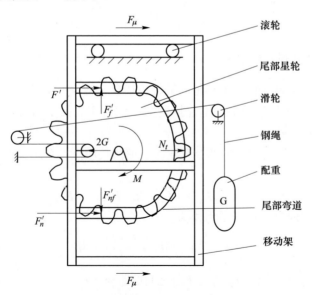

图 9-1 尾部星轮-移动架结构简图

上、下台车列作用在尾部星轮竖直方向的力分别为 F'_f 和 F'_{nf}。对于新型偶数齿星轮，则星轮轮齿与台车辊轮之间的压力角为 0°；又由于台车辊轮可绕台车车轴转动，因此 F'_f 和 F'_{nf} 以摩擦力方式存在，且数值相对较小，在分析力学关系时可不考虑。忽略系统其他摩擦情况下，星轮和移动架在水平方向的力平衡方程为：

$$F' + F'_n + 2F_\mu + N_t = 2G \tag{9-1}$$

式中 F'——上台车列对尾部星轮的水平推力，N；

　　　　F'_n——下台车列对尾部星轮的水平推力，N；

　　　$2F_\mu$——移动架所受水平阻力，N；

　　　　G——配重重力，N；

　　　　N_t——台车对尾部弯道水平推力之和，N。

尾部星轮上作用有尾部星轮转矩 M 以及上下台车列对星轮的水平推力 F' 和 F'_n，因此，关于其旋转中心的力矩平衡方程为：

$$F'_n R - F' R = M \tag{9-2}$$

式中 R——尾部星轮基础圆半径，m；

　　　　M——尾部星轮转矩，N·m。

联立式（9-1）和式（9-2）可得：

$$\begin{cases} F' = G - F_\mu - \dfrac{N_t}{2} - \dfrac{M}{2R} \\ F'_n = \dfrac{M}{2R} + G - F_\mu - \dfrac{N_t}{2} \end{cases} \tag{9-3}$$

9.1.2 台车起拱的力学原因

下台车列末端第 n 辆台车与尾部星轮相啮合，辊轮上受到尾部星轮对下台车列的推力 F_n，是下台车列中发生起拱的第一辆台车。其受力关系可简化为平面力系，如图 9-2 所示。

A 点和 B 点分别为台车的两个车轮与轨道的接触点。台车关于 B 点逆时针方向所受力矩为：

$$M_{an} = R_C F_n + (L_b - R_C) F_{n-1} + b F_{NA} \tag{9-4}$$

关于 B 点顺时针方向所受力矩为：

$$M_{cl} = \frac{b}{2} W + M_B + \frac{l-b}{2} f + M_A \tag{9-5}$$

式中 L_b——力臂，即力 F_n 与力 F_{n-1} 之间的距离，m；

　　　　R_C——台车车轮半径，m；

　　　　W——台车重力，N；

　　　　f——第 n 辆台车侧面所受摩擦力，N。

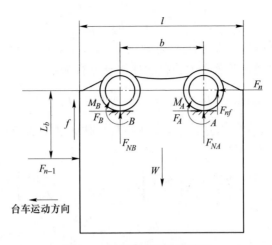

图 9-2 台车的力学分析简图

式（9-4）中 F_n 为 F'_n 的反作用力并作用在该台车的辊轮上；又由于单辆台车在下部轨道上的运行阻力为：

$$F_t = \frac{\delta_1 + \mu_1 r_z}{R_r - \mu_1 r_z} W \tag{9-6}$$

于是有：

$$F_{n-1} = F_n - F_t \tag{9-7}$$

式中 δ_1——台车车轮与轨道之间的滚动摩擦因数；

μ_1——台车滚动轴承的摩擦因数；

r_z——车轮滚动轴承半径，m。

根据式（9-3），F_n 将具有很大的数值。由于式（9-6）的数值较小，于是 F_{n-1} 的数值也很大。因此，即使在式（9-4）中的力臂数值 L_b 较小的情况下，力矩数值 M_{an} 也将达到十分可观的数值，从而造成了下台车列起拱的力学原因为：

$$M_{an} \geqslant M_{cl} \tag{9-8}$$

因此，第 n 辆台车将绕 B 点做逆时针旋转，台车后车轮在 A 点与下水平轨道分离抬起。当这辆后车轮抬起的台车与星轮脱离啮合时，其后面的台车马上运动过来并且二者相互接触，导致第 n 辆台车的后车轮不能落下。以这种姿态运动的台车成列运行后，下台车列将呈逐渐减小的锯齿形向头部星轮运动，起拱便产生了。

国内外目前正在服役的所有传统带式烧结机的下台车列都会产生这种起拱现象，造成了巨大的危害，必须加以控制和解决。

9.1.3 执行牵引机构的力控制

下台车列能够按预定速度运行所需的最小推力为：

$$F_{n,\min}^T = nF_t = n\frac{\delta_1 + \mu_1 r_z}{R_C - \mu_1 r_z}W \tag{9-9}$$

式（9-8）中取等号时，为台车起拱的力学临界条件。此时，图 9-2 中 $F_{NA}=0$、$M_A=0$，于是可得台车关于 B 点的力矩平衡方程为：

$$R_C F_n + (L_b - R_C)F_{n-1} = \frac{b}{2}W + M_B + \frac{l-b}{2}f \tag{9-10}$$

将 $M_B = \delta_1 F_{NB} = \delta_1 W$、$f = \mu_2 F_{n-1} = \mu_2(F_n - F_t)$ 代入式（9-10）得台车无起拱可承受的最大推力值为：

$$F_{n,\max}^T = \frac{\left(\dfrac{b}{2} + \delta_1\right)W + \left[L_b - R_C - \dfrac{(l-b)\mu_2}{2}\right]F_t}{L_b - \dfrac{(l-b)\mu_2}{2}} \tag{9-11}$$

式中　μ_2——台车端面之间的摩擦因数。

利用式（9-9）和式（9-11）可计算出下台车列正常运行所需推力 F_n^T 的两个阈值。若下台车列所受推力小于 $F_{n,\min}^T$，则下台车列不能被推动；若下台车列所受推力大于 $F_{n,\max}^T$，则下台车列必然发生起拱现象。因此，控制下台车列所受推力 F_n 的实际值与 F_n^T 相匹配，即若保证：

$$F_{n,\min}^T \leqslant F_n \leqslant F_{n,\max}^T \tag{9-12}$$

则可以消除下台车列的起拱现象。

为了保证下台车列的正常运行，需要对 F_n 进行力控制，控制思路主要是减小实际的 F_n 值，使其满足式（9-12）。

尾部星轮对上、下台车列的水平推力分别为 F 和 F_n。在实施力控制前，二者的计算公式分别与式（9-3）中 F' 和 F'_n 的相同。考虑尾部星轮的受力关系，下台车列的水平运行动力并不等于下台车列受到推力 F_n，而应等于下台车列与上台车列所受推力之差，即 $F_n - F = M/R$。

用公式表达，实施力控制后，F 和 F_n 的值分别为：

$$F = G - \Delta G - F_\mu - \frac{N_t}{2} - \frac{M-T}{2R} \tag{9-13}$$

$$F_n = \frac{M-T}{2R} + G - \Delta G - F_\mu - \frac{N_t}{2} \tag{9-14}$$

下台车列的运行动力为：

$$F_n - F = \frac{M-T}{R} \geqslant F_{n,\min}^T \tag{9-15}$$

式中　ΔG——减少的配重重量，N；

　　　T——转矩加载数值，N·m。

9.2 烧结系统仿真模型

应用多刚体仿真技术对台车执行牵引机构的运动情况进行运动仿真分析，不但可以直观了解到新型星轮与台车辊轮的动态啮合过程，而且还可以验证用平面力学分析得出的下台车列起拱的力学原因是否正确、力控制方法是否有效，得出机构内各零部件的受力、位移、速度和加速度关系，预测各零部件和整个机构的性能并改进其设计，为研制力控制装置和工业试验提供决策基础。

9.2.1 仿真步骤

悬挂在尾部星轮上的台车对星轮主轴产生的尾部星轮转矩 M、台车对尾部弯道水平推力之和 N_t、移动架所受水平阻力 $2F_\mu$ 不易用解析法计算和现场测量，并且在此基础上还需要确定转矩加载数值 T 和配重的减少量 ΔG。这些都给进一步对台车执行牵引机构进行多刚体力学仿真分析带来了困难，因此，设计仿真方法时采用以下三个步骤。

第一个步骤，仿真时固定尾部移动架。如图 9-1 所示，当尾部移动架固定时，台车对星轮主轴产生的尾部星轮转矩 M，除摩擦损耗外，全部转化为对下台车列的推力 F_n。由于对 F_n 的仿真计算比较方便，因此，可通过求解 F_n 间接得到 M 值。

第二个步骤，对自由运动的实际模型进行仿真，移动架所受水平阻力 $2F_\mu$ 不计，这样可以得到台车对尾部弯道水平推力之和 N_t。

第三个步骤，对已经加载的实际模型进行仿真，此时尾部移动架可在预定行程内运动。通过对尾部星轮主轴进行转矩加载和调整尾部配重的重量，实现减小尾部星轮对下台车列推力的目的。由于式（9-14）中仍然有一个不能确定的 F_μ 值，该值不易求解及测量，于是确定 T 值和 $\Delta G + F_\mu$ 值即可。他们具有无数组解，因此本步骤中需要借助第一个步骤中得到的 M 值和第二个步骤中得到的 N_t 值，得到一组能消除起拱且工程上容易实现的解即可。这需要多次仿真调整参数得到。

9.2.2 系统建模

机械样机系统是由若干个部件通过不同的运动副相互连接组成的，在实现其功能的运动过程中，各部分的相对位置、速度、相互作用力和动能等物理参数会发生变化。多体系统建模包括：确定坐标系及系统自由度、输入部件几何模型、完成力（力偶）、约束副的类对象定义等。

带式烧结机部件的几何建模是系统建模的重要部分。台车牵引执行机构的几何建模部分由偶数齿数变齿距的头部星轮、头部弯道、水平轨道、偶数齿数变齿距的尾部星轮、尾部弯道、尾部移动架和台车组成。

星轮由星轮轴及轴套、星轮轮辐和辐板、星轮支撑板和支撑块、星轮齿板连接块、星轮轮齿、星轮筒体等部分组成，星轮齿板及其装配体三维设计如图9-3所示。

图9-3　星轮齿板及其装配体三维设计

星轮筒体及装配体的三维造型如图9-4所示。

图9-4　星轮筒体及星轮装配体三维建模

图9-5是烧结台车的三维造型，图9-6是台车运行轨道的三维造型。

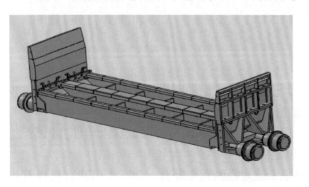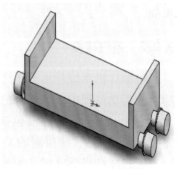

图9-5　烧结台车的三维建模

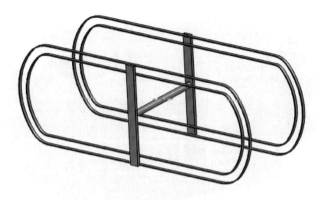

图 9-6 台车运行轨道的三维建模

偶数齿烧结机的三维模型导入后的用户界面 ADAMS/View，如图 9-7 所示。

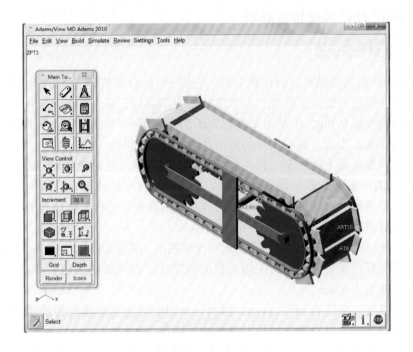

图 9-7 ADAMS/View 模块

然后对模型进行质量、约束等参数的设置。偶数齿烧结机要施加 1 个固定副，2 个旋转副，1 个运动驱动以及与台车相关的 88 个 3D-Contact。完成以上设置后，仿真模型已经成为数字化物理样机，图 9-8 所示为台车牵引执行机构在 ADAMS 中的数字化物理样机。

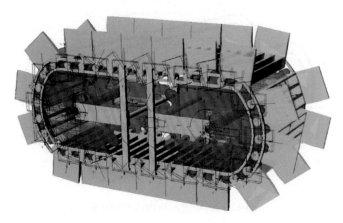

图 9-8　台车执行牵引机构仿真图

9.3　$60m^2$ 烧结系统仿真分析

9.3.1　关键参数设置

对 $60m^2$ 带式烧结机进行仿真分析，它属于 1m 台车机型。考虑到实际工况，台车增加了强度并加高了栏板，台车质量增为 2948kg，重力为 $W = 28890N$。台车内的矿料高度取 0.6m，于是台车容积为 $2.5×1×0.6 = 1.5m^3$。又烧结矿的密度为 $1.8×10^3kg/m^3$，因此，满载台车的重力约为 $W' = 55350N$。

挂在尾部星轮上的台车一共 4 台，一般 1 台满载，另 3 台空载，因此尾部星轮转矩 M 的产生既有载矿台车的贡献，又有空载台车的贡献。仿真时，不能根据台车自重进行仿真分析，而需要根据台车的折算质量进行。根据折算质量得到的台车折算重力为 $(3W + W')/4 = 35505N$。

由于烧结矿的料层较厚，台车的运行速度较小，其设计范围是 0.6~1.8m/min。但是为了更好地观察所关心的关键力值的周期性，在不影响力值大小的情况下，设仿真机速为 3m/min。

星轮基础圆半径为 1432.5mm，因此，可得驱动头部星轮旋转的运动驱动转速约为 2°/s。

星轮共有 18 个轮齿，每两个齿带动一辆台车，因此星轮对下台车列的推力 F_n 具有周期性。每个双联轮齿所占圆心角为 $360°/9 = 40°$，根据仿真机速，得出推力 F_n 的周期为 20s。为了节省计算时间，仿真时间取 40s。这个时间是推力 F_n 周期的 2 倍，可满足对机构各种性能进行分析的需要。

9.3.2　尾部移动架被固定的仿真分析

尾部移动架被固定时，尾部配重重力 G、移动架所受水平阻力 $2F_\mu$、台车对尾部弯道水平推力之和 N_t 对求解尾部星轮对下台车列的水平推力无影响。因此可得：

$$F_n = \frac{M}{R} \tag{9-16}$$

仿真时可得到星轮对下台车列的推力，于是借助式（9-16）可间接获得挂在尾部星轮上的台车对星轮主轴产生的转矩 M。图 9-9 所示为尾部星轮对下台车列的推力曲线图。

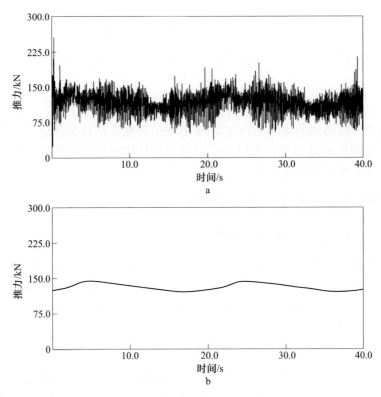

图 9-9　尾部星轮对下台车列的推力
a—原始曲线；b—滤波曲线

图 9-9a 为由仿真软件计算的原始曲线图。由于两物体之间施加了 3D-Contact 约束，力值振荡比较大，但初步可看出该曲线具有一定的规律性。

为了更加清楚的说明问题，将图 9-9a 的力值曲线滤波，可得图 9-9b 所示的滤波曲线。曲线中力的均值为 115.32kN，最大值为 125.95kN，最小值为 106.04kN。曲线具有周期性，周期为 20s。

根据式（9-16）可得到挂在尾部星轮上的台车及其内部烧结矿对尾部星轮主轴产生的尾部星轮转矩 M 值，如图 9-10 所示。曲线中转矩的均值为 165.2kN·m，最大值为 180.42kN·m，最小值为 151.9kN·m。曲线具有周期性，周期为 20s，并且 M 的数值比星轮对下台车列的推力 F_n 大 R(1.4325) 倍。

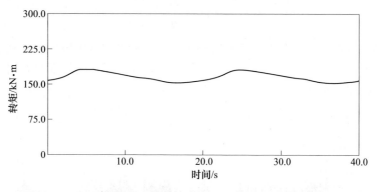

图 9-10　尾部星轮转矩曲线

　　该仿真方法得到的尾部星轮转矩 M 的均值和静态估计值接近，因此，采用这两种方法得到的 M 数值，均可为后续的仿真分析和尾部星轮主轴液压转矩加载装置的研制提供定性的参考。

9.3.3　尾部移动架不被固定的仿真分析

9.3.3.1　未施加力控制的样机仿真分析

　　令移动架所受水平阻力为零，即 $F_\mu = 0$，并且不施加力控制。尾部配重的重力为 70kN。仿真运行的可视化效果如图 9-11 所示，下台车列起拱可被清楚的显示出来。台车的干涉和异常磨损部位将产生在其上、下的两个端角，长此以往，当台车转到上轨道进行烧结作业时，将在此处产生漏风。

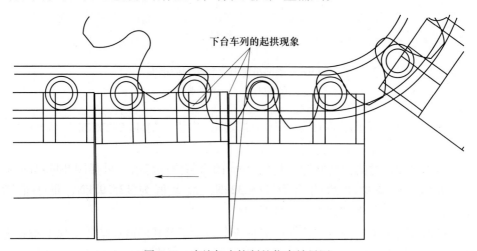

图 9-11　未施加力控制的仿真效果图

尾部星轮对上、下台车列的推力仿真曲线如图 9-12 所示。对上台车列的推力 F 在 12.02~20.73kN 范围内波动，均值为 16.57kN；对下台车列的推力 F_n 在 123.52~133.76kN 范围内波动，均值为 128.21kN。这两个推力的周期都是 20s。

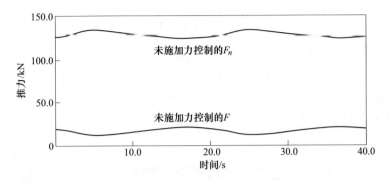

图 9-12   未施加力控制的 F_n 和 F 曲线

注意到这两条曲线的相位相反，因此两曲线相加，可得一条曲线，波动范围为 144.20~146.12kN，近似为一条直线；两曲线相减，亦可得一条曲线，波动范围为 102.83~121.63kN，均值为 111.64kN，如图 9-13 所示。

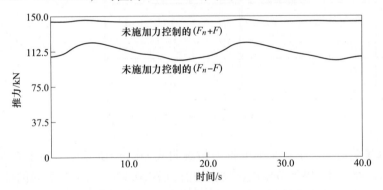

图 9-13   未施加力控制的 F_n+F 和 F_n-F 曲线

根据式（9-3），有 $\begin{cases} F_n + F = 2G - 2F_\mu - N_t \\ F_n - F = \dfrac{M}{R} \end{cases}$ ，而仿真时已经令 $F_\mu = 0$，因此这一步骤的仿真表明：

（1）台车对尾部弯道水平推力之和 N_t 的均值为 $2G - (F_n + F) = -4.78\text{kN}$，负号表明 N_t 实际方向与图 9-1 所标方向相反。由于该数值较小，对仿真过程中关键数值的影响很小，可忽略不计。

（2）下台车列的运行动力 M/R 值在 102.83~121.63kN 之间规律变化，与 $F_n = M/R$ 的值接近。

9.3.3.2　施加力控制样机的仿真分析

按式（9-13）~式（9-15）对样机施加力控制。因 F_μ 的值不经测试无法确定，故式（9-14）可改为 $F_n = \dfrac{M-T}{2R} + (G - \Delta G - F_\mu) - \dfrac{N_t}{2}$，并设：

$$G' = G - \Delta G - F_\mu \tag{9-17}$$

仿真时，经多次调整参数，得出的一组较理想且刚好可消除下台车列起拱的力控制数据：$G' = 44\text{kN}$，$T = 100\text{kN}\cdot\text{m}$。仿真运行的可视化效果如图 9-14 所示，下台车列起拱已经被消除。

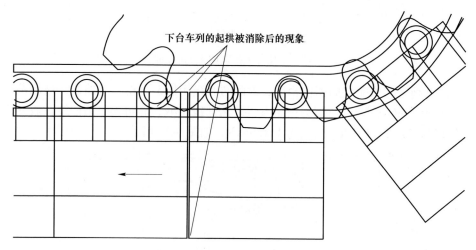

图 9-14　施加力控制的仿真效果图

尾部星轮对上、下台车列的推力仿真曲线如图 9-15 所示。对上台车列的推力 F 在 15.48~24.19kN 范围内波动，均值为 20.03kN；对下台车列的推力 F_n 在 59.27~68.04kN 范围内波动，均值为 63.39kN。这两个推力的周期都是 20s。

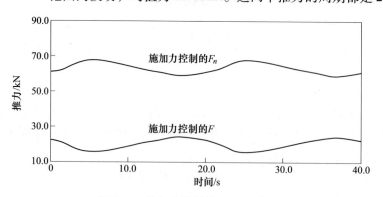

图 9-15　施加力控制的 F_n 和 F 曲线

同理，注意到这两条曲线的相位相反，两曲线相加，可得一条曲线，波动范围为 83.16~83.54kN，近似为一条直线。两曲线相减，亦可得一条曲线，波动范围为 35.10~52.55kN，均值为 43.36kN，如图 9-16 所示。

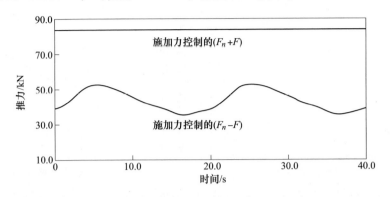

图 9-16 施加力控制的 $F_n + F$ 和 $F_n - F$ 曲线

这一步骤的仿真表明：

（1）施加力控制后，与图 9-12 相比，上台车列受到的推力 F 有所增大，这将提高上台车列之间的密封效果，减少漏风。

（2）F_n 的均值约为 63.39kN，该值对应下台车列不起拱可承受的最大推力 $F_{n,\max}^T$，比计算值大 4.7%，因此，$F_{n,\max}^T$ 的仿真值和计算值的差别不大。

（3）$F_n - F$ 的波动范围为 35.10~52.55kN，为 $F_{n,\min}^T$ 计算值的 2.35~3.52 倍，满足式（9-15）的要求。

（4）由于 F_μ 的方向与配重重力对尾部移动架的作用方向相反，在设计时，可不考虑其大小，而其力效应将体现在对 ΔG 大小的确定上。因此，给出了 $G' = G - \Delta G - F_\mu$ 的值，对于具体的带式烧结机，现场确定了 ΔG 之后可反推 F_μ 的值。

9.3.4 各类机型的综合仿真分析

带式烧结机台车的长度有两个标准，分别是 1m 和 1.5m，对应的辊轮轮距分别为 510mm 和 760mm。其他零部件如星轮、轨道、尾部移动架的结构和尺寸都要根据台车的长度及辊轮轮距确定。根据这一因素，带式烧结机可分为 1m 台车类型和 1.5m 台车类型，而烧结面积的不同，则是通过改变台车的宽度和带式烧结机的有效长度来实现的。

9.3.4.1 1m 台车的机型

图 9-17 所示为 1m 台车的带式烧结机的各力值曲线。图中的横坐标根据表

8-1 中的 1m 台车系列，以台车的折算质量表示，其范围在 2500~6000kg 之间变化。各分图的纵坐标分别以力值的平均值表示。

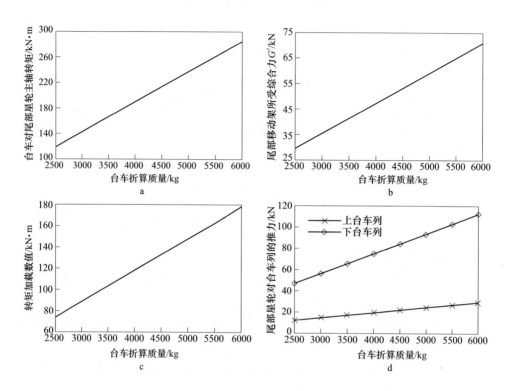

图 9-17　1m 台车带式烧结机的力值

a—台车对尾部星轮主轴转矩；b—尾部移动架所受综合力推荐数值；

c—转矩加载推荐数值；d—尾部星轮对台车列的推力

图 9-17a 显示的是台车折算质量与尾部星轮转矩 M 的关系。由于 1m 台车的新型带式烧结机星轮的基础圆半径和轨道曲线是通用的，忽略摩擦后，尾部星轮转矩 M 主要与台车折算质量有关，因此二者的关系为近似线性关系。

对 1m 台车的带式烧结机施加力控制，以消除起拱的力值，如图 9-17b 和图 9-17c 所示。图 9-17b 为尾部移动架所受综合力 G' 的推荐数值同台车折算质量的关系。图 9-17c 为转矩加载推荐数值与台车折算质量的关系。图 9-17d 为施加力控制后，尾部星轮对上下台车列的推力随台车折算质量的变化关系。

虽然能消除起拱的 G' 值和 T 值从理论上有无穷多组解，但是根据尾部星轮转矩与台车折算质量成近似线性关系，以及 1m 台车带式烧结机的星轮基础圆半径和轨道曲线的通用性，在对不同型号的带式烧结机仿真时，受控后尾部移动架

所受综合力 G' 的推荐数值、转矩加载推荐数值这两个关键力值与台车折算质量的关系仍然选择为近似线性关系，为今后的工程设计带来了便利。

9.3.4.2　1.5m 台车的机型

根据 1.5m 台车的结构尺寸，可确定这种机型的偶数齿数变齿距头尾星轮的齿形和台车轨道曲线，这是进行仿真的基础。1.5m 台车的新型带式烧结机，其尾部星轮转矩 M、施加力控制后的尾部移动架所受综合力 G' 的推荐数值、尾部星轮主轴的转矩加载推荐数值以及尾部星轮对上、下台车列的推力 F 和 F_n 这几个关键力值相对于台车折算质量的关系如图 9-18 所示。图中的横坐标根据表 8-1 中的 1.5m 台车系列，用台车的折算质量表示，其范围在 11000~18000kg 之间。各分图的纵坐标分别以力值的平均值表示。由于 1.5m 台车的新型带式烧结机星轮基础圆半径和台车轨道曲线的通用性，这些力值数据与台车折算质量关系也近似成线性，为今后的工程设计带来了方便。

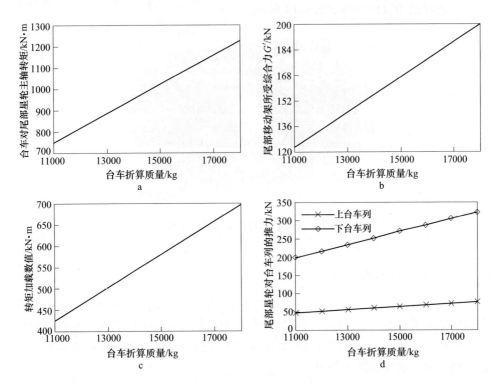

图 9-18　1.5m 台车带式烧结机的力值

a—台车对尾部星轮主轴转矩；b—尾部移动架所受综合力推荐数值；

c—转矩加载推荐数值；d—尾部星轮对台车列的推力

9.4 450m² 烧结系统仿真分析

9.4.1 关键参数设置

该模型中台车为 1.5m×5m。根据表 7-1，台车质量为 9580kg。台车内矿料高度取 0.6m，烧结矿密度取 $1.8×10^3kg/m^3$。尾部星轮上台车共 4 台，一般 1 台满载，另 3 台空载，因此，尾部星轮的转矩由四辆台车共同作用产生。仿真时，根据折算质量得到台车的加载质量。

台车容积为 $1.5 × 5 × 0.6 = 4.5m^3$；

满载台车质量为 $9580 + 4.5 × 1.8 × 10^3 = 17680kg$；

台车折算质量为 $9580 + 4.5 × 1.8 × 10^3/4 = 11605kg$。

带式烧结机运行速度较小，在不影响力值大小的情况下，设样机的仿真速度为 9m/min。为了节省仿真时间，仿真时间取为 10s。在此时间内样机运行完成一个周期。

设置好的仿真模型图如图 9-19 所示。

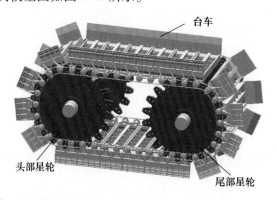

图 9-19   450m² 偶数齿烧结机样机模型

9.4.2 尾部移动架固定仿真

当尾部移动架固定，由于下台车列运动所需的力完全由尾部星轮上台车及台车内烧结矿的重力产生，因此星轮对下台车列的推力均由星轮上台车及台车内烧结矿的重力转化而来。对样机进行多刚体动力学仿真分析，烧结机尾部星轮对下台车列的推力曲线如图 9-20 所示。

图 9-20a 为尾部星轮对下台车推力仿真原始曲线图。对原始曲线进行拟合，如图 9-20b 所示。图中可以得到尾部星轮对下台车列推力的均值为 301.6kN，最小值为 270.2kN，最大值为 339.7kN，曲线周期性为 10s。

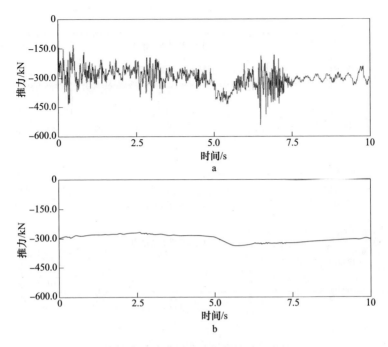

图 9-20　尾部星轮对下台车列的推力曲线

a—原始曲线；b—拟合曲线

9.4.3　尾部移动架不固定仿真

9.4.3.1　不施加尾部阻力矩的虚拟样机运动仿真

当尾部移动架不被固定时，令移动架所受水平阻力为零，并且不施加力控制。星轮转速为 3.6d/s，运动周期为 10s，尾部配重重力为 200kN，对模型进行仿真分析。尾部星轮对上、下台车列推力仿真曲线如图 9-21 所示。

图 9-21a 为未施加力控制时上下台车列推力原始曲线，图 9-21b 为原始曲线的拟合曲线。上台车列推力 F 波动范围为 7.3~47.0kN，均值为 35.8kN；下台车列推力曲线 F_n 波动范围为 322.4~383.7kN，均值为 342.6kN。从图 9-21 中可以看出，两条曲线的相位相反，幅值相近，若将两条曲线相加，则会得到一条近似直线。若将两条曲线相减，则会得到一条幅值为原来两倍的曲线。图 9-22 为未施加力控制的仿真效果图。

带式烧结机下轨道上，前辆台车后轮抬起，后辆台车顶住前辆台车，使前辆台车后轮无法与轨道接触，从而出现了较明显的起拱现象。而起拱的前辆台车对后辆台车沿端面向下的摩擦力，加剧了后辆台车的起拱产生。

从图 9-23 可以看出，将图 9-21 中两条曲线相加，得到了数值稳定的曲线，

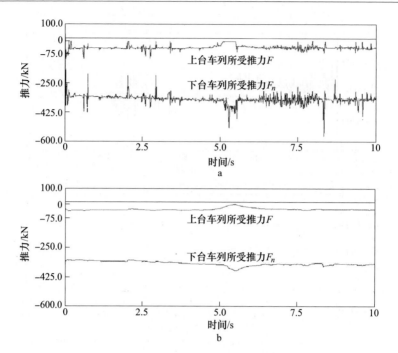

图 9-21　未施加力控制的 F 与 F_n 曲线

a—原始曲线；b—拟合曲线

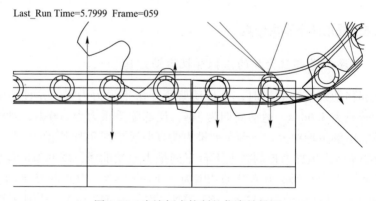

图 9-22　未施加力控制的仿真效果图

其波动范围为 372.4~383.1kN，均值为 378.5kN。两曲线相减，亦得到了一条曲线，其波动范围为 289.1~346.0kN，均值为 306.8kN。

仿真表明：

（1）尾部星轮对下台车列推力 $F_n - F$ 在 289.1~346.0kN 之间波动，与图 9-20 中推力值基本吻合。

（2）由式（9-9）、式（9-11）可以得到下台车列不起拱的阈值范围为 104.1~

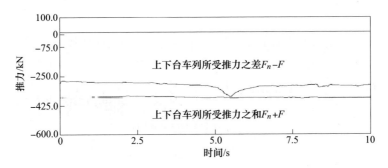

图 9-23　未施加控制的 $F_n + F$ 与 $F_n - F$ 曲线

254.5kN，而下台车列所受推力波动范围为 322.4 ~ 383.7kN，因此下台车出现了明显的起拱现象。

（3）根据公式 $F_n + F = 2G - N_t$，台车对尾部弯道推力之和 N_t 的均值为 21.5kN。该值相对较小，对仿真过程中关键数值影响较小，可忽略。

以上分析说明下台车列起拱是带式烧结与生俱来的弊病，必须采取措施消除。

9.4.3.2　施加尾部阻力矩的虚拟样机仿真

施加尾部阻力矩，需要同时对尾部配重进行调整，以达到带式烧结机最佳的运行状态。即在消耗最少能源的同时，达到消除下台车列起拱的目的。

经过多次调整参数进行仿真分析，确定当尾部配重为 115kN，尾部阻力矩为 450kN·m 时，对带式烧结机模型进行仿真分析的效果较为理想。其仿真结果如图 9-24 所示。尾部星轮对上台车列的推力 F 的波动范围为 33.9 ~ 51.0kN，均值为 44.6kN；对下台车列的推力 F_n 的波动范围为 160.2 ~ 194.2kN，均值为 178.3kN。这两个推力的周期均为 10s。

图 9-25 为施加力控制的仿真效果图，图中可以看出下台车列运行平稳，力值线大小及方向一致，下台车列未出现起拱现象。图 9-26 为施加力控制时，下台车列所受推力 F_n 与上台车列对尾部星轮推力 F 之和 $F_n + F$ 与二者之差 $F_n - F$ 曲线。

图 9-24 中两条曲线的相位相反，将两条曲线相加，可得到一条曲线，波动范围为 221.9 ~ 225.0kN，均值为 222.9kN，从图 9-26 可以看出，近似一条直线。两曲线相减，可得到一条曲线，其波动范围为 110.8 ~ 168.3kN，均值为 133.7kN。

这一步骤仿真表明：

（1）施加尾部阻力矩后，与图 9-21 相比，上台车列受到的推力 F 均值为 44.6kN，增大约 24.6%。增大的推力一方面可以提高上台车列的密封效果，减

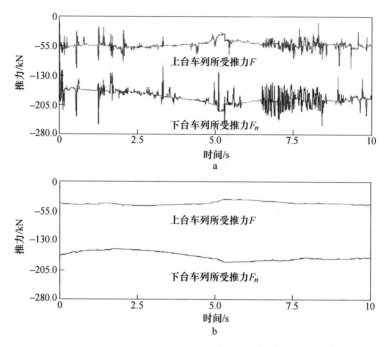

图 9-24　施加力控制的 F 与 F_n 曲线

a—原始曲线；b—拟合曲线

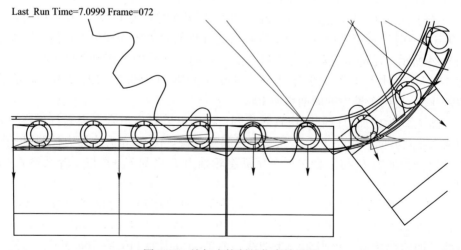

图 9-25　施加力控制的仿真效果图

少漏风的出现，另一方面将增大主电动机的驱动功率。

（2）下台车列所受推力 F_n 均值为 178.3kN，相对未施加尾部阻力矩时推力降低约 48.0%。减小的推力不但可以有效防止下台车列起拱的危险性，而且可以

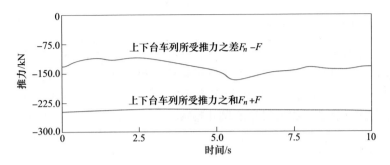

图 9-26 施加力控制的 F_n+F 和 F_n-F 曲线

减小台车之间的磨损，提高台车的有效使用时间。

（3）上下台车列所受推力之差 F_n-F 的波动范围为 110.8~168.3kN，差值为 57.5kN，与图 9-23 基本吻合。

9.5 偶数齿烧结机参数化设计

特征参数化设计是通过输入参数来确定具体模型，要建立模型首先要对描述模型的特征信息进行参数化。建模的方法有多种，其中基于实体建模的特征建模法是最为成功的，模型是由特征的信息组合而成，包括了物体的定位关系、尺寸形状等几何信息，同时还包括了精度、材料、工艺等方面的非几何信息。

9.5.1 偶数齿星轮参数化设计

新型烧结机星轮的参数化过程是通过编程生成一个人机交互的参数化界面，可以输入设计参数，在 SolidWorks 中生成三维图的过程。在 VB6.0 的环境中，通过对 SolidWorks2010 进行二次开发，利用参数化设计方法得到星轮数据结果，并通过一系列利用宏录制获得的建模指令在 SolidWorks2010 环境中实现新型星轮的三维建模，为新型烧结机虚拟样机的建立与运动仿真和对星轮齿进行应力应变分析做好准备。星轮参数化设计流程图如图 9-27 所示。

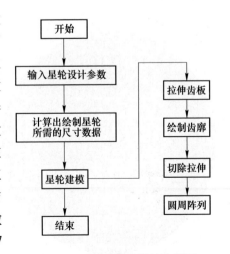

图 9-27 星轮参数化设计流程图

9.5.1.1　确定设计变量

首先，分析星轮的结构和建模特性，并根据用户在设计星轮图样的需求，结合星轮设计的关键尺寸约定，得到决定星轮尺寸和齿形的特征参数，有：烧结机台车型号，齿数 z，齿宽。选择出台车型号就已知台车的尺寸参数，输入这三个变量根据公式计算即可得出星轮的尺寸参数。

9.5.1.2　星轮绘制过程

通过 SolidWorks2010 的宏录制功能可以将星轮的绘制过程录制成代码，利用这些代码输入 VB6.0 程序中可以通过运行程序实现星轮的自动绘制。

（1）拉伸。先绘制一个直径为齿顶圆的圆，然后进行拉伸。

（2）绘制齿廓曲线。绘制曲线的精确与所取的型值点数量成正比，但是所取的样点不宜过多，如果样点选取过密，造型时容易出错，而且也会增加计算量。考虑到计算速度和齿廓精度这两个因素，选取了 10 个星轮齿廓曲线的型值点。绘制出的齿廓曲线如图 9-28 所示。

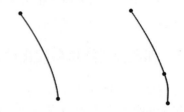

图 9-28　匀速齿齿廓与复合齿齿廓

（3）绘制齿沟圆。利用 SolidWorks 中的三点画弧的功能来绘制齿沟圆。如图 9-29 所示的几何关系可以求出齿沟圆这个圆弧的三点的公式，三点分别为两个端点和一个中点。利用辅助线对已有的齿廓曲线进行镜像可以得到齿形的另外一侧的齿廓，如图 9-30 所示。

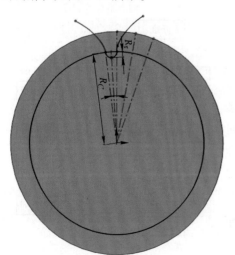

图 9-29　齿沟圆的绘制

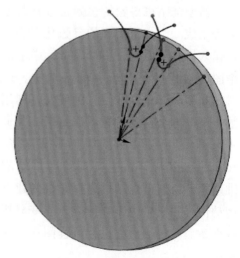

图 9-30　绘制齿廓曲线图

（4）星轮的生成。通过切除拉伸操作，得到轮齿，如图 9-31 所示。对切除拉伸进行圆周阵列，完成星轮的三维建模，生成的整个星轮造型如图 9-32 所示。

图 9-31　切除拉伸图

图 9-32　星轮的绘制

9.5.1.3　设计对象窗口

对象窗口中主要分为四个区域：设计变量输入区、齿形参数输出区、示意图区、命令按钮区。其中运用了 Lable（标签）控件，Textbox（文本）控件，Frame（框架）控件，ConnmandButton（命令按钮）、ListBox（列表框）、Image（图片）控件。

设计完成的对象框参见图 9-33 所示，在设计参数框中选择台车规格和齿数 z，

图 9-33　星轮设计界面

并且输入齿宽，点击绘制星轮按钮，即可以启动 SolidWorks2010，并自动绘制出满足设计参数的星轮三维图，点击齿形参数即可在齿形主要参数框中获取齿形数据。

9.5.2　偶数齿烧结机参数化系统设计

9.5.2.1　数据库的建立

在 Access 中新建表，分别将各种型号台车尺寸参数与国内各种型号烧结机参数填入表中，如图 9-34 和图 9-35 所示。

台车型号	有效宽度 b	车体长度 l	料封厚度 h	台车高度 a	密封板中心距 c	车轮直径 D	卡轮直径 d	卡轮中心距 e	轮缘间距 f	轮距 k	台车总宽 g	车体材料	台车总重
1×1.5	1502	1000	252	480	1450	200			1940	510		QT450-10	1.49
1×2	2020	1000	307	555	2005	240			2484	510		QT450-10	2.27
1×2.5	2500	1000	300	640	2600	240	170	3180	3402	510	3653	QT450-10	2.59
1×3	3000	1000	500		3140	240	170	3180	3770	510		QT450-10	3.9
1.5×3.5	3500	1500	500	900	3660	320	250	4340	4660	760	4904	QT450-10	5.9
1.5×4	4000	1500	500	760	4160	320	250	4840	5072	760	5340	QT450-10	7.2
1.5×5	5000	1500	600	1110	5190	360	250	5950	6268	760	5618	QT450-10	9.58

图 9-34　台车尺寸参数

型号规格	有效烧结面积/m²	台车规格	台车数量	有效烧结长度/m	头尾星轮中心距/mm	台车移动速度/m·min⁻¹	料层最大厚度/mm	设备最高产量/t·h⁻¹	星轮转速/r·min⁻¹	风箱负压/Pa	主电机功率/kW	台车质量/kg	机器总质量/kg
KSH050	50	1×2	70	25	33250	1.6~3.47	300	124	0.133~0.398	9807~10787	13	2.27×10^4	417×10^4
KSH060	60	1×2	81	30	36250	1.42~4.35	300		0.185~0.499	11768	18.5	2.27×10^4	485×10^4
KSH075	75	1×2.5	85	30	43245	1.42~4.35	300	135	0.185~0.499	11768	18.5	2.59×10^4	500×10^4
KSH090	90	1×2.5	97	36	49245	2.06~6.18	300	173	0.236~0.709	11768	22	2.59×10^4	516×10^4
KSH132	132	1×3	113	44	57250	1.5~4.5	500	198	0.154~0.462		30	3.9×10^4	835×10^4
KSH180	180	1×3	156	60	74350	1.5~4.5	500	250	0.154~0.462	12749	30	3.9×10^4	1200×10^4
KSH265	265.125	1.5×3.5	129	75.75	90350	2~6.18	500	360	0.154~0.462	12749	30	5.9×10^4	1700×10^4
KSH300	300	1.5×4	128	75	89600	2~6.18	500		0.154~0.462		45	7.2×10^4	2000×10^4
KSH360	360	1.5×4.5	140	80	98625	1.33~4			0.102~0.308		45	8.85×10^4	2200×10^4
KSH450	450	1.5×5	148	90	104600	1.9~5.7	600	625	0.147~0.441	17652	45	9.58×10^4	3680×10^4

图 9-35　带式烧结机基础参数

9.5.2.2　台车的参数化设计

新型烧结机参数化设计系统的首页如图 9-36 所示，可以通过菜单和快捷按钮选择，来实现不同的功能。图 9-37 所示为数据库台车设计界面。

9.5.2.3　轨道设计

图 9-38 所示为数据库轨道设计页面。

9.5.2.4　烧结机参考数据的调用

如图 9-39 所示，该界面操作与台车设计界面基本相同，通过单击表格中烧

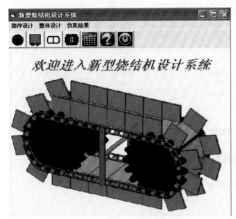

图 9-36 首页界面

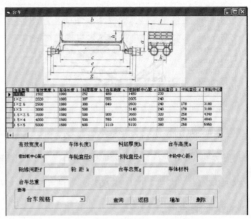

图 9-37 台车设计界面图

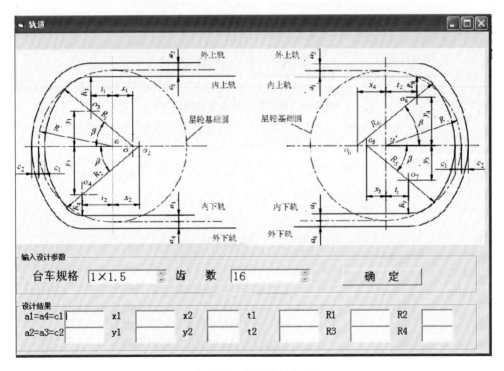

图 9-38 轨道设计界面

结机型号规格或者输入烧结机的型号规格之后点击查询按钮，即可显示出烧结机的工艺参数与尺寸参数，通过点击台车、星轮、轨道等按钮得到相应部件的尺寸参数以供设计使用。

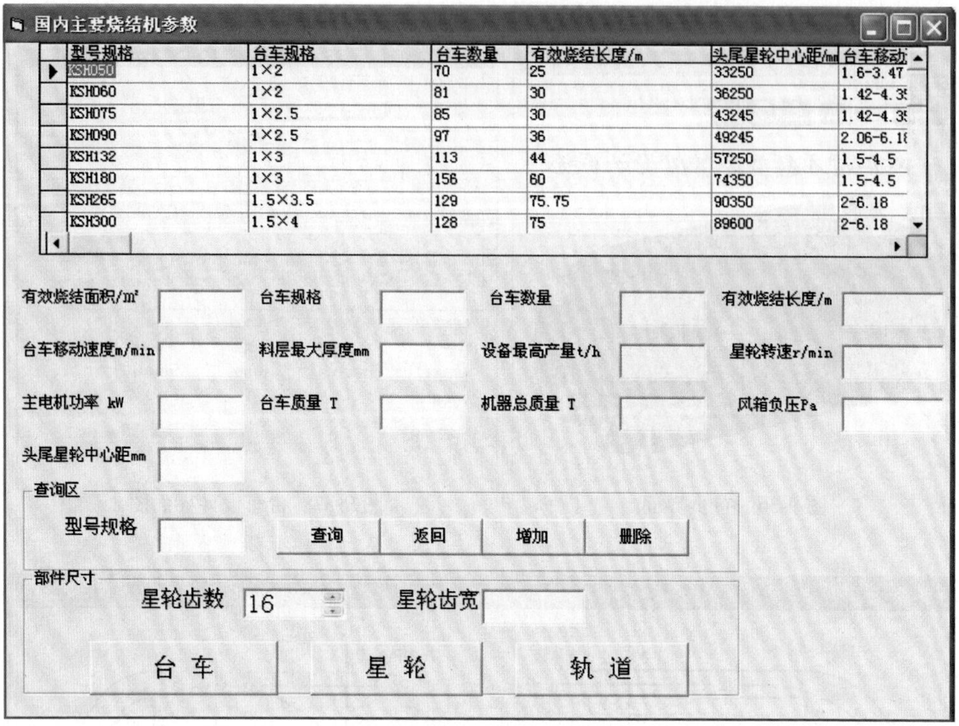

型号规格	台车规格	台车数量	有效烧结长度/m	头尾星轮中心距/mm	台车移动
KSH050	1×2	70	25	33250	1.6-3.47
KSH060	1×2	81	30	36250	1.42-4.35
KSH075	1×2.5	85	30	43245	1.42-4.35
KSH090	1×2.5	97	36	49245	2.06-6.18
KSH132	1×3	113	44	57250	1.5-4.5
KSH180	1×3	158	60	74350	1.5-4.5
KSH265	1.5×3.5	129	75.75	90350	2-6.18
KSH300	1.5×4	128	75	89600	2-6.18

有效烧结面积/m²　　　台车规格　　　　台车数量　　　　有效烧结长度/m

台车移动速度m/min　　料层最大厚度mm　　设备最高产量t/h　　星轮转速r/min

主电机功率 kW　　　台车质量 T　　　机器总质量 T　　　风箱负压Pa

头尾星轮中心距mm

查询区

型号规格　　　　查询　　返回　　增加　　删除

部件尺寸

星轮齿数　16　　　星轮齿宽

台 车　　　　星 轮　　　　轨 道

图 9-39　烧结机设计参数的调用

10 液压转矩加载装置及其实验研究

新型无起拱带式烧结机的关键技术有两个，第一个是高承载能力的新型偶数齿数变齿距星轮的研制，它主要解决台车速度的波动问题，对消除下台车列的起拱也有一定的作用；第二个是揭示了下台车列起拱的实质，提出了解决下台车列起拱的力控制方法。由于新型星轮已经制造，为了使产品具有市场说服力和竞争力，需要研发转矩加载装置对尾部星轮主轴进行转矩加载来验证力控制方法的有效性。转矩加载装置采用液压形式，称为液压转矩加载装置。

本章阐述了液压转矩加载装置的结构、工作原理；介绍了新型 $60m^2$ 带式烧结机在工业现场的星轮安装和运行检验以及对液压转矩加载装置所作的调试实验。

10.1 液压转矩加载装置的结构

10.1.1 液压加载技术的应用

液压技术是一门古老而又新兴的技术，发展到今天，已成为一门与其他学科相互关联、相互交叉的综合性学科，并且因其他技术发展而得以迅速发展。目前，液压技术已深入到各个领域，例如在钢铁工业、汽车工业、机床工业、国防工业、工程机械等中都采用了液压传动与控制装置。在钢铁工业中，液压传动技术广泛应用于轧钢、炼钢、炼铁和烧结工序。

液压加载技术一般应用于完成某种特定的工作，如应用于钢铁行业中钢坯的修复、机场中的飞机拦阻器等；或者成为某些实验装置提供和实际相似的工况对产品的性能进行检验，成为产品出厂的检验方法，如对拖拉机的性能进行检验，对轴承、变速箱、液压马达等产品的质量进行检验从而发现问题进行改进。从加载方式上分类，液压加载分为直线加载和圆周加载。其中主要是直线加载力，其执行元件是液压缸；圆周加载主要是加载转矩，其执行元件主要是液压泵。

10.1.2 液压转矩加载装置执行机构的选择

$60m^2$ 带式烧结机的尾部转矩加载属于圆周转矩加载范畴。这种液压转矩加载的目的是克服尾部星轮主轴的过剩转矩。

根据工况的需要，液压转矩加载装置是一个耗能装置。它消耗能量来实现对尾部星轮主轴的加载，消除过剩转矩，因此其执行元件应该选择液压泵。但是，尾部星轮主轴的转速非常低，设计转速范围一般在 0.1 ~ 0.7r/min；而且需要克服的过剩转矩又非常大，一般最小在 100kN·m 左右，因此即使加装增速器，也寻求不到合适的液压泵对尾部星轮主轴实施转矩加载。

近些年来，由于低速大扭矩马达具有良好的低速稳定性和启动效率、较高的传动效率和较大的低速转矩、较小的功率和结构尺寸比，低速大扭矩马达得到了较快的发展和应用，广泛应用于钢铁、采矿、船舶、港口、电力、化工等行业。例如，瑞典赫格隆公司生产的马拉松液压马达额定转矩可达 1310kN·m，额定转速为 8r/min，总重量达 10750kg，最高压力达 35MPa，排量为 253123mL/r，而且可以在泵的工况下长期运行。但是将这种类型的液压马达用于带式烧结机的尾部星轮转矩加载，从经济和安装方面考虑是极不现实的。为此，经过多种方案的比较，选择一个排量较小的低速大扭矩马达，再配以增速器作为转矩加载装置的执行机构。这种方案结构简单，安装方便，经济性好。

10.1.3　液压转矩加载装置与主机的联接

图 10-1 所示为加载装置的机械结构。

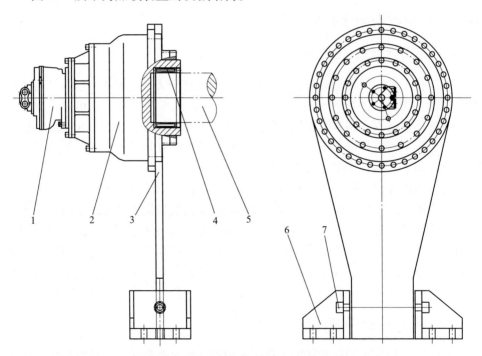

图 10-1　液压转矩加载装置的机械结构

1—低速大扭矩液压马达；2—增速器；3—平衡力臂；4—胀紧联接套；

5—被加载轴；6—底座；7—螺钉

低速大扭矩液压马达，可以长期以泵的工况运行而不减少寿命，其选型要满足工况要求。为了节约成本，在液压马达和尾部星轮主轴之间用增速器联接，增速比由需要加载的转矩和泵工况的低速大扭矩马达所能提供的转矩之比而定。其强度要与所传递的转矩匹配。液压马达和增速器刚性联接在一起，而增速器的壳体固定，中空轴旋转，因此其输入轴可通过胀紧联接套和被加载轴（光轴形式）联接在一起，拆装方便。在增速器的外壳上装有平衡力臂，用来将加载的力矩的反作用力矩通过螺钉和底座传递到机架或者地基上。

根据标准，选用 Z5 型的胀紧联接套（JB/T 7934—1999），因此增速器的中空输入轴的径向尺寸和被加载轴的径向尺寸公差均为 8 级；二者的表面粗糙度 $R_a \leqslant 1.6 \mu m$。

考虑到带式烧结机的规格和型号的不同，对其尾部星轮主轴的转矩加载数值也就有所不同。根据仿真计算所得到的结果（如图 9-17 和图 9-18 所示），对尾部星轮主轴的转矩加载范围为 75~700kN·m，为了减少投资和安装方便，将加载装置与主机的联接设计成四种形式，如图 10-2 所示。

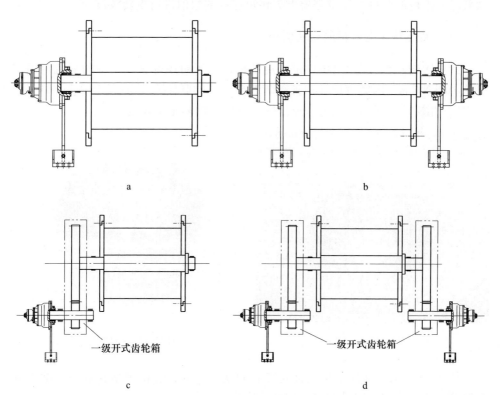

图 10-2 液压转矩加载装置与主机的联接

a—直接联接 I；b—直接联接 II；c—通过开式齿轮箱联接 I；d—通过开式齿轮箱联接 II

图 10-2a 为将液压转矩加载装置直接通过胀紧联接套与尾部星轮主轴一端联接，适合于中小型带式烧结机；图 10-2b 为将两台同规格的液压转矩加载装置直接通过胀紧联接套与尾部星轮主轴两端联接，可加载较大的转矩，适合中型带式烧结机；图 10-2c 为在一台液压转矩加载装置与尾部星轮主轴一端之间加装开式齿轮箱，其增速比一般为 2~4，适合应用于中、大型带式烧结机；图 10-2d 为在尾部星轮主轴的两端各有一台同规格的液压转矩加载装置和开式齿轮箱，齿轮箱的增速比一般为 2~4，适合应用于大型带式烧结机。

传统带式烧结机的尾部星轮主轴安装的长度不大于滑动轴承的端盖。但是，新型带式烧结机的尾部星轮主轴的轴向尺寸和结构要根据加载装置与主机的联接方式做出必要的改变，一般其轴向的一端或两端要超过滑动轴承的端盖。

对新型带式烧结机的尾部星轮主轴进行转矩加载，主轴的强度根据转矩大小而定：需要加粗主轴的直径，或者更换主轴的材料。主轴与两片齿轮之间一般采用两个钩头楔键联接，且楔键在圆周方向呈 120° 布置。楔键用上下两个表面传递扭矩，它与键槽上下表面的接触面积应不小于 75%。当对尾部星轮主轴进行转矩加载时，楔键的联接强度也需要根据转矩加载的数值进行重新效核。

10.1.4　液压转矩加载装置安装实例

针对国内外首台新型 $60m^2$ 带式烧结机，由于对尾部星轮主轴的加载转矩需要约 100kN·m，因此液压转矩加载装置与主机的联接方式选择图 10-2a 的形式。图 10-3 和图 10-4 所示分别为增速器的中空输入轴和胀紧联接套。

图 10-3　增速器的中空输入轴　　　　　　图 10-4　胀紧联接套

图 10-5 所示为尾部星轮主轴安装后的现场形式，它根据增速器中空输入轴和胀紧联接套的结构尺寸改变了轴向结构和尺寸。

图 10-6 所示为刚性联接在一起的液压马达和增速器总成。

图 10-5　尾部星轮主轴的形式

图 10-6　液压马达和增速器

　　图 10-7 为液压转矩加载装置机械部分的现场安装情况，由于安装结构上的调整，平衡力臂铅垂向上。

图 10-7　机械部分的现场安装

　　液压转矩加载装置机械部分的安装是越层安装，分别安装的主机的第四层和第五层，平衡力臂被遮挡不能看见。现场加载时，将图 10-1 中的螺钉 7 换装为压力传感器，通过测力仪测出力臂对压力头的压力 N_b，从而计算出加载转矩的大小。设力臂有效长度（从尾部星轮主轴中心线到螺钉中心线的距离）为 l_b，可得出加载的转矩数值为：

$$T = N_b l_b \tag{10-1}$$

　　用这种方法测得的加载转矩，比通过在尾部星轮主轴上安装扭矩传感器经济、操作方便，且相对于传感器的误差仅为 1%~2%；比通过由泵工况的液压马达的进出口压差计算所得的近似转矩值精确。因此，可将 T 值定为加载装置的实际加载转矩。

10.2　液压转矩加载装置的工作原理

10.2.1　工作原理

液压转矩加载装置的工作原理如图 10-8 所示。

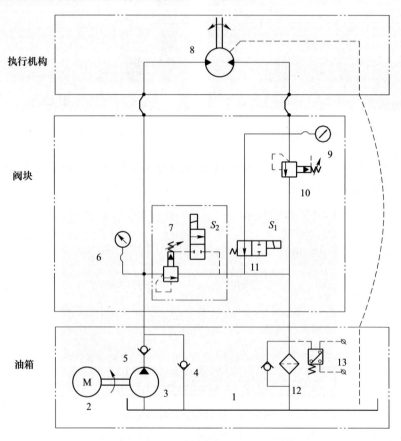

图 10-8　液压转矩加载装置的工作原理图

1—油箱；2—电机；3—液压泵；4，5—单向阀；6，9—压力表；7—先导型电磁溢流阀；
8—低速大扭矩马达；10—先导型溢流阀；11—电磁两位两通换向阀；
12—滤油器；13—压力开关（1WT）

低速大扭矩液压马达 8 在增速器的带动下以泵的工况运行。若油箱 1 低置，为防止吸空，增加电机 2、液压泵 3、单向阀 4 和 5；若油箱高置，以上所述的四个部件可去除不用。

作泵工况运行的马达 8 进口油压由先导型电磁溢流阀 7 调定，并由压力表 6 显示，设其压力为 p_1（MPa），该压力数值一般在系统正常运行后接近零压。

给泵带来负载的方法有节流加载和溢流加载。节流加载不能保证泵的出口具有恒定的压力，因此这种方法不能保证图中泵工况马达的进、出口压差恒定，从而不能保证马达以定值对被加载轴进行转矩加载。于是，在作泵工况运行的马达的出口设置先导型溢流阀10，手动调定马达出口压力，并由压力表9显示，其读数为p_2(MPa)。在施加转矩加载的状态，泵工况的液压马达可加载的理论转矩（N·m）为：

$$T_1 = \frac{(p_2 - p_1)V}{2\pi} \tag{10-2}$$

式中　V——泵工况的液压马达的理论排量，mL/r。

至于液压转矩加载装置所能提供的加载转矩，需要考虑增速器的增速比和各传动部件的各种效率而定。

工作状态时溢流阀10的功用是定压阀，阀口为常开，因此其寿命会受到一定的影响，为易损件，应定期进行检修和更换。在进行阀块的设计时应考虑溢流阀的更换是否方便。

由于带式烧结机主机是24h工作制，工况又十分恶劣，因此，为了确保液压系统具有足够的寿命，系统的工作压力，即压力p_2不易选定的太高，一般应在12MPa左右。

低速大扭矩马达进行转矩加载所消耗的能量，全部转化为溢流阀10的发热所产生的热能，使油温升高。因此，在进行油箱的设计时，或者根据发热量选择合适容积的油箱，或者加冷却器，以保证油温不超过70℃。

液压转矩加载装置的有、无转矩加载由电磁铁S_1和S_2控制，其逻辑关系见表10-1。

表 10-1　励磁表

动　作	S_1	S_2
马达悬浮	—	—
有加载	●	—
无加载	—	●

该逻辑关系以及电机的停转，指示灯、滤油器的报警等功能由电气系统控制，电气系统的工程图如图10-9所示，这里不再详细介绍。

10.2.2　液压转矩加载装置的主要液压元件

根据第9章的仿真计算知，液压转矩加载装置需提供100kN·m的转矩，为了增加安全系数，选型时的额定加载转矩定为120kN·m。

从液压系统的寿命和安全角度考虑，选定系统额定工作压力为12MPa。

系统其他元件如阀、油管、滤油器等的选择均与泵工况的低速大扭矩马达的

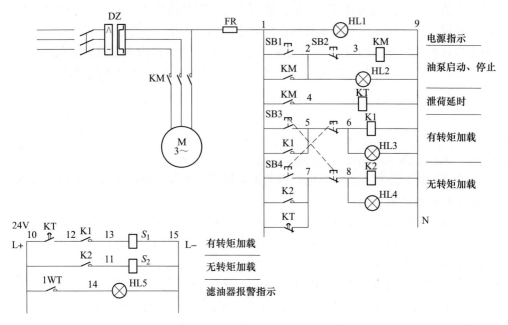

图 10-9   电气系统的工程图

流量有关。因此，下面主要介绍它的选择，以及为它供油的液压泵和驱动电机的选择。

10.2.2.1   泵工况的液压马达选择

从经济上考虑，选择宁波赫格隆液压传动有限公司生产的 INM2-350 型低速大扭矩马达。其主要性能参数见表 10-2。

表 10-2   INM2-350 马达的性能参数

理论排量 /mL·r^{-1}	额定压力 /MPa	尖峰压力 /MPa	额定转矩 /N·m	单位转矩 /N·m·MPa^{-1}	连续转速 /r·min^{-1}	最高转速 /r·min^{-1}	重量 /kg
347	25	37.5	1355	54.2	0.7~500	750	51

该液压马达可在泵工况下长时间连续运行，当进油口密封后马达可在自由轮工况下高速运转；可承受的工作压力高，最高压力可达 37.5MPa；额定压力下的容积效率 $\eta_v = 0.96$；重量轻，体积小，比功率高；结构简单，设计合理，采用负荷能力大的轴承；工作可靠，寿命长，噪声低；传动轴允许承受径向负荷，旋转方向可逆。

根据液压加载装置所选择的额定加载转矩、液压系统额定压力以及马达的性能参数，选择三级增速器作为泵工况马达和尾部星轮主轴之间的中间联接。增速

器的增速比为 $n_z = 4 \times 7 \times 7 = 196$。

新型带式烧结机尾部星轮主轴的最高转速为 $n_\omega = 0.2\text{r/min}$，此时，作为泵工况的 INM2-350 马达的输入转速为 $n_1 = n_\omega n_z = 39.2\text{r/min}$，在其连续转速范围内。泵工况的 INM2-350 马达的输入流量为 $Q = n_1 V = 39.2 \times 347 = 13602.4\text{mL/min}$。

转矩加载装置消耗的能量全部转化为液压油的热能，再考虑到系统中其他元件的发热损失，要选择一个较大的油箱。根据计算，油箱容积选择为 630L。

10.2.2.2 电机和液压泵的选择

为防止泵工况的马达吸空，增加电机和液压泵。可选定液压泵的供油压力为 2MPa，不考虑泄漏，液压泵的输出流量应等于 INM2-350 马达的输入流量，故液压泵输出的液压功率（kW）为：

$$P = \Delta p Q / 60 \tag{10-3}$$

式中　Δp ——液压泵的出、进口压力差，MPa；

　　　Q ——液压泵的理论流量，L/min。

液压泵的进口压力可视为 0MPa，因此，液压泵输出的功率为 0.45kW。考虑到液压泵的效率和电机的效率，选择一个额定功率 0.75kW，同步转速 1000r/min 的电机是足够的。

根据电机的转速和液压泵的理论流量，选择理论排量为 13.7mL/r 的叶片泵，能够满足生产时液压转矩加载装置的启动需要。

10.3 工业实验

10.3.1 工业实验的目的

为了检验新型无起拱带式烧结机的研制理论和设计方法是否成功，进行了工业现场实验，地点在钢铁公司的烧结现场。由于改变了核心部件头尾星轮的结构和尺寸，致使带式烧结机的多个零部件的结构和尺寸都作了相应的修定，不易在传统带式烧结机上作相应的改造。因此 2005 年立项，通过创新设计，为钢铁公司研制新型 60m^2 无起拱带式烧结机。由于这是首次在工业生产线上应用和实验新型带式烧结机的设计理论，这种立项的风险性极大。

工业实验包括两项目的：

（1）偶数齿数变齿距星轮的安装调试，主要解决台车的速度不均匀性问题以及减弱下台车列的起拱现象。由于星轮的结构和尺寸均有改变，因此本项实验的目的是观测改变了结构和尺寸后的各部件能否正常安装和运行，以及新型星轮能否满足预定的传动和啮合过程。

（2）安装和调试尾部星轮主轴的液压转矩加载装置，减轻尾部配重的重量，主要解决下台车列的起拱问题。本项实验的目的是验证下台车列起拱的力学原因是否正确,力控制方法是否有效,计算和仿真数值误差有多大。在此基础上,将液压转矩加载装置应用于工业生产。

10.3.2　变齿距头尾星轮的运行检验

偶数齿变齿距头尾星轮于 2005 年 10 月中旬运抵安装现场开始安装,安装的内容和要求与传统星轮相同。安装时注意的最大事项是安装新型星轮后,带式烧结机的中心距是否满足台车安装的要求。若不满足,则尾部移动架在台车的推动下会脱离其预定的轨道。图 10-10a 所示为星轮和台车安装完毕后,尾部移动架恰好在其轨道中心的现场照片。

待烧结机主机安装完毕后,2005 年 11 月 1 日举行了试车。试车时关于头尾星轮的主要内容是检验偶数齿变齿距的头尾星轮与台车的啮合情况,观察是否有干涉、是否有剧烈的磨损、尾部移动架是否被推出轨道等现象;观测台车列速度的波动是否减小或者消失。图 10-10b 所示为试车时偶数齿数变齿距的头尾星轮与台车辊轮列的现场啮合情况。

a　　　　　　　　　　　　　　　　　　　　b

图 10-10　星轮的安装与运行检验
a—尾部移动架的位置;b—偶数齿数变齿距星轮与辊轮的啮合情况

空转两小时,确认无问题并且本机的台车速度波动明显比其他传统带式烧结机台车的速度波动小之后,进行了热负荷实验:点火器点火,台车内铺矿。该实验主要是检验热变形后的偶数齿数变齿距星轮与台车的啮合品质以及尾部移动架在台车列热伸长后是否仍在其预定轨道上自由运行。

逐渐调整带式烧结机各参数,一周后,新型无起拱带式烧结机达到设计产量。

以偶数齿数变齿距星轮为其核心传动部件的新型 60m² 带式烧结机自投产至今已经成功运行多年,这表明偶数齿数变齿距星轮的设计理论、制造和装配方法、安装调试方法是成功的;围绕偶数齿数变齿距星轮所作的关于带式烧结机基本参数的改变是正确合理的；可起到减弱和消除传统带式烧结机台车速度的波动、减小下台车列起拱程度的作用。

10.3.3 液压转矩加载装置联合调试实验

10.3.3.1 调试实验的内容

在尾部星轮主轴上增加液压转矩加载装置并且减轻尾部配重的实验是有风险的，可能造成尾部移动架被推出轨道的现象。考虑到这一情况，这一部分的工业实验在偶数齿数变齿距的 60m² 带式烧结机成功运行至 2006 年 2 月中旬进行。2006 年 2 月 20 日液压转矩加载装置安装完毕，并于次日进行了调试和工业实验。本次调试和实验的主要内容包括：

（1）改变图 10-1 中受平衡力臂作用力一侧的底座和螺钉的结构，更换成压力传感器并能够通过测力仪读出平衡力臂对传感器测力头的作用力值，为用式（10-1）测得转矩加载值作准备。

（2）以泵工况马达悬浮的方式启动液压转矩加载装置至稳定状态，观察增速器是否运转正常，是否有不正常的振动。

（3）在逐步减轻尾部配重的同时，对尾部星轮主轴进行转矩加载，严密监视增速器和泵工况的大扭矩马达的运转情况，同时记录下泵工况的低速大扭矩马达的进、出口压差。

（4）监视液压系统的工作状况。

（5）监视尾部移动架的移动情况。

（6）由于液压转矩加载装置是一个纯耗能装置，因此需要严密监视驱动头部星轮的电机的电流是否超标，防止烧坏电机或者将减速器顶翻。

（7）监视增速器与尾部星轮主轴的联结部件胀紧联接套是否联结牢固。

（8）观察台车列的运行速度是否受到影响，下台车列的起拱是否消除。

10.3.3.2 调试实验的过程

为了调整方便，尾部配重由分块的厚钢板组成，每块的重力约 2500N。配重在带式烧结机的左、右两侧配备相同的数量，在未调整之前，每侧各配备 14 块，因此尾部配重的总重力为 70kN。

待装好测力仪，并且液压转矩加载装置在马达悬浮状态下正常稳定运行 10min 后，泵工况的大扭矩马达的入口压力 p_1 调为 0MPa。设置液压装置为加载状态，逐步调高图 10-8 中泵工况液压马达出口端的溢流阀 10 的压力，并且逐渐减少配重的块数。每次改变压力的间隔应该在 5min 左右，以便使系统稳定。

现场需要多人配合，分工对各内容进行记录和监视。由于距离较远，而且在车间的两个楼层进行记录和监视，需要配备器材保证通信畅通。

经过若干次调试实验，在各监视点部件工作正常，并且消除了台车起拱的情况下，各记录点的记录值见表 10-3。

表 10-3　观测数据

配重减轻累加量/kN	压力表 9 示值 p_2/MPa	测力仪稳定值 N_b/kN	机头主电机电流/A	台车起拱情况
0	0	0.75	21.4	存在
5	1	13.44	21.4	存在
5	2	26.17	21.5	存在
10	3	39.00	21.7	存在
10	4	50.91	21.6	存在
10	5	63.80	21.7	存在
10	6	76.45	21.9	存在
15	7	89.00	22.1	存在
15	7.5	95.33	22.2	存在
15	8	101.43	22.4	存在
15	8.5	108.15	22.3	存在
15	9	114.26	22.5	突然消失

10.3.3.3　实验分析

A　液压转矩加载装置的机械效率

由于新型 $60m^2$ 带式烧结机液压转矩加载装置平衡力臂的有效长度 $l_b = 1m$，于是根据式（10-1）及表 10-3 中第三列，随压力表 9 示值 p_2 变化的实际加载转矩数值 T 见表 10-4。

表 10-4　实际转矩加载值

压力表 9 示值 p_2/MPa	测力仪稳定值 N_b/kN	实际加载的转矩 T/kN·m
0	0.75	0.75
1	13.44	13.44
2	26.17	26.17
3	39.00	39.00
4	50.91	50.91
5	63.80	63.80
6	76.45	76.45
7	89.00	89.00
7.5	95.33	95.33
8	101.43	101.43
8.5	108.15	108.15
9	114.26	114.26

实际加载转矩 T 值和压力 p_2 的关系按照线性关系处理在工程上能够被接受且有足够的精度，因此根据表中数据，经过拟合，可得到 T 值关于 p_2 值的关系为：

$$T = 12.629p_2 + 0.64 \qquad (10\text{-}4)$$

根据泵工况的液压马达的理论加载转矩计算公式（10-2），以及增速器的增速比为 $n_z = 196$，可得到液压转矩加载装置所提供的理论加载值 $T_2(\text{kN} \cdot \text{m})$ 为：

$$T_2 = \frac{n_z T_1}{1000} = \frac{196 p_2 V}{2000\pi} = 10.824 p_2 \qquad (10\text{-}5)$$

若考虑泵工况的液压马达与增速器的机械效率，则有：

$$T = \frac{T_2}{\eta_m}$$

式中 η_m ——液压转矩加载装置的机械效率。

根据式（10-4）和式（10-5），可将 $\eta_m = \dfrac{T_2}{T} = \dfrac{10.824 p_2}{12.629 p_2 + 0.64}$ 视为机械效率，并且，实际转矩加载值可按式（10-4）计算。

机械效率曲线如图 10-11 所示。当下台车列的起拱消除后，机械效率 $\eta_m = 0.8523$。

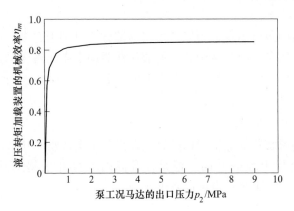

图 10-11　液压转矩加载装置的机械效率

B　液压转矩加载装置的容积效率与总效率

液压转矩加载装置的容积效率就是泵工况液压马达的容积效率，厂商提供的 0~10MPa 范围内的容积效率曲线如图 10-12 所示。

液压转矩加载装置的总效率为机械效率和容积效率的乘积：$\eta = \eta_m \eta_v$。由容积效率曲线得出，容积效率对液压转矩加载装置的总效率影响不大。

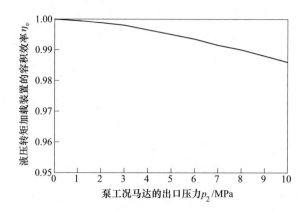

图 10-12 液压转矩加载装置的容积效率

C 液压加载装置消耗的功率

液压转矩加载装置是一个纯耗能装置，其消耗的功率（kW）为：

$$W_Q = \frac{2\pi n_\omega T}{60} \tag{10-6}$$

式中 n_ω——带式烧结机星轮的转速，取 0.2r/min。

当下台车列起拱消除后，将有关数据代入式（10-6），可得此时消耗的功率为 $W_Q = 2.4\text{kW}$。

从节约能量的角度出发，可以考虑将这部分能量利用起来。比如利用从液压转矩加载装置中的泵工况马达中泵出的液压油驱动中高速液压马达，然后由马达带动小功率发电机，将发出的电能用来照明、驱动小功率机械设备等。这有待于转矩加载装置的进一步完善。

D 机头主电机电流

液压转矩加载装置的能量消耗将反映在机头主电机驱动功率的增大方面，最终将反映出主电机电流的升高。但是，升高的电流并未超出其设置的跳闸值 30A，这种情况从表 10-3 中也可以看出。

E 配重减少量

配重的减少量为 15kN，根据式（9-17），此时 $G' = 55 - F_\mu$。由于仿真所得到的 $G' = 44\text{kN}$，因此只能推断本带式烧结机的尾部移动架所受到的水平阻力为 $2F_\mu = 2 \times 11 = 22\text{kN}$，至于其精确值仍需要寻求其他方法测得。

尾部移动架的水平阻力 $2F_\mu$ 取决于零部件的制造标准、装配水平、安装质量和现场使用情况，不同带式烧结机也有很大差别，因此只能在设计时考虑 G' 值的大小。

F 下台车列起拱情况

如表 10-3 所示，下台车列的起拱在尾部配重减少 15kN，泵工况的低速大扭矩马达的出口压力为 9MPa 时突然消失，此时尾部星轮对下台车列推力 F_n 值应为其阈值 $F_{n, \max}^T$。由于推力 F_n 值在没有下降到 $F_{n, \max}^T$ 值之前，下台车列的起拱必然存在，并且受台车运行姿态的影响和台车端面之间的很大的摩擦力，起拱程度不会减小，仍然维持原程度运行。

G 液压转矩加载装置所加载的转矩

起拱消除时，实际加载的转矩可视为 114.26kN·m，比仿真值 100kN·m 大14.26%，但并未超过液压转矩加载装置设计时的额定转矩。该误差一方面来自计算仿真和实际的差别，另一方面来源于对水平阻力 $2F_\mu$ 估计的不准，但其数值的不同在工程允许范围之内，可为新型带式烧结机今后的工程设计提供参考。

10.3.4 工业实验结论

对新型 $60m^2$ 带式烧结机所使用的高承载能力、偶数齿变齿距头尾星轮，以及由此带来的相关结构上的改变，经过近两年的运行检验，被证明是合理可行的。它使台车速度的波动得到了有效地缓解，并且为抑制下台车列的起拱做出了贡献。

在新型 $60m^2$ 带式烧结机尾部星轮主轴上加装液压转矩加载装置并且减少尾部配重，工业实验证明理论是正确和成熟的。但经过近一年半的运行检验，液压转矩加载装置还存在一些故障点。所幸当液压加载装置出现故障不能工作时，由于尾部配重的减少，尾部移动架并未被推出轨道。因此，还需对液压转矩加载装置作进一步完善和改进。

11 烧结新技术研究进展

<<<<<<<<<<<<<<<<<<<<<<<<<<<<<<<<<<<<<<<<<<<<<<<<<<<<<<<<<<<<<

目前,国内外烧结生产普遍采用的烧结设备是带式烧结机,各种烧结机型的结构设计年代都相对较早,至今有一百多年的历史。随着冶金工业不断向大型化、自动化的方向发展,传统烧结设备的生产能力与现代烧结生产之间不和谐的节奏越来越明显。我国烧结市场巨大,加之烧结设备价格昂贵,动辄上千万,因此通过关键技术改造升级的途径比较适合我国的国情,本章即从烧结设备存在的诸多问题出发,借助现代分析手段,对星轮齿板、台车装置等核心零部件展开研究。

11.1 烧结机星轮的热变形研究

装载有高温物料的烧结台车,其局部温度可达到1000℃以上。完成烧结工序的烧结矿在到达尾部星轮后卸矿,受高温烧结矿的辐射作用,头、尾星轮温度必然升高。在热应力的作用下,星轮齿廓曲线将发生变形,进而影响台车的运行姿态。本节通过星轮齿廓的热变形求解,讨论齿廓曲线的变形量对烧结系统运行平稳性的影响。根据烧结机星轮的工作特性,研究了温度变化导致的星轮热变形以及对齿廓形状的影响,建立了星轮基圆内温度场分布的数学模型,推导了热变形后星轮的实际齿廓曲线方程式,并得到评价齿廓热变形误差的参数,与传统的理论设计相比,该方法得到的结果更接近星轮在工作状态的实际情况,为分析烧结系统运行的不稳定性及后续星轮制造时的修形工作提供了参考,可有效改善星轮与台车的啮合情况,提高设备使用寿命。

11.1.1 星轮基圆内温度场分布

当烧结机工作一段时间进入稳定工作状态后,星轮基圆内的温度场已基本稳定。设星轮轮齿的初始温度为 t_0,稳定工作时温度为 t_1,星轮轴半径为 a,基圆半径为 b,根据导热微分方程有:

$$\frac{\partial T}{\partial t} = a\nabla^2 T + \frac{W}{C\rho} \tag{11-1}$$

星轮基圆柱内温度可看作是无内热源的稳态温度场,则简化为下面的拉普拉斯方程:

$$\nabla^2 t = \frac{\partial^2 T}{\partial x^2} + \frac{\partial^2 T}{\partial y^2} + \frac{\partial^2 T}{\partial z^2} = 0 \tag{11-2}$$

星轮本身为轴对称，可采用圆柱坐标系，则式（11-2）转化为：

$$\frac{1}{r}\frac{\partial}{\partial r}\left(\lambda r\frac{\partial T}{\partial r}\right)+\frac{1}{r^2}\frac{\partial}{\partial\theta}\left(\lambda\frac{\partial T}{\partial\theta}\right)+\frac{\partial}{\partial z}\left(\lambda\frac{\partial T}{\partial z}\right)=0$$

式中　λ——导热系数或热导率。

忽略星轮在轴向上的温度变化，假设温度只在径向 r 方向上发生变化，则基圆内的温度场简化为稳态、无内热源的一维导热问题，上式进一步简化为：

$$\frac{1}{r}\frac{\partial}{\partial r}\left(r\frac{\partial T}{\partial r}\right)=0 \tag{11-3}$$

边界条件为：

$$\begin{cases} r=a,\ t=t(a)=t_a \\ r=b,\ t=t(b)=t_b \end{cases}$$

将边界条件代入式（11-3）即可解得到星轮基圆内的温度分布：

$$t=t_a+\frac{t_b-t_a}{\ln(b/a)}\ln(r/a) \tag{11-4}$$

从式（11-4）可知，星轮基圆内的温度分布是关于径向尺寸 r 的对数曲线，温度分布仅为径向距离 r 的函数，即：

$$t=t(r) \tag{11-5}$$

11.1.2　星轮基础圆的热变形分析

为了讨论星轮的热变形问题，需要确立温度的变化和应力、位移之间的关系。星轮基圆的物理方程为：

$$\begin{cases} \varepsilon_r-\alpha t(r)=\dfrac{1}{E}\left[\sigma_r-\nu(\sigma_\theta+\sigma_z)\right] \\[2mm] \varepsilon_\theta-\alpha t(r)=\dfrac{1}{E}\left[\sigma_\theta-\nu(\sigma_r+\sigma_z)\right] \\[2mm] \varepsilon_z-\alpha t(r)=\dfrac{1}{E}\left[\sigma_z-\nu(\sigma_r+\sigma_\theta)\right] \end{cases} \tag{11-6}$$

式中　α ——物体的线膨胀系数，1/℃；

　　　ν ——物体的泊松比。

由于不考虑星轮轴向的变化，简化为平面应变问题，即：

$$\varepsilon_z=0,\ \sigma_z=\nu(\sigma_r+\sigma_\theta)-\alpha Et(r)$$

代入式（11-6）得：

$$\begin{cases} \varepsilon_r=\dfrac{1-\nu^2}{E}\left(\sigma_r-\dfrac{\nu}{1-\nu}\sigma_\theta\right)+(1+\nu)\alpha t(r) \\[2mm] \varepsilon_\theta=\dfrac{1-\nu^2}{E}\left(\sigma_\theta-\dfrac{\nu}{1-\nu}\sigma_r\right)+(1+\nu)\alpha t(r) \end{cases} \tag{11-7}$$

结合几何方程 $\varepsilon_r = \dfrac{du}{dr}$，$\varepsilon_\theta = \dfrac{u}{r}$ 和平衡微分方程 $\dfrac{d\sigma_r}{dr} + \dfrac{\sigma_r - \sigma_\theta}{dr} = 0$，联合求解得到位移和应力方程为：

$$u = \frac{1 + \nu}{1 - \nu}\frac{\alpha}{r}\int_a^r Trdr + C_1 r + \frac{C_2}{r} \tag{11-8}$$

$$\begin{cases} \sigma_r = -\dfrac{\alpha E}{1 - \nu}\dfrac{1}{r^2}\int_a^r t(r)rdr + \dfrac{E}{1 + \nu}\left(\dfrac{C_1}{1 - 2\nu} - \dfrac{C_2}{r^2}\right) \\[3mm] \sigma_\theta = -\dfrac{\alpha E}{1 - \nu}\dfrac{1}{r^2}\int_a^r t(r)rdr - \dfrac{\alpha E t(r)}{1 - \nu} + \dfrac{E}{1 + \nu}\left(\dfrac{C_1}{1 - 2\nu} + \dfrac{C_2}{r^2}\right) \\[3mm] \sigma_z = -\dfrac{\alpha E t(r)}{1 - \nu} + \dfrac{2\nu E C_1}{(1 + \nu)(1 - 2\nu)} \end{cases} \tag{11-9}$$

由边界条件 $\sigma_r|_{r=a} = 0$，$\sigma_r|_{r=b} = 0$ 代入式（11-9）确定积分常数 C_1、C_2，再代入式（11-8），得到星轮基圆内位移解为：

$$u = \frac{1 + \nu}{1 - \nu}\alpha\left\{\frac{1}{r}\int_a^r t(r)rdr + \left[(1 - 2\nu)r + \frac{a^2}{r}\right]\frac{1}{b^2 - a^2}\int_a^b t(r)rdr\right\} \tag{11-10}$$

将星轮基圆内的温度分布函数式（11-5）和 $r = b$ 代入上式并整理，即可求得星轮基圆的热变形量为：

$$u_b = b\alpha(1 + \nu)\left[\frac{b^2 t_b - a^2 t_a}{b^2 - a^2} - \frac{1}{2\ln(b/a)}\right] \tag{11-11}$$

11.1.3 烧结机星轮的热变形分析

11.1.3.1 星轮热变形分析

新型偶数齿烧结机星轮在结构上是复合齿与匀速齿相间排列，复合齿的齿廓曲线是关键，台车在头尾弯道进行转弯与摆平时的拉缝、追赶等过程都是由复合齿与台车辊轮的啮合来实现的。因此，本书主要针对复合齿的热变形问题，分析温度变化对齿形的影响，以此来考核烧结机运行机构的运行姿态。复合齿的齿廓曲线由三段组成：从齿沟圆到齿顶依次为等加速曲线、等减速曲线和渐开线。星轮齿廓的统一方程表达式见式（8-43）。

11.1.3.2 星轮齿廓的热变形求解

星轮齿在进入稳定工作状态之后，由于温度的变化产生热应力，在热应力的作用下，引起星轮基圆半径 R 在径向发生了变化，变化值可由上述式（11-11）计算给出。基圆半径 R 是对偶数齿烧结机星轮齿廓曲线进行设计的重要参数之一，它的变化必然引起齿廓上任意一点的坐标改变，如图 11-1 所示。

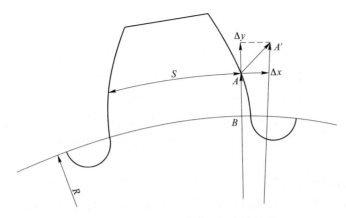

图 11-1 温度引起的齿廓坐标变换关系

在复合齿廓上任取一点 A，其在直角坐标系内的坐标为 (x, y)，受热应力作用，该点位置最终偏移至点 A'，设其坐标为 (x', y')，由图 11-1 中各点的几何关系可知，AA' 之间的变化量由两部分组成，一是半径方向的变化量 Δy，另一部分是复合齿在转角方向的变化量 Δx，由轮齿对称性可知，其值为齿厚 S 的变化量 ΔS 的一半，即：

$$\Delta x = \frac{\Delta S}{2} \tag{11-12}$$

设星轮齿的温度变化为 Δt，则齿厚变化量 ΔS 可表示为：

$$\Delta S = \lambda S \Delta t \tag{11-13}$$

在图 11-1 中，A 点与星轮圆心的连线交基圆于点 B，则径向变化量 Δy 可表示为基圆在径向的变化量 u_b 与齿高 AB 的变化量两部分之和，即：

$$\Delta y = u_b + \Delta AB = u_b + \lambda(y - R)\Delta t \tag{11-14}$$

热变形后齿廓上 A' 点的坐标方程为：

$$\begin{cases} x' = x + \Delta x \\ y' = y + \Delta y \end{cases} \tag{11-15}$$

将式（11-12）~式（11-14）代入式（11-15）并整理，即得到星轮热变形后齿廓上任一点在坐标系下的曲线方程：

$$\begin{cases} x' = x + \dfrac{\lambda S \Delta t}{2} \\ y' = (1 + \lambda \Delta t)y + u_b - \lambda R \Delta t \end{cases} \tag{11-16}$$

由上式可知，星轮热变形后的齿廓方程已经不满足式（8-43）给出的复合齿标准齿廓曲线方程，也就是在温度变化的作用下改变了理论齿形，于是最初设计的星轮复合齿实现台车等加速曲线、等减速曲线和匀速运动的齿廓曲线特性也必然产生波动，增加了烧结系统运行的不稳定性。

11.1.3.3　星轮热变形误差分析

随着科技水平的不断提高，对齿轮传动系统的精度要求日益增加。减振降噪是衡量齿轮制造水平的一项重要指标，为实现减振降噪，在传动精度方面要进行考虑。对于烧结系统的主传动系统来说，星轮齿廓在热变形之后将不再满足原始设计的运动方程，星轮轮齿与台车辊轮啮合的匀速运动特性也必将被破坏，这必将产生振动、噪声，进而影响星轮传动的精度与效率。这种有温度变化产生的星轮形状的偏差，我们称为星轮热变形误差。

为了更加直观地评价热变形对星轮齿形的影响，引入热变形误差的概念对齿廓热变形程度进行量化，通过定量描述，使得对齿形的分析更加科学与准确。

从图 11-1 可知，复合齿廓上任一点 A 经热变形作用后，其坐标变为 A'，两点之间的变化量 AA' 由径向和转角方向两部分组成，三者之间满足下面的向量关系：

$$AA' = \Delta x + \Delta y$$

根据图 11-1 所示三者之间的几何关系可知热变形误差 ΔE_T 为：

$$\Delta E_T = \sqrt{(\Delta x)^2 + (\Delta y)^2}$$

$$\Delta E_T = \sqrt{\left(\frac{\lambda S \Delta t}{2}\right)^2 + \left[u_b + \lambda(y - R)\Delta t\right]^2} \qquad (11\text{-}17)$$

由式（11-17）可知，热变形误差 ΔE_T 的值不仅与星轮的温差 Δt 有关，而且与星轮的基圆半径、齿厚及其变化量有关。

根据表 8-5 和表 8-6 计算该星轮齿廓热变形误差。在齿廓曲线上，从齿根到齿顶方向依次取多点计算热变形量，绘制得到图 11-2。由图可知，星轮齿廓的热变形量在齿高方向上为递增关系，其数值随齿高的增加而增加，且近似为正比例升高。

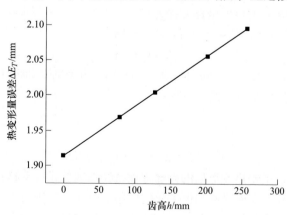

图 11-2　热变形量在齿高方向的分布

11.1.3.4 星轮热变形仿真分析

星轮复合齿廓温度场的软件分析结果如图 11-3 所示。由图中的温度分布曲线看出，温度分布沿径向，由星轮齿廓向星轮心部逐渐降低，表明环境热量的传递不足以使得整个星轮温度均匀，星轮基圆部分面积较大，散热较快，因此来自轮齿部分的热量大部分被散发出去，仅使得基圆温度发生少许变化。图 11-4 是复合齿廓沿弧长的温度分布曲线，数据提取自温度场求解后星轮齿廓上各节点的温度。图中数值较低的水平段是齿根向星轮中心的弧长部分，这部分属于基圆，温度较低，高温部分主要集中在齿顶部分。

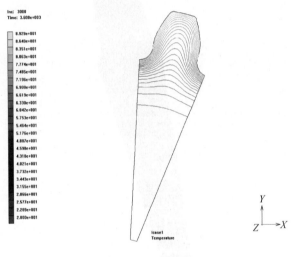

图 11-3 温度场分布图

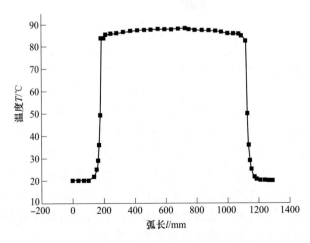

图 11-4 复合齿廓沿弧长的温度分布

图 11-5 是复合齿的 Von Mises 应力云图。由图中数据可以看出，热应力在整个轮齿的分布很不均匀，较高的应力值主要出现在轮齿部分，星轮基圆内的应力相对较小，可以忽略。应力最大值在齿根部分，最大值达到 82.6MPa，这个数值与材料的屈服强度相比虽然很小，不足以引起材料的破坏，但必须引起重视，当轮齿与台车辊轮啮合时，由于速度不一致造成冲击，冲击力与该部分热应力相互叠加，将有可能引起材料的局部失效，生产现场中，星轮齿根部分的飞边、异常磨损和塑性变形等损伤与该部分热应力数值的大小有一定关系。

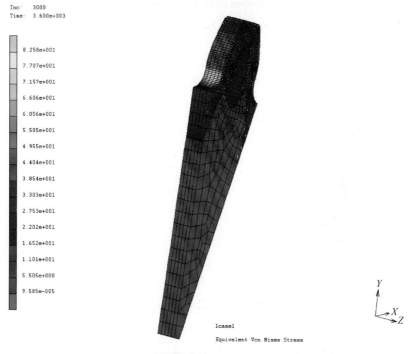

图 11-5　等效应力云图

　　图 11-6 是星轮复合齿廓上沿弧长方向的等效应力分布曲线，数据分别来自复合齿模型的表面层和中间层。由图中数据可知，不同层面上的热应力沿弧长的分布趋势基本相同，而在中间层数值较大，原因是和表面自由的表层相比，中间层受到更多周围粒子的约束作用而产生较大的应力。

　　图 11-7 是星轮复合齿廓热变形后的位移分布图，由图可知，星轮齿廓的热变形量沿着径向尺寸的增加而增大，在齿顶时达到了最大值 2.696mm，与前节中的理论计算结果相比，热变形的增长趋势相同，而数值偏大约 0.3mm，数值的差距说明仿真结果受材质特性、边界条件、温度应力以及仿真误差等因素的影响较大，但对于验证理论结果的正确性来说是可以接受的。

　　综上所述，星轮复合齿廓的热变形量相对于整个星轮直径来说，数值是很小

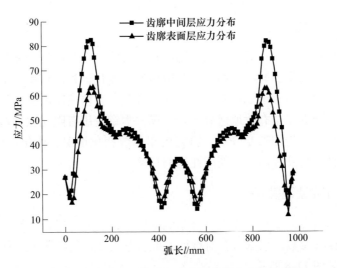

图 11-6　复合齿廓上沿弧长方向的等效应力分布曲线

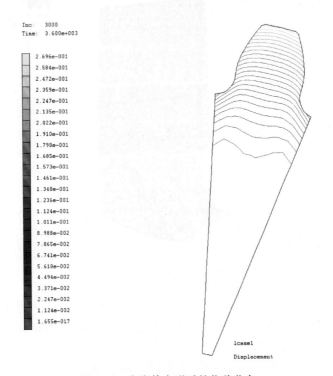

图 11-7　齿廓热变形后的位移分布

的，然而星轮的热变形导致复合齿廓的齿形改变，必将致使星轮与台车辊轮的啮合状态发生波动而不再保持匀速运动。

11.2　台车装置热变形仿真分析

台车工作环境恶劣，受台车内高温矿料的影响，台车体及侧壁处于一个周期变化的热状态，台车参数亦会在一定范围内发生变化，长期使用后会出现塌腰现象，严重时会发生塌腰卡阻，使生产中断。因此，直接使用冷态技术参数进行烧结星轮设计不能够完全有效地适应实际工况。本章应用有限元软件对台车侧壁进行热—结构耦合分析即蠕变分析，研究台车参数变化情况，优化星轮设计参数，改进星轮设计，达到提高星轮使用性能的目的。

11.2.1　台车侧壁建模分析

偶数齿星轮设计参数主要来自台车侧壁尺寸，因此针对台车侧壁进行有限元分析，修正设计参数。根据台车对称性，取台车 1/2 进行有限元分析，建立的台车侧壁模型如图 11-8 所示。

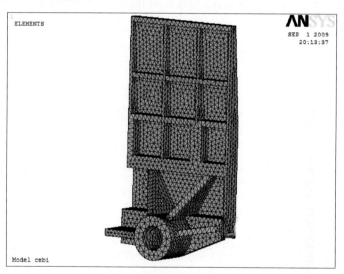

图 11-8　台车侧壁的有限元模型

台车侧壁模型较为复杂，因此对模型进行自由网格划分，对于热应力集中的位置采用细化网格的方法保证计算结果的精确性。划分网格后，模型共产生 17758 个单元，32095 个节点。

台车体材料与台车栏板材料完全相同，均为球墨铸铁。其材料特性见表 11-1。材料线膨胀系数与材料的种类有关，一般材料的线膨胀系数采用线性近似关系。通常材料的密度和比热容随温度变化不大，可认为是常数。因此，在不考虑材料的热物理特性随温度变化的情况，认为材料的线膨胀系数、比热容和密度保持不变。

表 11-1 球墨铸铁材料特性

弹性模量/MPa	泊松比	密度/kg·m^{-3}	比热容 J/kg·℃	线膨胀系数
1.6×10^5	0.25	7.8×10^3	670	15×10^{-6}

图 11-9 为台车侧壁热分布情况，图中可以看出，最高温度出现在栏板下部，台车侧壁的中部，约为 370℃。最低温度出现在侧壁的顶部和底部。从图 11-9a 中可以看出，台车侧壁存在筋板的区域，由于筋板加快了散热速度，温度相对较低，而不存在筋板的区域散热速度较慢，温度相对较高，因此出现了台车侧壁温度分布不均的现象。温度由最高区域向上下两侧递减，台车侧壁同一水平位置，由左至右（台车侧壁两端向内）温度逐渐升高。从图 11-9b 中可以看出，台车侧壁外侧由于存在强迫对流，外侧温度稍低于内侧温度。

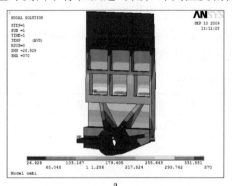
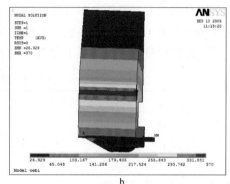

图 11-9 台车侧壁热分布图

a—外表面热分布；b—内表面热分布

带式烧结机烧结结束时，台车侧壁温度分布不均，因此需要对其进行热—结构耦合分析，以预测温度对台车侧壁结构的影响。台车侧壁 z 方向位移分布如图 11-10 所示。

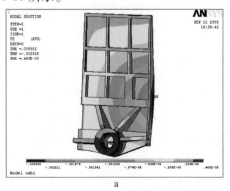
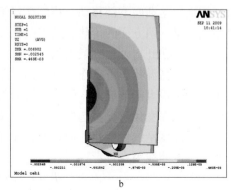

图 11-10 台车侧壁 z 方向位移分布图

a—外表面 z 方向位移分布；b—内表面 z 方向位移分布

重力场对台车侧壁的结构有一定的影响，但是相对温度的影响作用较小，因此可以忽略重力场的作用。对台车侧壁进行结构分析时，由于台车侧壁的温度梯度不是很大，因此，在忽略外力作用的情况下，可以假设其应变为线弹性应变。模型材质为球墨铸铁，其材质性质详见表 11-1。

对台车侧壁边侧进行位移约束，同时，将台车侧壁热分析中得到的结果作为结构分析的已知温度条件，施加到模型单元上进行结构分析。由图 11-10 可以看出，温度最高区域 z 方向最大位移量为 2.545mm，因此，在无外力作用下，整辆台车 z 方向的最大热膨胀量为 5.09mm，即台车长度 l 增大 5.09mm。台车设计长度为 1498mm，综合考虑各方面因素，可以采用台车设计长度 l 为 1503mm 作为偶数齿星轮的设计参数。同时在辊轮之间发生的最大热膨胀量为 0.364mm，因此在无外力作用下，整辆台车辊轮轮距的最大热膨胀量为 0.728mm。设计辊轮轮距为（760±1）mm，因此综合考虑各方面因素，可以取辊轮轮距为 760mm 作为偶数齿星轮的设计参数。根据以上分析，得到星轮设计参数，见表 11-2。

表 11-2　星轮设计参数

名　　称	台车长度 l/mm	辊轮轮距 b/mm	辊轮半径 R_r/mm
基础参数	1498	760±1	125
设计参数	1503	760	125

11.2.2　台车蠕变模型

11.2.2.1　台车体温度分布

台车上的混合料经点火器点火，烧结正式开始。烧结过程中，随着下部抽风机运转，空气将自上而下通过烧结原料，经过燃烧反应生成烟气并进入下面的风箱。此时烟气温度较高，穿过台车梁时，以对流的方式将热量传递给了主梁。同时，燃烧层逐渐向下部移动，烧结矿经箅条与隔热垫通过热传导的方式将热量传递给主力梁。两方面的传热导致梁的温度不断上升。随着烧结矿烧透，主梁温度不断增大，在卸料处达到最大值。

台车在高温状态下工作，其各组成部分又存在着较大的温差，因此，台车结构中会产生很大的热应力。研究热应力的大小，首先我们应知道台车主梁在工作状态下的温度变化情况。选取台车体主梁为主要研究对象，横向温度基本保持一致，纵向温度呈线性变化。通过对台车主梁实测证明，梁的温度在纵向呈抛物线分布，温度曲线为：

$$T(y) = ay^2 + by + c \tag{11-18}$$

如图 11-11 所示，分别选取上、中、下三点进行温度实测，得到上部温度为 t_1，中部温度为 t_2，下部温度为 t_3，代入式（11-18）求出：

$$a = \frac{2(3t_1 - 2t_2 + t_3)}{h^2} \tag{11-19}$$

$$b = \frac{t_1 - t_3}{h} \tag{11-20}$$

$$c = t_2 - t_3 \tag{11-21}$$

则台车主梁的温度分布曲线为：

$$T(y) = \frac{2(3t_1 - 2t_2 + t_3)}{h^2}y^2 + \frac{t_1 - t_3}{h}y + t_2 - t_3 \tag{11-22}$$

式中 h——台车梁高度，mm。

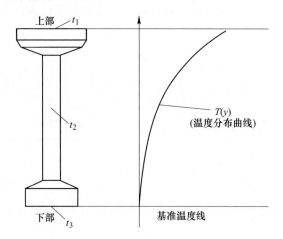

图 11-11　温度曲线分布图

当物体温度发生变化时，由于约束的存在导致其自由伸缩受到限制，内部产生热应力。根据热弹性理论，温度差引起膨胀变形，如果变形完全被约束，产生的热应力为：

$$\sigma = E\alpha\Delta T \tag{11-23}$$

式中 σ——应力，MPa；

E——弹性模量，MPa；

α——线膨胀系数；

ΔT——温度差，K。

11.2.2.2　台车体蠕变模型

对于工程中所用的球墨铸铁，在室温下蠕变通常很小，只在温度高于熔点30%的情况下才会有较为明显的蠕变变形，随着环境温度增加蠕变愈加明显。而对于球墨铸铁材质的烧结机台车而言，其工作环境恶劣，不仅承受自重、混合料重力、主风机的抽风负压等机械载荷作用,同时又受较高温度的烟气和烧结矿导热作用,这种工况严重影响台车的使用寿命,导致其在烧结一定时间后出现塌腰现象。

一般蠕变曲线可分成三阶段:

(1) 第一阶段为应变率随时间减少之瞬时蠕变期;

(2) 第二阶段为常数应变率之稳态蠕变期;

(3) 第三阶段为试件断面颈缩造成应变率随时间快速增加之破坏蠕变期。

蠕应变率与时间关系如图 11-12 所示。

蠕变为材料的重要机械特性之一,当材料产生蠕变时,其应变与时间关系可由图 11-13 说明。图中 $P_1 > P_2 > P_3$,其负载大小对其蠕变行为有明显影响,当负载越大其蠕变变形越快。

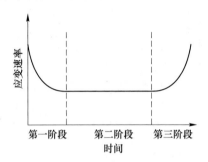

图 11-12　蠕应变率与时间关系

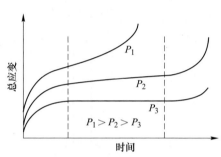

图 11-13　不同负载时蠕应变关系

一般而言,在单轴固定初始应力 σ_0 下的静态蠕变实验,可获得如图 11-13 所示蠕变曲线,可将蠕变行为中总应变 $\varepsilon(t)$ 分解为弹性应变与蠕应变,即:

$$\varepsilon(t) = \varepsilon_e + \varepsilon_c \tag{11-24}$$

当蠕变行为进入材料塑性区,则总应变 $\varepsilon(t)$ 可分解为:

$$\varepsilon(t) = \varepsilon_e + \varepsilon_{in} = \varepsilon_e + \varepsilon_p + \varepsilon_c \tag{11-25}$$

式中　ε_e——弹性应变;

　　　ε_{in}——非弹性应变;

　　　ε_p——塑性应变;

　　　ε_c——蠕应变。

其中,蠕应变 ε_c 可以用时间 t、温度 T 及应力 σ 的函数表示为:

$$\varepsilon_c = f(\sigma, t, T) = f_1(\sigma)f_2(t)f_3(T) \tag{11-26}$$

式中　$f(\sigma)$,$f(t)$——分别为应力函数与时间函数。

而通常对蠕变的模型都是基于应变速率,式(11-26)对时间进行求导:

$$\frac{\mathrm{d}\varepsilon_c}{\mathrm{d}t} = f_1(\sigma)f_2'(t)f_3(T) \tag{11-27}$$

式（11-26）中应力函数 $f(\sigma)$ 以及时间函数 $f(t)$ 通常采用几种假设，见表 11-3。表中 σ 为应力，n 为应力指数。Garofalo 关系式包含 Norton、Prandtl 以及 Dorn 三种类型函数特性。应用较多的蠕变理论有：时间硬化、应变硬化、双曲正弦理论。变动温度状况下则使用 Garofalo-Arrhenius 双曲正弦模型仿真温度相依的稳态蠕变行为。

表 11-3　应力函数与时间函数的假设

应力函数假设	$f_1(\sigma)$	时间函数假设	$f_2(t)$
Norton	$B\sigma^n$	Secondary creep	t
Prandtl	$C\sin(\alpha\sigma)$	Bailey	Bt^m
Dorn	$D\exp(\beta\sigma)$	Andrade	$(1+bt^{1/3})e^{kt}$
Garofalo	$A[\sinh(\gamma\sigma)]^n$	Graham and Walles	$\sum_j a_j t^{m_j}$
Friction stress	$B(\sigma-\sigma_o)^n$		

对应力函数 $f(\sigma)$ 取 Garofalo 假设：

$$f_1(t) = A[\sinh(\gamma\sigma)]^n \qquad (11-28)$$

球墨铸铁的主要蠕变变形阶段为第二阶段，即稳定变形区，蠕变速率为一恒定值，不随时间变化，所以取 $f_2(t)$ 为稳态蠕变假设，则：

$$f_2'(t) = 1 \qquad (11-29)$$

通常温度造成蠕变变形与材料内部分子振动造成分子链滑动及分子链结构改变相关，并且内部分子振动频率 v 与键节移动所克服势能垒相依。当无外加应力时其动态平衡成立，因此，在某分子振动频率时等数量分子键节移动所须克服势能垒可表达为：

$$v = v_0\exp\left(\frac{-\Delta H}{RT}\right) \qquad (11-30)$$

其中，$v_0 \propto \exp(VS/R)$ 为一材料常数，VS 为熵。此方程为 Arrhenius 方程式，可描述温度对于化学反应的黏滞性影响，因此蠕应变的温度函数 $f_3(T)$ 通常依 Arrhenius 方程假设为：

$$f_3(T) = C\exp(-Q/RT) \qquad (11-31)$$

式中　R——气体常数，其值为 8.314J/(mol·K)；

　　　Q——应变激活能，J/mol，反映材料热变形动态再结晶难易程度；

　　　T——变形温度，K。

最后，得出球墨铸铁蠕变模型为：

$$\frac{d\varepsilon_c}{dt} = A[\sinh(\beta\sigma)]^n\exp\left(\frac{-Q}{RT}\right) \qquad (11-32)$$

式中　A——结构因子；

β——双曲正弦乘子。

式（11-32）中，参数 A、β、n、Q 均与材料属性有关。同时，由表达式知最主要的影响因素为应力和温度，可改善其受力状态，减小应力，而温度由烧结条件决定无法对其进行改善。表达式为蠕变速率，缩短蠕变时间也可达到减小蠕变变形的目的。

11.2.3　台车塌腰仿真分析

首先，建立 1.5m×4.5m 台车三维模型求解不同物理场作用下台车的变形。根据实际设计参数，对台车体进行建模，如图 11-14 所示。本节主要研究部分为台车的主梁，而辊轮、密封装置及台车上下栏板属于非研究对象，为减小装配和网格划分困难，保留台车体结构，去除了其他装配件与部分圆角。

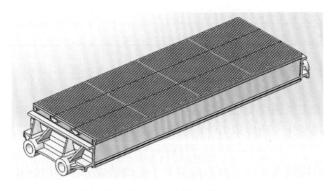

图 11-14　台车仿真模型

首先对台车进行静力学强度分析，判断台车是否已经进入塑性状态，若出现永久变形，则塌腰的原因可能是外载。然后分别对台车在温度场与耦合场作用下进行分析，查看温度以及温度与外载共同作用下对台车体变形的影响。最后对台车添加蠕变模型进行分析。

11.2.3.1　机械应力仿真分析

台车体主要承载部件是中间的两根主梁，大约 70% 的载荷都在它的上面，而承受载荷比较小的是两根副梁，对于端板、筋板，主要起密封、固定作用。

台车本身需添加重力，台车承受的外载荷为混合料的重量 G_1 与风箱抽风引起的负载 q，其中 $G_1 = 83349\text{N}$，$q = 15000\text{Pa}$。单纯机械载荷作用下的台车变形如图 11-15 所示。可知台车在竖直方向上的重力与外载荷作用下整体产生弯曲变形，最大变形量位于台车主梁中部，大小为 0.441mm，变形趋势符合简支梁受均布力的变形结果，由变形量可知台车主梁具有较大的刚度，单纯的重力变形远小于引起塌腰的变形。

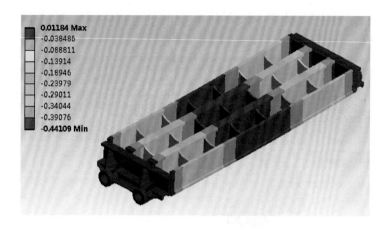

图 11-15　台车变形图

11.2.3.2　温度场作用结果与分析

为了得到瞬态温度场，用 Fluent 设定随时间变化的热源来模拟燃烧并进行数据传递，对台车本身相关面进行耦合，得到最终温度场。图 11-16 中能直接反应出台车体梁的温度场分布，中间主梁温度沿高度方向增加，上方温度较高是由于隔热垫的热传导，以及流经主梁较高温度烟气导致的。上下部温差导致横向温度云图基本成带状。耦合后台车最高温度位于横筋，即流动的烟气对其进行导热，导致横筋附近温度高于其他位置，除去横筋后最高温度为台车体上梁表面，温度为 310℃。

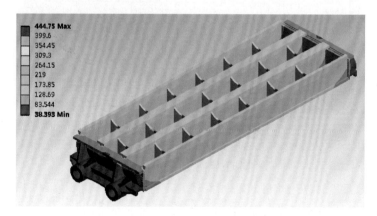

图 11-16　台车温度场

台车在高温状态下工作，其各组成部分又存在很大的温差，因此，台车结构中会产生很大的热应力。只有温度场作用时，台车梁上部温度高于下部，会使台

车出现变形。如图 11-17 所示，最大变形位于中部位置，向上挠曲变形量
为 3.782mm。

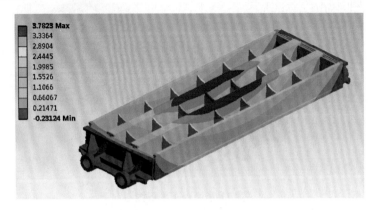

图 11-17　台车变形云图

11.2.3.3　耦合场作用结果与分析

由图 11-18 台车变形云图可知，热变形相对机械载荷变形起主导作用，整体
位移由下塌 0.441mm 转为上翘 3.131mm，最大变形位置为主梁中间面的上方，
从结果知热变形不但不会引起"塌腰"，反而会在反向有一定的变形。

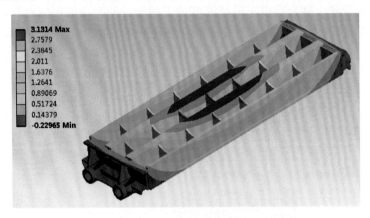

图 11-18　台车变形云图

11.2.3.4　蠕变变形结果及分析

根据之前求解的蠕变模型和温度场作为蠕变分析的材料参数和边界条件对台
车体进行蠕变分析，求解蠕变后的应力变形。添加台车重力与承受的外载荷，计
算时长为 10 年，蠕变变形结果如图 11-19 所示。图中显示主梁的变形由向上翘

的热变形转为塌腰，最大变形位于主梁中心下方，台车产生的塑性变形大小为13.054mm，这与烧结厂使用10年后的部分台车产生14mm塌腰变形结果接近。

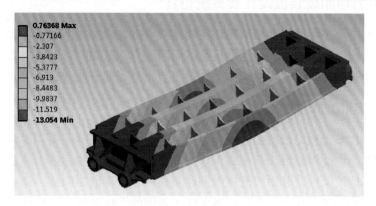

图 11-19　台车变形图

主梁各点热应力随高度自上而下的变化如图 11-20 所示，台车体主梁最大应力位于台车主梁上端与主梁下端，中性层应力较小。

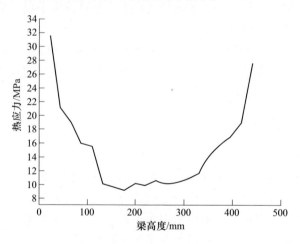

图 11-20　主梁热应力分布

综上所述，在对求解后的温度场施加机械载荷进行蠕变分析后主梁出现了塌腰现象，产生的永久塑性变形大小为 13.054mm，变形量与失效台车变形相近，即验证了蠕变是引起塌腰的原因。

11.2.3.5　台车改进方案

针对台车塌腰问题，提出如下改进措施：

（1）对高温工作的台车主梁要采用蠕变较小的制造材料，例如 QT500-7。

（2）对台车模型进行重新设计，例如设计成拱形台车体。

11.3　阻力矩加载装置设计及系统仿真

为了解决液压阻力矩加载装置在使用过程中出现的一些问题，需要对该装置进行深入研究。本节即在前述烧结机起拱原因的力学基础上，针对阻力矩加载装置的形式、液压系统的工作原理、系统仿真与分析等部分展开论述。

11.3.1　液压阻力矩加载装置系统建模

为解决台车起拱而研制的液压阻力矩加载装置，经实验证明，对解决起拱问题很有效，也说明该液压系统的工作原理亦是正确的。然而该系统在应用过程中存在着多处故障点，其中以管道的振动与噪声表现得最为明显。该系统在负荷加载时会产生较强的振动与响声，既恶化了周围的工作环境，又破坏了液压系统的工作性能，同时也使系统的关键部件使用寿命降低，增加了备件成本，维修与更换部件又需要烧结系统生产中断，影响企业的生产节奏，当液压系统出现突发故障时有可能导致功能失效，出现重大的生产事故。为从本质上解决此问题，本章应用系统仿真技术，建立该系统的仿真模型，通过仿真手段，为解决该系统的振动和噪声的问题提供数值参考。

在整个液压阻力矩加载装置中，核心部件是做泵工况的马达和先导溢流阀，特别是溢流阀，整个系统的工作压力由其控制，其工作状态的好坏直接影响到该系统的稳定性以及烧结机起拱问题的解决程度。

11.3.1.1　溢流阀仿真模型

先导溢流阀的作用是确保系统的压力保持为一指定的恒定值，在这个压力的作用下，液压马达内产生一个作用在星轮主轴上的反转阻力矩，在这个阻力矩的作用下，抵消尾部星轮对下台车列的过剩推力，进而消除起拱，因此，先导溢流阀的工作状态将直接决定整个液压阻力矩加载装置的工作效果，所以必须严格按照选定的溢流阀结构形状、物性参数等来构建溢流阀模型，以期得到最接近真实状态的仿真结果，为解决液压系统提供可靠的数据。

图 11-21 为最终构建的先导溢流阀模型。为了保证溢流阀模型的准确性，对溢流阀进行元件仿真，把系统信号设置成阶跃信号，使用流量转换单位对该信号进行处理，得到系统的油液流量信号。该溢流阀的额定工作压力设为 12MPa，仿真时将其工作压力（开启压力）调定为 11MPa，运行仿真软件，得到溢流阀的压力曲线如图 11-22 所示。从仿真图中可以看出，溢流阀在仿真时间内，其工作压力稳定在仿真前设定的 11MPa，与期望的效果一致，验证了该模型的建立是成功的，具有可行性。

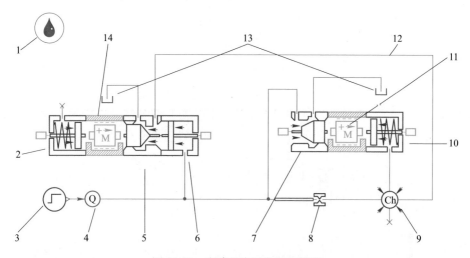

图 11-21 自建的先导溢流阀模型

1—油液属性模块；2—弹簧模块；3—输入信号源；4—流量转换单位；5—导阀；6—导阀的前腔；
7—主阀体；8—阻尼孔；9—主阀后腔等效容积；10—主阀的弹簧模块；11—主阀等效质量块；
12—油液管路；13—回油箱；14—导阀等效质量块

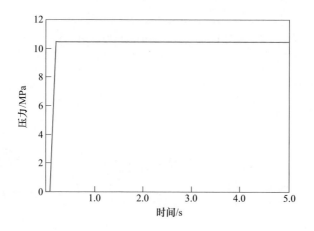

图 11-22 先导溢流阀压力仿真曲线

11.3.1.2 系统仿真模型

考虑到该系统的工作压力大、冲击大的工作特性，在原有液压系统原理图中，液压马达与先导溢流阀之间加装蓄能器，如图 11-23 所示。阻力矩加载装置的液压仿真模型由 AMESim 软件的草图模块完成创建，图 11-24 给出了所建立的系统仿真模型，其中先导溢流阀模型采用自建的超级元件。

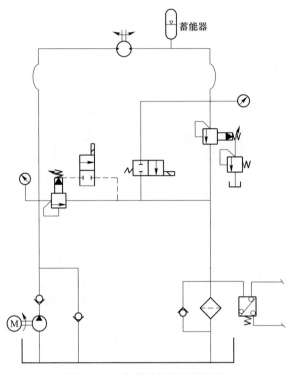

图 11-23   改进后的液压原理图

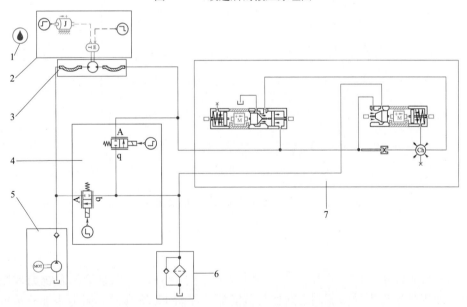

图 11-24   液压阻力矩加载装置的仿真模型

1—液压油液属性模块；2—尾部星轮模拟模块；3—低速大扭矩马达；4—控制机构；
5—供油系统；6—回油系统；7—先导溢流阀

11.3.2 系统振动原因分析与对策

11.3.2.1 液压系统振动原因

振动与噪声的影响因素众多，原因相当复杂，在液压系统中通常存在有多处振动和噪声源，非止一处。然而最终反映出来的往往是其合成值，很难判断其本质原因。一般情况下，液压系统的噪声来源无非是机械系统动力部分（液压泵、电机、液压阀等）的机械噪声和流体噪声（管路）两大方面。

通常，整个液压系统中最容易产生振动和噪声的液压元、部件就是液压泵或马达。由液压泵引起的系统振动和噪声的根本原因有两方面因素，一是系统部件的机械振动所产生，此类噪声可通过机械固定措施或安装减振垫来弱化；另一原因是系统内的油液压力波动和流量的急剧变化所导致的。

液压泵产生振动与噪声是由其本身的工作特性决定的。吸油和压油是其基本工作步骤，在此过程中压力和流量呈现周期性变化规律。这一周期性流量与压力变化最终引起流量和压力脉动，液压泵各部件在该种脉动作用下产生振动，而泵体的振动又引发管路内的流体波动，经由液压泵的出口向系统管路各处传播。在液压系统管路动态特性的作用下，液压泵便产生振动与噪声。

溢流阀是液压系统内保证工作压力并且防止系统过载的一个重要元件，但其同时亦是引起系统振动的一大根源所在。在其工作时，管路压力的作用使阀体内油液的流量、方向以及背压产生变化，致使溢流阀各元件产生振动，部件振动反过来又加剧了流量的振动。在特定条件下，管道、泵、阀之间的压力流量等共同作用，会使整个系统持续产生振动和噪声。当液压管道的长度尺寸接近容易诱发共振的管道长度时，系统即产生共振。

对液压系统的管路来说，其振动和噪声主要是由于管路受到高压液体的激振、油液的流速、压力的突然变化以及气穴等原因而产生的，流体噪声占相当大的比例。

11.3.2.2 液压系统噪声的治理措施

为了尽量降低噪声，需从实际出发调查噪声的具体来源，通过液压系统声压级的测量和分析处理以及频率分析等，全面把握噪声的规模和噪声频率的特点，针对其症结所在，采取对应的措施加以解决，下面列出几种常用办法：

（1）在电机选型时尽量选用低噪声系列的产品，其联轴器的选取亦应使用弹性类元件，尽量少用或不用刚性联接式，以降低此处可能导致的振动和噪声；

（2）对于一些噪声较大的污染源上采取减振措施，比如电动机、液压马达和各种液压阀，这些是液压系统内产生噪声的主要来源，可以通过在其安装面上布置防振胶垫来提前预防其产生；

（3）液压管路亦是一大噪声振动来源，为减少振动产生的可能性，尽量使用集成块来代替；

（4）对于由压力脉动导致的振动，可根据其具体特点，选用适合的措施加以解决。例如对于低频噪声，可通过安装蓄能器加以吸收，一般情况下，10Hz以下的噪声都可以消除；而对于高频率噪声，采用液压软管也可以有效地解决；

（5）个别噪声大而且不易消除的噪声，比如液压泵噪声，亦可以在其上安装隔声罩来达到降低噪声的目的；

（6）对于气动装置，可以在系统中安装放气装置来控制噪声。

综上所述，并结合本装置的实际工况考虑，首先在该系统中增加蓄能器及阻尼系统以吸收部分脉冲振动和噪声，另外，考虑到液压马达的排量较大，因此要加大液压管路的内径，通过降低流速来调节系统的冲击，下节任务即着重考虑这两方面因素来对整个液压系统进行仿真。

11.3.3　阻力矩系统仿真分析

11.3.3.1　系统压力仿真

根据前述的相关计算结果，在消除台车列起拱现象时液压阻力矩加载装置的基本工作参数见表 11-4。

表 11-4　液压系统的基本参数

参数	系统工作压力 p/MPa	流量 L/L·min^{-1}	马达输出扭矩 T/kN·m	仿真时间 t/s
取值	9	6	100	30

对液压阻力矩加载装置进行仿真时，要依据系统实际的工作状态设定参数，并进行仿真。设定仿真时间为 30s，前 10s 系统在无加载的状态下运转，尾部星轮进行阻力矩加载，系统工作压力安装 3MPa、5MPa、9MPa、12MPa 的递增顺序进行加载。相应的设定先导溢流阀的工作压力与系统压力保持一致，仿真结束后查看仿真结果。

马达在各压力下的加载情况如图 11-25 所示。由图可知，系统调定压力为3MPa，马达输出压力在 17~32MPa 之间有波动，周期不明显（如图 11-25a 所示）；系统设定工作压力为 5MPa 时，液压马达的输出压力值在 35~50MPa 的范围内波动，表现出一定的规律性，其变化周期大约为 5s（如图 11-25b 所示）；当工作压力设定在 9MPa 大小时，液压马达的输出压力值在 42~91MPa 之间有规律的波动，变化周期大约为 5s（如图 11-25c 所示），此时马达输出的转矩可以抵消过剩转矩；当调定压力为 12MPa 时，马达输出压力在 44~120MPa 之间波动，变化周期约为 5s（如图 11-25d 所示），此时为系统工作的最高压力，系统内的压力波动也最为剧烈。

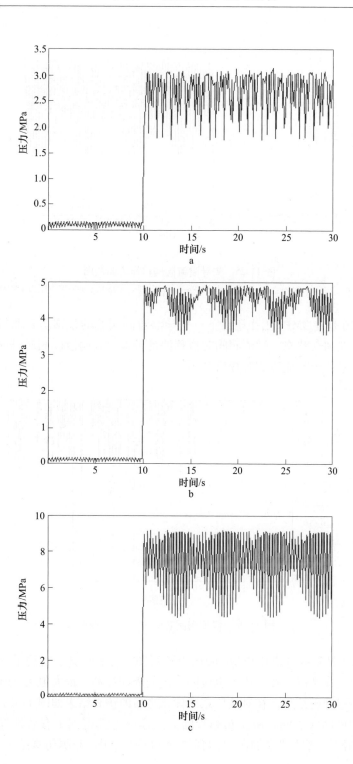

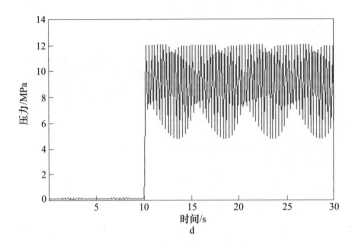

图 11-25　先导溢流阀阀口压力曲线图

a—工作压力 3MPa；b—工作压力 5MPa；c—工作压力 9MPa；d—工作压力 12MPa

　　图 11-26 是在 9MPa 工作压力下，先导溢流阀阀芯的位移仿真曲线，由图中数据可知，在加载状态，溢流阀阀芯位移波动较大，表明溢流阀时开时闭，马达输出压力的不稳定造成溢流阀频繁开闭。

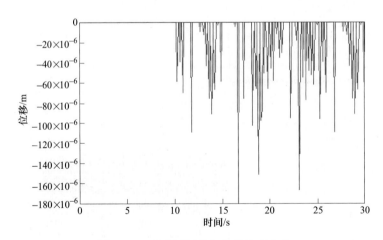

图 11-26　溢流阀阀芯的位移仿真曲线

　　图 11-27 是系统管道在 9MPa 的压力仿真图，由图可知，管道的压力变化情况和马达的工作情况一致，压力也按照一定的周期波动，最大值为 9MPa。

　　按照前述分析结果，在对液压系统优化之后的仿真结果如图 11-28 和图11-29 所示。两图中曲线表明，溢流阀和管路的工作压力都得到了有效地控制，压力波动基本消除。蓄能器中的压力仿真如图 11-30 所示。根据仿真结果可以看出，

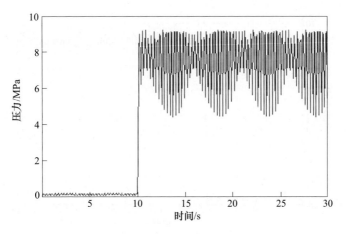

图 11-27　管路内压力仿真曲线

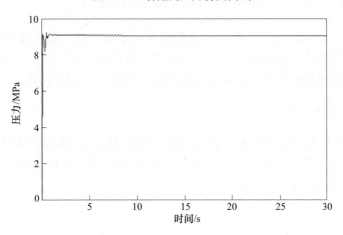

图 11-28　优化后的先导溢流阀阀口压力曲线图

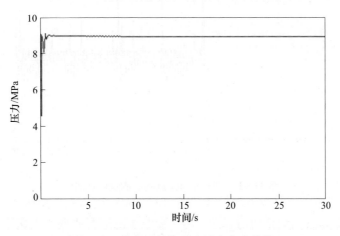

图 11-29　优化后的管道内压力仿真曲线

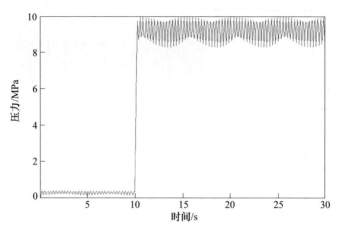

图 11-30　蓄能器内部压力仿真曲线

蓄能器被加入到系统之后，系统压力的固有频率被打破，蓄能器起到了保压作用，能够根据系统压力的变化及时作出反应，使系统压力维持在一定的水平，避免了马达的压力脉动所引起的管道共振现象，增加了系统稳定性。

11.3.3.2　系统流量仿真

图 11-31 是先导溢流阀的流量仿真图。由图可见，流量的波动很大，这主要是由于系统压力的波动导致溢流阀阀芯位移的波动（如图 11-26 所示），进而导致溢流阀流量的波动。

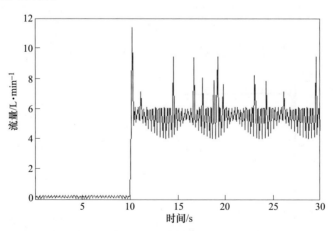

图 11-31　通过先导溢流阀的流量仿真曲线

图 11-32 是管路流量的仿真图。由于做泵工况运行的低速大扭矩马达存在着压力脉动，这是由其特定的工况决定的，再加上作泵工况的马达其自身的流量脉

动特性亦很难避免，如果其共振频率与负载系统的频率情况相一致，很有可能发生谐振现象。通过先导溢流阀的油液带有脉动特性时，势必致使溢流阀的阀芯产生振动，进而使得溢流压力和出口流量大小发生变化，当其变化值与系统管路本身的固有频率接近时就会发生管道谐振现象。图中数据表明，在多个时间点处流量的峰值达到正常值的 2 倍左右，表明振动现象严重。

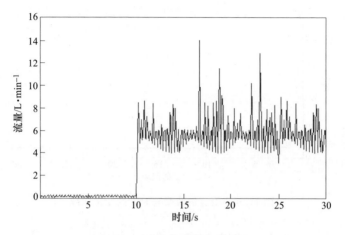

图 11-32　油管内流量仿真曲线

图 11-33 给出了蓄能器内部的流量随时间变化的仿真曲线。由图中数据可知，蓄能器内的流量在一定范围有规律的变化，与液压马达的工作状态相一致，当马达流量增加时，蓄能器亦能随之增大吸收流量，将多余的流量吸收到其中储存，而液压马达的输出流量减少后，蓄能器亦能把储备的液压油释放到系统中，弥补管路当中流量不足的情况，使得整个系统中的流量大体保持在一个稳定水平，运行可靠，消除了液压马达的流量脉动对整个系统的影响。

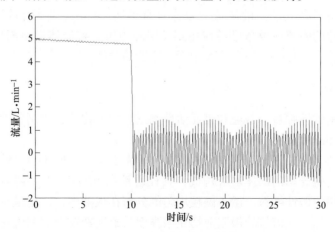

图 11-33　蓄能器内部的流量曲线图

按照 11.3.2 节中的分析结果，在对液压系统优化之后的仿真结果如图 11-34 所示，图中曲线表明，管路的流量稳定在正常值的水平上，不再产生大范围波动，系统的振动和噪声也就随之降低。

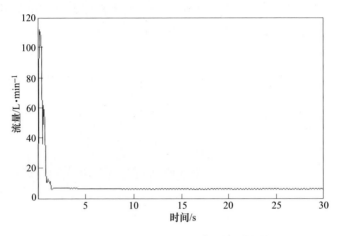

图 11-34　管道内流量随时间的变化曲线

综上可以看出，流量波动和压力波动在对系统优化后得到了明显的改善，无论整个系统还是个别元件的压力波动和流量波动现象已经得到有效控制，各项参数在系统仿真时段内比较平稳，达到了仿真预期目标。

11.3.4　磁流体旋转阻尼器

磁流体旋转阻尼器是利用磁流体的阻尼特性开发出的一种新型的用于转矩控制的阻尼器。磁流体在无外磁场作用时为流动的液体，当置于磁场中，磁液产生的库仑阻尼力在极短时间内骤增，强度大小可由剪切屈服应力来表示。磁流体属于新型智能材料，其产生的磁流变效应具有迅速、可逆、连续和容易控制的优点，设计制造的磁流体设备已经应用到了实际当中。磁流体设备简单、噪声小、响应迅速的特点，已经受到了广大学者与企业的关注。

11.3.4.1　磁流体的组成与制备

磁流体由磁性颗粒、载液和表面活性剂三大部分构成，所制备的液体具有良好的流动性和磁敏感性。

（1）磁性颗粒：磁性颗粒一般由 Fe_3O_4、赤铁矿（$\gamma\text{-}Fe_2O_3$）、铁氧体、稀土合金等具有高磁导率的固体颗粒构成，直径通常在 10nm 左右。四氧化三铁粉末是目前最常用的磁性微粒。微小磁粒均匀的分布在载液中，这也是磁流体具有磁流变效应的基础。磁流体的极限剪切屈服强度与磁性颗粒的饱和磁化强度的平方成正比，所以，具有较高的饱和磁化强度为磁性颗粒的主要性能指标。除此之外，磁性颗粒还应具备以下特点：低矫顽力，温度稳定性。

（2）载液：由不导电、不导磁、性能稳定的液体组成，目前常见的载液有硅油、矿物油和水等。载液作为磁性颗粒的载体，在强磁场时应具有较大的剪切强度，在零磁场时具有较好的牛顿流体特性。

（3）表面活性剂：表面活性剂用来改善磁流体的沉降稳定性和凝聚稳定性，它具有两个特点，一是能够吸附在颗粒表面，另一方面是能够溶化在载液当中，从而确保磁性颗粒能够悬浮在载液中而不沉降。目前，大多采用氧化硅胶作为表面活化剂。根据磁粒种类的不同，可将磁流体的制备方法分为以下几类：机械粉碎法，湿式化学共沉法，阴离子交换树脂法，热分解法等。

11.3.4.2 磁流变效应及其流变机理

磁流变效应是指磁流体在外部磁场的作用下，其剪切屈服强度与流动状态发生强烈变化的现象。在外部磁场的影响下，磁流体产生流变效应，其剪切应力由屈服应力和黏滞力组成，其中屈服应力随磁场强度的增大而增大。当所施加的磁场达到临界值时，该磁流体处于固化状态。外部磁场被撤除后，磁流体还原为牛顿流体，只存在较小的黏滞力。如图 11-35 所示，零磁场作用下磁粒作布朗运动，强磁场下磁粒排列整齐，且具有较强的剪切强度。

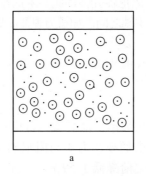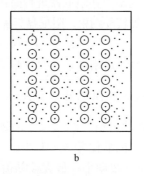

a   b

图 11-35   磁性颗粒在零磁场和强磁场下的状态
a—零磁场；b—强磁场

11.3.4.3 磁流体旋转阻尼器的设计

如图 11-36 所示，该磁流体旋转阻尼器采用单片盘结构，主轴两端使用角接触球轴承进行支撑，通过左右端盖、阻尼盘凸缘、轴承内外圈定位主轴与阻尼盘的轴向位置，保证了阻尼间隙的轴向定位精度。阻尼盘内径处磁流体的油封密封结构直接与阻尼盘凸缘过盈配合，在铜圈与左右壳体接合处采用橡胶圈密封，二者的作用是防止磁流体的泄漏。左壳体内径处设计两个螺纹孔，通过其中一个孔注入磁流变液，另一个孔保证阻尼间隙内空气顺利挤出。励磁线圈置于阻尼盘外部，通过控制改变置于阻尼间隙中的磁流体的磁场强度而改变阻尼盘与旋转主轴间产生一定的阻尼力矩。

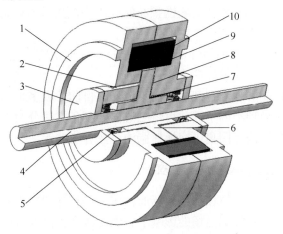

图 11-36　阻尼器三维模型

1—壳体；2—磁流体注射孔；3—端盖；4—主轴；5—轴承；6—阻尼盘；7—油封；
8—磁流体；9—铜圈；10—励磁线圈

仿真过程中需对上述阻尼器进行简化，阻尼器壳体固定，阻尼盘设置恒定转速，阻尼盘与壳体添加转动约束，阻尼盘与星轮主轴之间添加扭力弹簧。加载转矩为：

$$T = k(\omega_a - \omega_0) \tag{11-33}$$

式中　　k——扭力弹簧刚度，仿真中取 $k = 100 \text{kN/m}$。

11.3.4.4　加载旋转阻尼器仿真分析

（1）星轮转速分析。图 11-37 仿真结果显示，烧结机运行稳定后，平均角速度 $\omega = 2.007°/\text{s}$。标准偏差 $\sigma = 0.202$，较未加载反力矩与阻尼器前降低了 56%，星轮转动平缓而且波动小。最大波动值较之前降低了 59%。

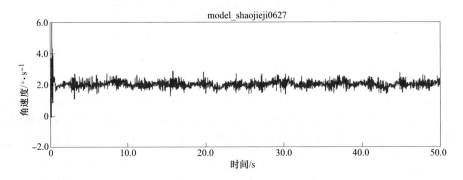

图 11-37　尾部星轮转速

（2）台车速度分析。如图 11-38 所示，下台车运行平稳，平均速度 $v = 70.733\text{mm/s}$。标准偏差 $\sigma = 6.518$，较未加载反力矩与阻尼器前降低 48%，极大地降低了波动幅度。最大波动值仅为之前的 40%。

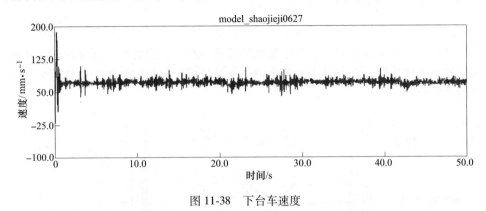

图 11-38 下台车速度

（3）起拱分析。由图 11-39 可知，阻力矩装置与旋转阻尼器配合使用后，彻底消除了下台车列起拱现象。

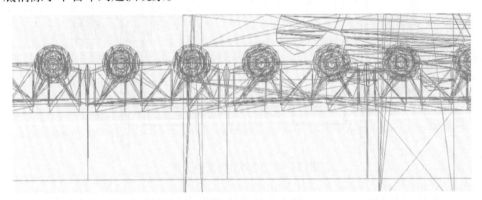

图 11-39 施加力控制的仿真效果图

综上所述，加载阻尼器后，降低了星轮波动幅度，保证了台车的正常运行，解决了起拱现象，表明该方法是可行的。

11.4 星轮连接轴设计及有限元分析

目前，国内外烧结生产普遍采用的烧结设备是带式烧结机，各种烧结机型的结构设计年代都相对较早，偶数齿烧结机的概念尚未提出。由于尾部星轮无驱动且无其他附属装置，星轮主轴两端去除轴承座安装空间之外，一般没有多余的伸出端或者只有很短的轴头，因此为解决烧结机下台车列起拱问题而研发的配套设备——液压阻力矩加载装置在尾部星轮主轴外端上的安装固定就成为一个难点。

本节即从该问题出发，设计出星轮连接轴，并进行了力学分析、有限元模拟以及实验研究，为该结构件的工业应用奠定了理论基础。

11.4.1　星轮连接轴的结构形式

传统的带式烧结机因其尾部星轮是无动力结构，如图 11-40 所示，这种机型在设计之初，尚不存在液压阻力矩加载装置这一概念，因此在其尾部星轮主轴两端设置轴承座支撑，没有可用的伸出轴供给液压阻力矩加载装置，因此需要对其结构进行改进。

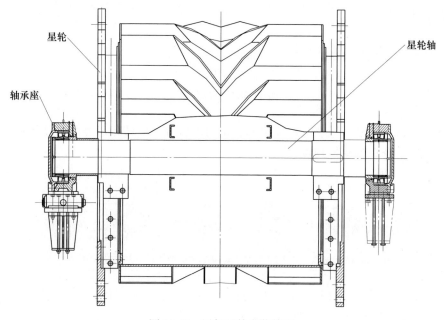

图 11-40　尾部星轮安装简图

在明确设计目标之后，首要任务是参考国外内重型机械行业内连接轴技术的应用特点和标准，结合烧结机低速重载的工作特点进行调研，选定最适合设备工况的连接形式并讨论其可行性；其次，根据现场环境和空间大小等影响因素，确定连接结构件的基本尺寸；再次，选定结构件基本尺寸的基础上，设计出连接轴的最终形式，给出具体尺寸，并进行结构件关键部位的结构分析和强度校核，利用计算机进行软件分析，模拟安装工况给出参考；最后，加工出试样进行实验，参照实际情况进行热装配并测试其连接强度是否满足工况。

综合考虑以上几种连接方式的优缺点，结合烧结现场环境的限制以及机械零件的加工和安装条件等因素，选取过盈连接作为实现烧结机星轮主轴延伸的连接形式。根据液压阻力矩加载装置的安装需求，制作一段新的连接轴，一端用于阻力矩加载装置的安装，另一端制成轮毂形式，与烧结机尾部星轮的原轴头以过盈配合的方式连接在一起。图 11-41 给出了阻力矩加载装置、连接轴和尾部星轮主轴间的安装关系。采用法在现场施工的工作量较小，能够减少生产损失，节约人力物力。

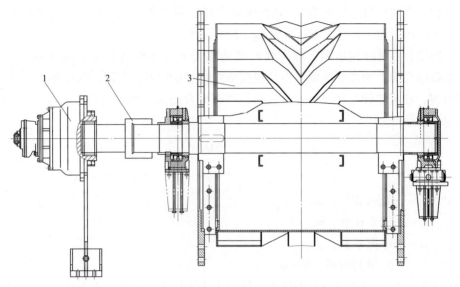

图 11-41　星轮轴与转矩加载装置的连接形式
1—转矩加载装置；2—连接轴；3—星轮主体

11.4.2　连接轴的力学计算与分析

连接轴的结构设计除了要保证能够传递正常工作时的扭矩和必要的强度条件外，还要考虑烧结机星轮轴上的安装空间以及液压阻力矩装置的安装，最终连接轴与星轮轴的连接形式如图 11-42 所示。

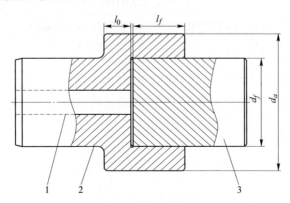

图 11-42　过盈配合示意图
1—放气孔；2—接轴；3—原星轮轴

11.4.2.1　连接轴的最小过盈量

过盈连接的设计内容主要是需要在保证结合强度的条件下，计算出承受传递外负荷所需要的最小过盈量 δ_{min} 和保证结合件的强度条件下计算出结合件所允许的最大有效过盈量 δ_{emax}，并以此来选定恰当的配合。

当结合件传递扭矩 M、轴向力 F_x 或传递力 F_t 等不同变量时应按照相应的公式求得结合面上的最小单位压力，根据烧结机工作特点，其尾部星轮轴主要传递扭矩 M，在星轮轴与轴套过盈配合时，将在配合处结合面产生压强 p，该压强大小应满足条件：

$$p_{fmin} = \frac{2M}{\pi d_f^2 l_f \mu} \tag{11-34}$$

式中　d_f——结合直径，m；

　　　l_f——结合长度，m；

　　　μ——摩擦系数；

　　　M——传递的扭矩，N·m。

摩擦系数 μ 的值波动范围较大，这是由于影响结合强度的因素很多，比如表面粗糙度、压入速度、润滑油和覆盖层种类等。常用材料的摩擦系数可按表 11-5 中的推荐数值选取。

表 11-5　常用材料的横向过盈连接的摩擦系数

材　料	结合方式、润滑	摩擦系数 μ
钢-钢	油压扩径，压力油为矿物油	0.125
	油压扩径，压力油为甘油，结合面排油干净	0.18
	在电炉中加热包容件至 300℃	0.14
	在电炉中加热包容件至 300℃后，结合面脱脂	0.2
钢-铸铁	油压扩径，压力油为矿物油	0.1
钢-铝镁合金	无润滑	0.10~0.15

根据所求得的最小结合压强值 p_{fmin}，可求出传递负荷（扭矩）所需的最小有效过盈量：

$$\delta_{emin} = p_{fmin} \cdot d_f \cdot \left(\frac{C_a}{E_a} + \frac{C_i}{E_i} \right) \tag{11-35}$$

式中　E_a，E_i——包容件、被包容件的弹性模量，GPa；

　　　C_a，C_i——拉美系数，可按下式求得：

$$C_a = \frac{1 + q_a^2}{1 - q_a^2} + \nu_a$$

$$C_i = \frac{1 + q_i^2}{1 - q_i^2} - \nu_i$$

式中　ν_a，ν_i——包容件、被包容件的泊松比；

　　q_a，q_i——包容件、被包容件的直径比，$q_a = \dfrac{d_f}{d_a}$，$q_i = \dfrac{d_i}{d_f}$，实心轴 $q_i = 0$。

过盈连接在安装时采用热装法，同时考虑烧结机星轮的转速较低，工作温度亦不高，故过盈量修正因素忽略上述几点的影响，则能够提供连接件所需结合强度的过盈量最小值可由下式得到：

$$\delta_{\min} = \delta_{emin} = p_{f\min} \cdot d_f \cdot \left(\frac{C_a}{E_a} + \frac{C_i}{E_i} \right) \tag{11-36}$$

11.4.2.2　连接轴的最大过盈量

在确定连接件不产生塑性变形所允许的最大有效过盈量时，首先需要计算出连接件不产生塑性变形所允许的最大结合压强 $p_{fa\max}$。

包容件不出现塑性变形情况所允许的结合压强最大值 $p_{fa\max}$ 是：

$$p_{fa\max} = a\sigma_{sa} \tag{11-37}$$

其中，系数 $a = \dfrac{1 - q_a^2}{\sqrt{3 + q_a^4}}$，其值也可以根据有关手册获得。

被包容件（轴）不产生塑性变形所允许的最大结合压强 $p_{fi\max}$ 为：

$$p_{fi\max} = c\sigma_{si} \tag{11-38}$$

其中，星轮轴为实心，系数 c 的值一般取 0.5。

对于连接件来说，其不发生塑性变形时该结构所允许的最大压强 $p_{f\max}$ 在式（11-37）和式（11-38）的计算结果中选择数值较小者，于是过盈连接在不产生塑性变形时最大的有效过盈量 δ_{emax} 可表达为：

$$\delta_{emax} = p_{f\max} \cdot d_f \cdot \left(\frac{C_a}{E_a} + \frac{C_i}{E_i} \right) \tag{11-39}$$

11.4.3　星轮连接轴实例计算

以下根据某烧结厂的烧结机尾部星轮主轴尺寸，设计了用来延长主轴长度的连接轴，以便安装液压阻力矩加载装置。已知条件列于表 11-6。

表 11-6　过盈量相关参数计算结果

最小结合面压力 $p_{f\min}$ /MPa	包容件最大结合面压力 $p_{fa\max}$ /MPa	被包容件最大结合面压力 $p_{fi\max}$ /MPa	最小过盈量 $\delta_{\min}$ /mm	最大过盈量 $\delta_{e\max}$ /mm	基本过盈量 δ_b /mm
78.3	160.7	245	0.028	0.058	0.040
78.3	160.7	245	0.28	0.58	0.4

为了保证该连接件的安全运行，在现场应用前需要进行模型试验以验证理论计算的正确性。由于烧结机结构尺寸巨大，按等比例进行模型试验不太现实。因此，根据相似理论的基本原理，结合具体的试验条件，模型试样的几何相似比例 C_l 定为 1/10。为了保证可比性，下面仿真分析和实验中的试样保持一致，均采用模型尺寸。零件实物的尺寸为 $d_f = 220\text{mm}$，$d_a = 340\text{mm}$，$l_f = 120\text{mm}$。模型基本数据为：$d_f = 22\text{mm}$，$d_a = 34\text{mm}$，$l_f = 12\text{mm}$。连接件结合面上需传递的最大扭矩为 $M = 100\text{N} \cdot \text{m}$，零件材料为 40Cr，屈服极限 $\sigma_s = 490\text{MPa}$，弹性模量 $E = 210\text{GPa}$，泊松比 $\nu = 0.3$。将这些数据代入上述计算过盈量的相关公式（11-35）~式（11-39），计算结果见表 11-6，对零件实物的过盈量计算结果与模型计算结果一致，在表 11-6 中一并给出。

11.4.4　有限元分析

11.4.4.1　有限元模型及前处理

材料的单元选用 Solid185，该单元主要用于构造三维固体结构，通过 8 个节点来定义，每个节点具有 3 个沿着 x、y、z 方向平移的自由度，单元具有超弹性、应力钢化、蠕变、大变形和大应变能力。网格划分方法采用映射划分，体单元限制为六面体。与自由网格相比，映射网格通常包含较少的单元数量，低阶单元也可能得到满意的结果，缺点是面和体必须形状"规则"，划分的网格必须满足一定的准则，难以实现。本节中模型先采用 ANSYS 前处理模块的切割功能，将模型分割为多个形状规则、满足映射划分条件的子模型，然后分别应用映射划分，网格划分结果如图 11-43 所示，其中单元数 7217 个，节点数 8564 个。过盈配合的接触面采用面—面接触单元，分别用 TARGE170 来模拟目标面，用 CONTA174 来模拟接触面，建立接触对。

11.4.4.2　应力分析

轴套连接件在过盈量为 0.04mm 的条件下，经有限元接触分析后得到三维 Von Mises 应力分布云图，图 11-44 为该云图沿零件中心轴线所做的剖面切片。由图可以看出，在整个接触区中的应力分布并不均匀，轴套内侧的应力数值较小，

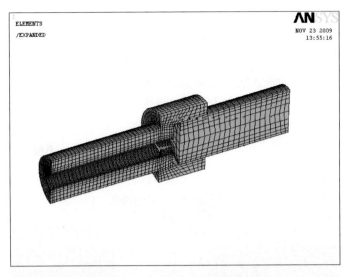

图 11-43　有限元模型的网格划分

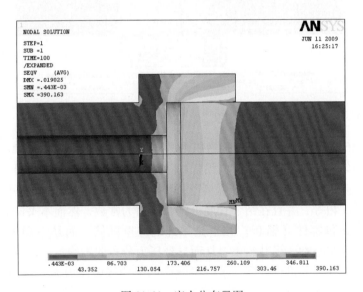

图 11-44　应力分布云图

　　沿轴线方向应力逐渐增大，在轴套外侧的自由端，应力值达到最大，而轴上的应力分布情况和轴套刚好相反，应力最大值出现在和轴套内侧相接触的轴端部位。另外，在图 11-44 中可观察到，在配合面的端部边缘出现明显的应力集中，轴套直径变小处也出现了局部应力集中，在轴套外端面的配合面处尤为明显，应力值达到 390.2MPa，虽然该值较大，但仍小于材料的屈服极限 σ_s，因此不足以引起材料的塑性变形与破坏。造成这种情况的主要原因是，建模时对模型小半径倒角做了简化处理，这样做主要是为了保证仿真分析的顺利进行，并使计算速度加快。

图 11-45 是在对轴套结构进行优化并局部细化单元网格后的应力云图，结果表明，零件优化之后的最大应力已降低到 290.9MPa，大大提高了安全系数。疲劳强度校核的许用安全系数为 1.3~1.5，连接件应力值最大处的计算安全系数为 1.7，表明强度足够。

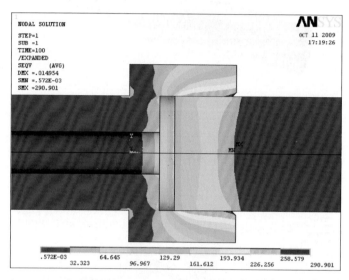

图 11-45　结构优化后的应力分布云图

图 11-46 是过盈配合面上的接触压力分布情况。由图可知，接触压力的分布情况也不均匀，而是呈沿轴线方向增加的趋势。这些和由拉美公式计算得到的应力分布结果差别很大。原因在于拉美公式的前提是假设两配合件是厚壁圆筒或轴，结合长度相等，并且在结合长度上结合压力为常数，然而本书的研究对象结构更为复杂，包容件（轴套）并不是单纯的厚壁圆筒，而是一端为厚壁圆筒，另一端是一段实心轴，受其约束，从而导致压力分布的不均匀性。将接触面上各节点的压力值导出并进行处理，求得接触面的平均接触压力为 p_a = 90.2MPa，而由拉美公式在同样过盈量条件下计算求得的理论接触压力为 p = 83.9MPa，仿真结果超过理论计算值大约 7.5%，而接触面端部压力最大值达到 187.7MPa，超过理论计算值 2 倍多，差别如此巨大，一方面是由于轴端面应力集中所起的作用，另一方面是轴套在过盈量的作用下径向尺寸扩张，而轴套另一侧是实心轴，受其约束作用，限制了轴套的弹性变形，从而导致产生过大的接触压力，相比之下，后者对压力值的贡献更为明显。结构优化之后的最大接触压力值已经低到 120.5MPa，与平均值仍有一定差距，这是由零件本身的结构特点造成的，但满足使用要求。

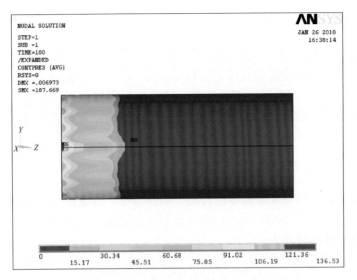

图 11-46　配合面上的接触压力分布

　　对于连接件扭矩传递影响较大的零件尺寸是接触长度和轴套的外径大小。选择不当，很容易导致零件失效。图 11-47 分别给出了两个尺寸变化时对所传递扭矩大小的影响。曲线 1~4 分别是当轴套外径取不同值时，接触长度变化对扭矩的影响；曲线 5~7 分别是当接触长度取不同值时，轴套外径变化对扭矩的影响；由图中数据可看出，零件最佳尺寸为接触长度取 12mm，轴套外径取 34mm，此时可以满足工况对传递扭矩的要求。

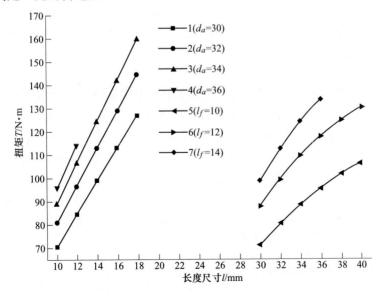

图 11-47　零件基本尺寸与所传递扭矩的曲线关系

11.4.5　连接轴装配与实验研究

按装配原理的不同，过盈连接的装配方法有机械压入法、胀缩法、油压法等。由于本结构的过盈量和直径之比相对较大，因此采用胀缩法装配。将包容件（轴套）加热，使其径向尺寸产生膨胀，这时相配零件可以用很小的力组装在一起，待恢复常温后抱紧。这种组装方式是连接力横向施加在连接表面上，因此也称为横向过盈连接。

11.4.5.1　装配温度的确定

热装零件的加热温度根据零件材质、结合直径、过盈量及热装的最小间隙等确定。行业标准 JB/T 5000.10—1998《重型机械通用技术条件——装配》给出计算加热温度的推荐公式为：

$$t_n = \frac{e_{ot}}{\alpha \cdot d_f} + t = \frac{\Delta_1 + \Delta_2}{\alpha \cdot d_f} + t \tag{11-40}$$

式中　t_n——包容件加热温度，℃；

e_{ot}——包容件内径的热胀量（等于过盈量 Δ_1 与热装时的最小间隙 Δ_2 之和），mm；

α——材料的线膨胀系数，1/℃；

d_f——结合直径，mm；

t——环境温度，℃。

加热时所需的最小间隙的经验数据为配合直径的 1/1000~1.5/1000mm，故取 $\Delta_2 = 0.03$mm，环境温度 t 取 25℃，查表得钢制零件受热时的线膨胀系数 $\alpha = 12 \times 10^{-6}$/℃，结合零件基本尺寸，代入式（11-40），得加热温度 $t_n = 290.2$℃。

11.4.5.2　连接轴的热装配

常用的热装配方法有火焰加热、介质加热、电阻加热、辐射加热和感应加热等。根据连接轴所需加热的温度及现有实验条件，选用电阻加热的方式来进行。该方式具有加热温度可达 400℃ 以上，热胀均匀，表面洁净，加热温度易于自动控制等特点。按照上节推荐公式计算得到加热温度，使用箱式电阻炉将包容件加热到指定温度并热装。

加热和保温时间的经验数据，一般可按每厚 10mm 需要 10min 的加热时间，每厚 40mm 需要 10min 的保温时间来选取。需要注意的是热装后零件应自然冷却，不准急冷。图 11-48a 为热装之后的连接件。

11.4.6　实验测试与结果分析

为了比较在过盈装配条件下，理论计算结果和有限元分析所得连接件能够传递的最大扭矩值的正确性，为本结构的工业应用提供必要的试验依据，进行了扭矩加载试验测试，图 11-48a 为热装之后的连接件。在 DNJ-50 电子万能扭转试验机上进行扭转试验，设备最大量程为 500N·m，扭转加载速度为 3.5°/min，图 11-48b 为扭矩测试的照片。

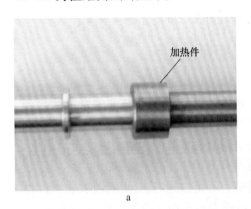

图 11-48　热装后的连接件的装配和扭矩测试
a—热装后的连接件；b—连接件的扭矩测试

　　在试验过程中，首先将连接件加载到模拟实际工况的转矩（100N·m），达到指定载荷后待机，观察时长 30min，多组连接件均未出现异常松动，表明能够满足工况要求。之后继续加大载荷，观察连接件的失效形式。图 11-49 给出了由计算机采集记录的某组试样的扭矩(M)-转角(φ)试验曲线。

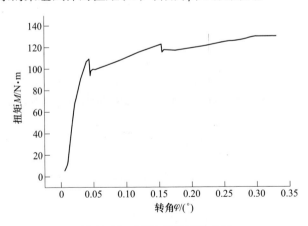

图 11-49　扭矩-转角试验曲线

　　由图 11-49 可以看出，扭矩加载首次出现拐点时对应的扭矩值为 109.32N·m，表明连接件的结合面在此时出现局部松动现象，导致转矩卸载，当转矩下降到 94.4N·m 时，再一次出现拐点，转矩载荷开始回升，最终当转矩达到 130.86N·m

时上升趋势平稳，达到了极限状态。这一现象说明结合面上首次出现松动变形时产生应变强化，使得结合面可以承受更高的工作压力。将首次出现拐点时对应的扭矩值换算为结合面上的接触压力值，大小为 85.6MPa，该值比拉美公式的计算值大 2.1%，比有限元分析的结果小 1.75%，说明拉美公式的算法比较保守，因此数值偏小，而有限元法由于具有精确的建模手段，可以充分反映零件实际结构的影响，因此结果更加接近实际情况。

11.5　带式烧结机密封新技术研究

烧结机漏风对烧结生产过程的各项经济技术指标影响很大，要降低漏风率，首先需要了解烧结机各漏风部位，烧结系统漏风区段包括：烧结机系统、双重阀系统、管网系统和除尘系统四个部分。其中烧结机系统即为烧结料面至风箱支管一段，其漏风率占整个抽风系统漏风量的 65%~70%，这是堵漏的重要区域，包括机头、机尾、台车游板及滑道、台车侧壁、风箱、阀门、风箱连接法兰等部位处的漏风，其中机头、机尾、台车游板、滑道及台车由于磨损而引起的漏风占主要部分，这些部位密封效果的好坏直接影响到烧结矿的质量和产量。

11.5.1　现有烧结机头尾的密封形式

现有烧结机机头机尾的密封形式有单支点配重式、弹簧式、四连杆式等，这些密封形式都存在结构上的缺陷，密封效果较差，很难满足当今绿色烧结的工艺要求。

11.5.1.1　单支点配重式

单支点配重密封装置如图 11-50 所示，其中密封板在重锤的重力作用下仅能绕轴旋转，在任意时刻与台车底部始终为线接触，密封面小，长时间使用，密封效果不明显，在垂直方向无法随台车底面高度的变化调整其高度，头尾部件几乎相同，安装时容易出现位置颠倒的现象。

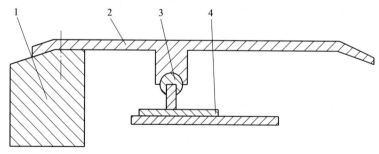

图 11-50　单支点配重密封装置

1—重锤；2—密封板；3—轴；4—底座

11.5.1.2　弹簧式

我国早期的烧结机上，一般采用这种密封装置。它主要靠螺旋压缩弹簧使密封板升降达到密封的目的。这种密封装置在密封板与台车底面之间留有 5~8mm 间隙，存有较大漏风，同时，高速运动的粉尘从此间隙进入，冲刷风箱和密封板造成磨损，因而加剧漏风。此外，排矿端弹簧长期受高温影响，加上灰尘淤积，其作用逐渐减小，导致密封效果越来越差。

11.5.1.3　四杆配重式

四杆配重式密封如图 11-51 所示，由于其传动副较多，以及积灰生锈等原因导致其运动阻力增大；同时四杆机构刚度低，特别是在排矿端长期受高温影响，机构变形，致使部分重锤做功被机构变形所吸收，导致密封板活动不灵活，到后期几乎不能运动；另外，其挠性石棉板易被高压气流损坏，也会影响密封效果。

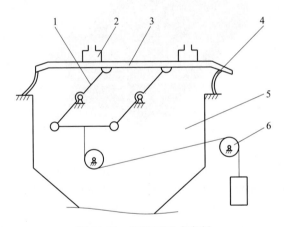

图 11-51　四杆配重式密封

1—四杆机构；2—台车；3—密封板；4—石棉板；5—支撑箱体；6—滑轮机构

11.5.2　烧结机风箱外高负接触头尾密封

高负接触头尾密封是针对现有烧结机的头尾密封达不到要求的现状而设计。它不是传动副，也不是负荷，是由总长相当于台车宽度的四道支承似铰接而不是铰接，类似于关节而不是关节的四个半圆形支承结构。结构简图及三维造型如图 11-52 所示，通过烧结机台车下由半圆铰支承的密封板，始终保持与台车底部的四道梁平行接触并保证平行微动。风箱是固定的，台车是运动的，使台车在运动过程中实现密封板的微动结构，从而保证密封的功能。

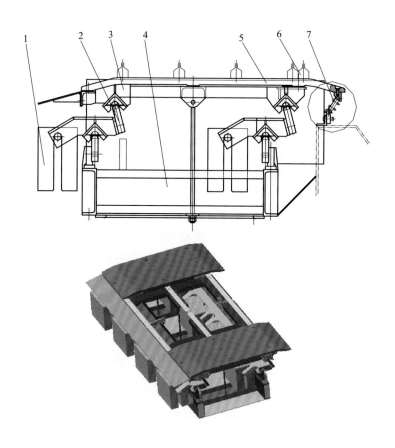

图 11-52　高负接触头尾密封简图

1—配重；2—转臂；3—密封梁；4—底座；5—密封板；6—台车；7—软连接

11.5.3　钢球与强磁铁复合式密封技术

　　该技术是通过对现有烧结密封装置中的带式烧结机的头尾密封装置进行技术改进，将实现头尾风箱处密封功能的密封盖板用填充高强磁铁和不同粒径钢球的密封槽代替，其结构原理如图 11-53 所示。

　　通过在相邻台车的滑道端面处设置磁性密封装置，依靠两个定制的磁铁装置的相互吸引作用，将其间的磁铁粉牢牢吸附而实现密封效果。这样不仅可以改善所述两个位置的密封效果，降低烧结系统的漏风和噪声、提高烧结质量和产量，而且对于整个烧结抽吸系统来说，既增加了密封点，又提高了治理效果，从整体上进一步降低了系统漏风，节约了电能，有利于充分发挥设备潜能，以较小的设备规格实现较大的产能指标，同时达到理想的矿石烧结效果。

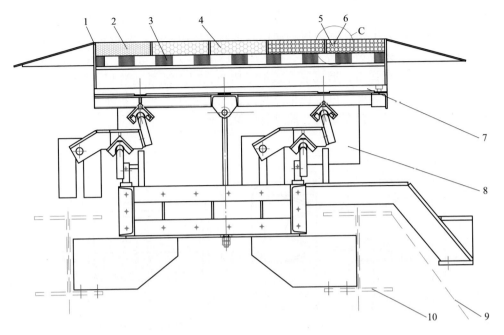

图 11-53 钢球与强磁铁复合式密封结构简图
1—密封矿槽；2，4~6—钢球；3—高强磁铁；7—密封梁；8—调整底座；
9—风箱；10—烧结机骨架

11.5.4 台车滑道及侧壁密封技术

台车与风箱侧面密封形式很多，目前采用在密封面上适量强制注入高黏度润滑脂的形式。在台车与风箱滑道之间采用的弹性密封装置可分为弹簧装在台车端体下和弹簧装在风箱滑板上两大类结构形式。弹簧装在风箱滑板上的结构特点是密封效果尚可，但检修较为麻烦，同时，固定在机尾的弹簧长期在高温作用下容易弹性失效。国内只有少数烧结机上采用弹簧装在风箱滑板上的密封装置，大部分烧结机上都采用弹簧装在台车端体下方的密封装置，这类结构形式均可称为刚性接触式密封。

11.5.4.1 双板簧密封

如图 11-54 所示，板簧式密封装置是通过纵向两块板簧来代替传统的螺旋弹簧，两块板簧贯通整个装置，虽然密封板和密封槽两内侧存在间隙，但是板簧将两侧间隙隔开，避免了漏风。但是由于间隙的存在，高浓度的粉尘很快进入板簧有限的运动空间，阻碍密封板上下运动，另外纵向板簧的弹性不足，这些都导致该装置无法正常工作。该密封结构制造较复杂，使用初期密封效果较好。长时间运行后，由于板簧受压不均、变形以及长期处于高温状态等原因，容易造成板簧失效，为保证该处滑道密封装置的使用效果以及使用寿命，对该密封结构进行升级，在原有不锈钢板簧基础之上，在两层不锈钢板簧之间每隔一定距离再增加一组强力弹簧来补充弹力，形成复合式滑道密封，以保证滑动游板上下浮动灵活，进而使得板簧承重降低，可以保证其良好的密封效果。至于新补充的弹簧类型，视具体的设备规格、台车结构、抽风负压等工况而定。

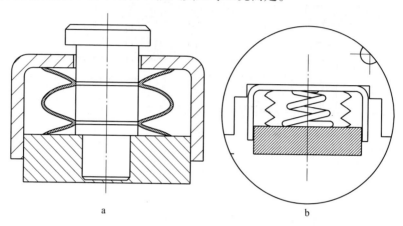

a　　　　　　　　　　　　　　b

图 11-54　双板簧密封结构示意图

a—双板簧密封；b—复合式滑道密封

11.5.4.2　迷宫式滑道密封

　　该结构不同于常规的滑道密封，其主要特征是取消了滑动游板，而采用在垂直方向上布置多对密封侧板，从而形成了迷宫式滑道密封，如图 11-55 所示。该结构由于改变了空气的运行轨迹，使其通过该结构的运行阻力增大，有效降低了该装置的漏风率。

　　密封侧板可采用橡胶、不锈钢以及柔性复合板等多种材质。考虑到台车体和风箱内烟气的温度较高，为避免柔性板在高温下的失效，对该结构的材质、规格等进行了仿真分析。图 11-56 是采用不同规格的散热片、隔热垫的降温效果仿真云图。

　　其中，图 11-56a 是在密封槽左侧加装

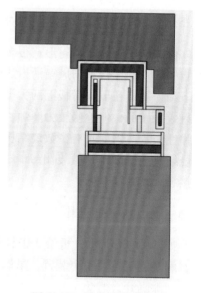

图 11-55　迷宫式滑道密封

15mm 散热片，图 11-56b 是在相同条件下在其上部增加了 20mm 隔热垫，从仿真

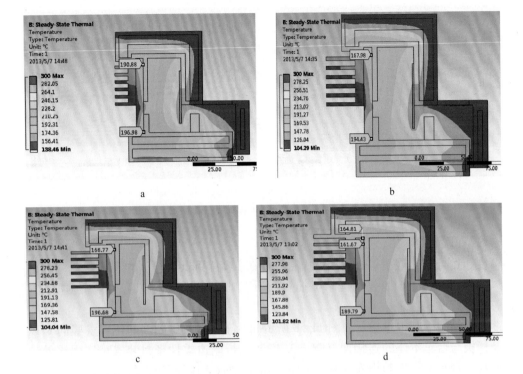

图 11-56 不同规格散热片、隔热垫的降温效果仿真

a—加装 15mm 散热片；b—加装 15mm 散热片、上部 20mm 隔热垫；c—加装 25mm 散热片；
d—加装 25mm 散热片、上部 23mm 隔热垫

结果可以看出，加装隔热垫后，密封结构的最高温度从 190.88℃ 降低至 167.98℃，可见在相同条件下，增加隔热垫使工作温度进一步降低了 22.9℃。图 11-56c 是在密封槽左侧加装 25mm 散热片，与图 11-56a 相比，散热片厚度增加 10mm，最高温度从 190.88℃ 降低至 168.77℃，降低了 22.11℃。图 11-56d 是加装 25mm 散热片、23mm 隔热垫的降温效果仿真图，与图 11-56a 相比，采用较厚的散热片和隔热垫，最高温度为 164.81℃，降低了 26.07℃。

图 11-57 是在相同条件、散热片材质不同时的仿真效果图。由图中数据可以看出，采用铜质散热片时该结构的最高温度为 160.26℃，采用钢质散热片时该结构的最高温度为 169.43℃，可见，采用散热效果更好的铜质散热片，可使其工作温度进一步降低 9.17℃。

11.5.4.3 台车栏板侧边柔性密封装置

台车之间栏板侧边的密封，极大地损失了有效风量，浪费电能。栏板侧边柔性密封装置即为解决这一问题而提出。在两相邻台车的栏板接触面上，由于加工

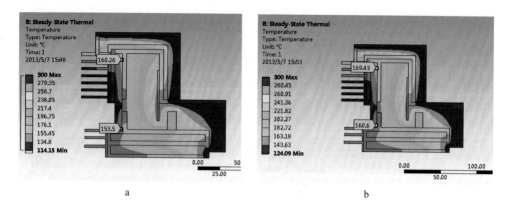

图 11-57　不同材质的散热片仿真效果

a—铜制散热片；b—钢制散热片

精度、运行工况等使得栏板接触面直接存在着 2~10mm 不等的间隙，该处间隙漏风量相当可观，按照整个烧结机抽风段所有的台车栏板缝隙算，其漏风率不容忽视。

　　该结构的基本思想是在图 11-58 所示的台车栏板接触断面的位置（竖向）以及栏板与台车本体的连接面（横向）安装栏板侧边柔性密封装置来实现该处的密封。台车下栏板与台车本体之间的接触面处采用同样的密封结构，但尺寸加长，如图 11-58 红色区域所示。

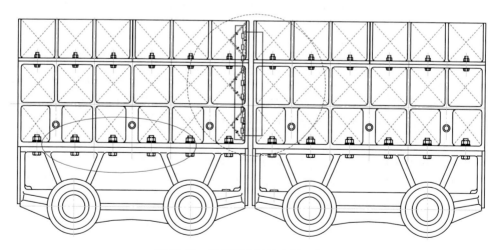

图 11-58　栏板侧边柔性密封示意图

11.5.4.4　台车栏板侧边磁性密封装置

　　该装置的结构示意图如图 11-59 所示，在位于烧结机台车栏板的端部分别设置左、右密封板，在其上设置左、右磁体组，分别对称固定在左、右密封板上。密封板与侧挡板围成一腔室，在其内装有磁粉以形成密封空间，磁粉在磁场中被磁化后相互吸引，从而起到密封空气的作用。

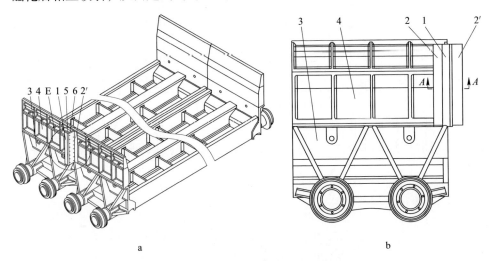

图 11-59 台车栏板磁性密封装置示意图

a—轴测图；b—侧视图

1—侧挡板；2，2′—密封板；3—台车体；4—栏板；5—磁铁组；6—限位板

11.5.5 磁流体密封

如图 11-60 所示，本技术可应用在台车滑道及台车端面沿烧结机全长范围内的密封，该结构是将风箱与台车轮整体密封，形成一个整体密封腔，在负压作用下，由台车体带动密封板在磁液槽内运动，在磁场作用下，使磁液形成磁力线且该流体形成了较原黏度大 3 倍以上的黏度，则使该磁液不能从液槽端部流出。

11.5.6 综合密封技术

带式烧结机运行时，通过驱动装置带动头部星轮转动进而推动装有烧结混合料的台车沿轨道向机尾方向移动。在此过程中，伴随着一个严重的问题：系统漏风。其漏风点较多，具体包括：烧结机的机头机尾漏风、烧结矿-台车栏板内侧间隙漏风、相邻台车接触端面漏风和栏板连接处漏风、滑道漏风以及压箅条销孔漏风等多个环节。由于烧结机的漏风现象，通过烧结料层的有效风量减少，降低了烧结矿质量，并极大地浪费大量电能。

带式烧结机漏风率较高，且治理效果一直不太理想，历来被公认为是烧结机最难治理的顽症之一。为了克服现有密封技术的装置磨损严重、密封效果不显著以及分散治理等问题，提出了一种用于带式烧结机漏风治理的综合密封技术。该

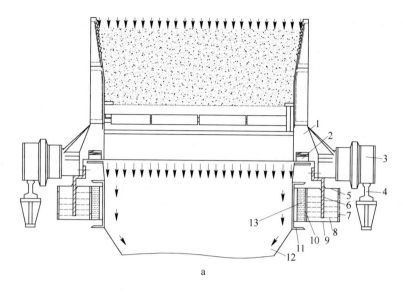

a

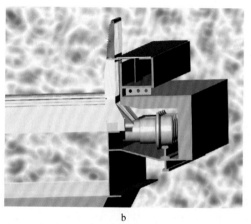

b

图 11-60　磁流体密封结构示意图

a— 结构示意图；b—三维仿真

1—台车体；2—滑板密封；3—车轮；4—轨道；5—盖板；6—密封挡板；7—磁铁；8—磁液；
9—支承槽；10—磁液槽；11—槽钢；12—风箱；13—水冷系统

技术从上述各个漏风点出发，分别提出了相应的措施，进行全面治理。主要包括
头、尾部密封装置、烧结矿-台车栏板内侧间隙密封装置、弹簧-双板簧复合式滑
道密封装置和压箅条销孔密封装置，可大大降低烧结系统的漏风率，节约电能，
提高烧结产量和质量。

　　烧结机头、尾部密封技术除了采用 11.5.3 节所述的钢球与强磁铁复合式密
封技术之外，还有多种选择方案，如板矿复合式头尾密封装置，如图 11-61 所示

为头部密封装置结构示意图。密封盖板和耐磨矿槽由转臂机构支撑，可实现上下灵活浮动，耐磨密封矿槽内装载烧结矿灰与密封盖板共同作用，实现与台车底梁间的双重密封效果。

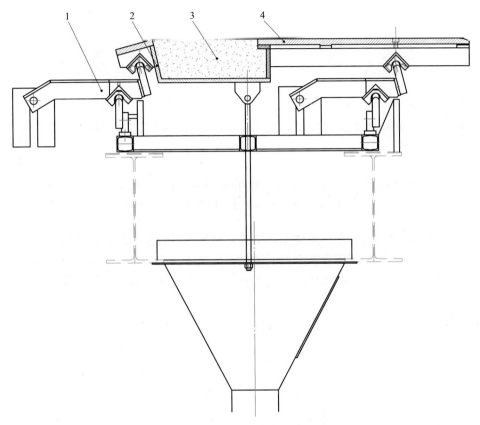

图 11-61　板矿复合式头尾密封装置

1—转臂；2—密封矿槽；3—烧结矿灰；4—密封盖板

图 11-62 是烧结矿-台车栏板内侧间隙密封装置结构示意图，在台车两侧的上栏板处分别设置有活动密封罩，在正常烧结工作状态，密封罩的自由端搭接在靠近栏板内侧的烧结矿上，将栏板内侧与烧结矿之间的间隙从抽风系统中隔离出来，消除漏风现象，密封罩的另一端通过铰链安装在支架上，支架固定在台车运行轨道两侧的固定机架上，并在支架设置柔性板，使密封罩与台车栏板外侧之间实现密封，最终消除烧结矿与台车栏板内侧间隙处的漏风。

图 11-63 是压篦条销孔密封装置示意图，在台车两侧的压篦条销孔处，通过一组特制的锥形胀紧螺栓代替普通的销子或螺栓联接，消除由于温度周期变化和栏板变形造成的销孔间隙漏风。锥形压篦条螺栓的一端设置有卸荷槽以释放高温

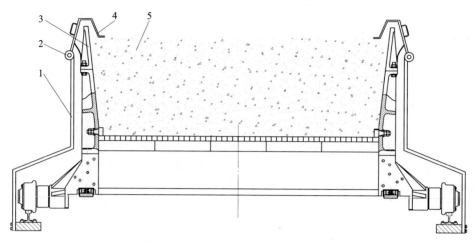

图 11-62　烧结矿-台车栏板内侧间隙密封装置结构示意图
1—支架；2—铰链；3—上栏板；4—密封罩；5—烧结矿

状态下过大的热应力，保护整体密封结构，与其配对的锥套通过双螺母拧紧。为达到最佳密封效果，在锥套和栏板间增加耐高温垫，同时在锥套的轴向开缝以适应交变温度下螺栓直径的变化，实现紧密联接，将该处的漏风问题彻底消除。

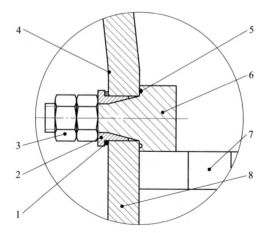

图 11-63　压篦条销孔密封装置示意图
1—耐高温垫；2—锥套；3—螺母；4—上栏板；5—卸荷槽；
6—压篦条销子；7—篦条；8—下栏板

滑道密封装置与 11.5.4 节相同，不再赘述。

12 环冷机磁流变液密封技术研究

<<<<<<<<<<<<<<<<<<<<<<<<<<<<<<<<<<<<<<<<<<<<<<<<<<<<<

磁流变液密封的最终目的是解决环冷机严重的漏风问题，达到降低风机能耗，提高烧结矿冷却效率和余热利用率的目的。本章依据磁流变液阀式和剪切式的组合模式，结合环冷机工作原理，对其磁流变液密封结构进行了设计和仿真分析。

12.1 鼓风环冷机及磁流变液密封装置

12.1.1 环冷机主体结构

鼓风环冷机是一种机械通风的机型，鼓风机鼓入的冷风气体通过台车下部风箱，并穿过台车篦板，与烧结矿热交换后将矿的热量带走。鼓风环冷机的主体结构包括机架、导轨、台车、密封罩、回转框架、传动装置、给排料斗、鼓风系统及排气烟囱等，如图 12-1 所示。

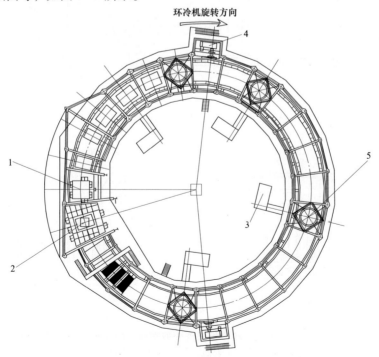

图 12-1 鼓风环冷机主体结构图

1—给料点；2—卸料点；3—鼓风机；4—传动装置；5—烟囱

12.1.2 环冷机磁流变液密封结构

根据磁流变液工作模式和环冷机工作原理,加设磁流变液密封装置,以利于回收废气余热,通过余热锅炉产生蒸汽,带动汽轮机发电,其磁流变液密封结构如图12-2所示。Ⅰ处和Ⅲ处非磁性隔板固定在台车栏板上部,非磁性密封槽固

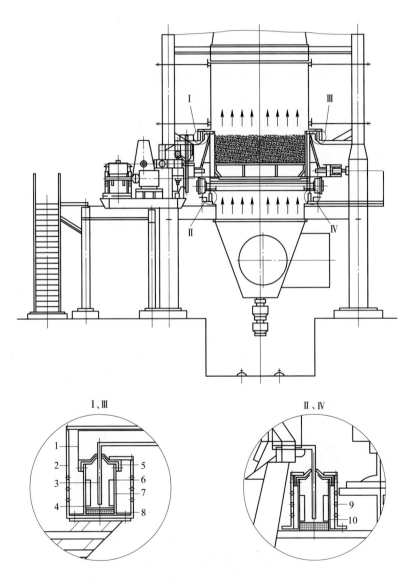

图 12-2 环冷机磁流变液密封结构简图

1—盖板;2—耐高温塑料板;3—非磁性隔板;4—非磁性密封槽;5—Ω型耐高温密封板;
6—磁流变液;7—永磁铁;8—冷却水;9—散热气孔;10—永磁铁固定架

定在周围立柱的支撑架上，密封罩与非磁性密封槽通过盖板相连，形成环形密封腔。Ⅱ处和Ⅳ处非磁性隔板固定在台车栏板下部，非磁性密封槽固定在钢结构架上。各处非磁性隔板均跟随台车一起做圆周运动，密封槽上部两侧 Ω 型耐高温密封板起防尘和辅助密封作用，通过调整 Ω 型密封板外侧压板，来调整 Ω 型密封板与非磁性隔板之间的紧密程度。密封槽外侧采用耐高温塑料板相包围，左右两侧塑料板开有通孔，便于散热。密封槽底部通冷却水，以防止密封槽内温度过高，密封失效。非磁性密封槽两侧内壁通过固定架装设有永磁铁，以提供外加磁场，使得密封槽内的磁流变液在磁场作用下具有一定的屈服应力，以抵抗系统内外压强差，起到密封作用，有效解决环冷机漏风问题，进而收集更多废气余热，为余热发电打下基础。

12.2　环冷机磁流变液密封原理

环式冷却机磁流变液密封结构整体为环状结构，因其宽度远小于其圆周长度，不考虑永磁铁固定架的影响，可近似为平行板理论进行分析，如图 12-3a 所示。其工作区域断面图可简化为图 12-3b 所示，即有效工作区域为永磁铁与非磁性隔板之间区域，图中 L 为有效区长度（永磁铁长度），h 为永磁铁与非磁性隔板之间间隙大小。

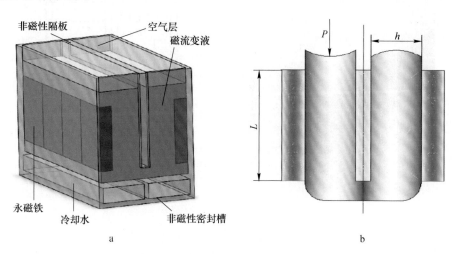

图 12-3　磁流变液密封理论模型
a—平行板模型；b—断面简图

12.3　环冷机磁流变液密封仿真分析

环冷机磁流变液密封有限元分析属于磁流耦合问题模拟，考虑到磁场和流场求解具有相对独立性，采用多物理场高效仿真软件 Comsol Multiphysics 对环冷机磁流变液密封进行磁流耦合有限元分析。通过对环冷机磁流变液密封结构研究分析，建立磁流变液密封有限元模型，根据有限元模拟控制方程，通过仿真分析，分别获得了磁场和流场分布云图，为磁流变液的其他模拟分析提供了数值依据。

12.3.1　磁流变液密封仿真模型

环式冷却机磁流变液密封结构整体为环状结构，因其宽度远小于其圆周长度，不考虑支撑架的影响，取其一小段并建立三维有限元模型如图 12-4a 所示，其中 F_p 为非磁性隔板发生移动时所需的拉力（环冷机工作负载）；图 12-4b 为断面尺寸图，其中 Δp 代表密封罩内外气体压强差；h 为永磁铁与非磁性隔板之间的间隙；t 为非磁性隔板厚度；t_1 为永磁铁厚度；t_2 为非磁性密封槽板厚度；d 为非磁性隔板底面与磁流变液槽底面之间的距离；d_1 为非磁性密封槽高度；L 为永磁铁长度；W 为非磁性隔板底面与液面之间的距离。考虑到密封结构分布在环冷机密封罩外侧，温度影响较小，为便于数值求解和理论分析，将磁流变液看作不可压缩的均一、等温流体，非磁性密封槽、非磁性隔板和永磁铁定义为刚体。

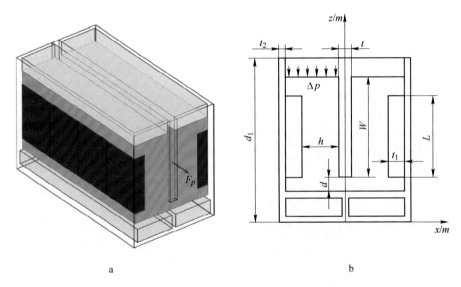

图 12-4　磁流变液密封有限元模型
a—三维模型图；b—断面尺寸图

12.3.2　无磁场有压强差时流场分布

图 12-5 所示为无磁场有压强差时，不同密封间隙下速度分布图。无磁场作用时，磁流变液表现为牛顿流体特征。从图中可以看到，在非磁性密封槽进、出口液面处，磁流变液受压强差作用，发生明显流动，且出口液面速度分布较强。

沿非磁性密封槽长度方向（y 方向），进、出口液面流速近似线性分布，且在密封槽两端，受槽内壁阻挡作用，磁流变液流动受到限制，而发生聚集，使得该处磁流变液流速最大。沿非磁性密封槽宽度方向（x 方向），进、出口液面流速主要在对应永磁铁和非磁性隔板之间间隙位置处变化。

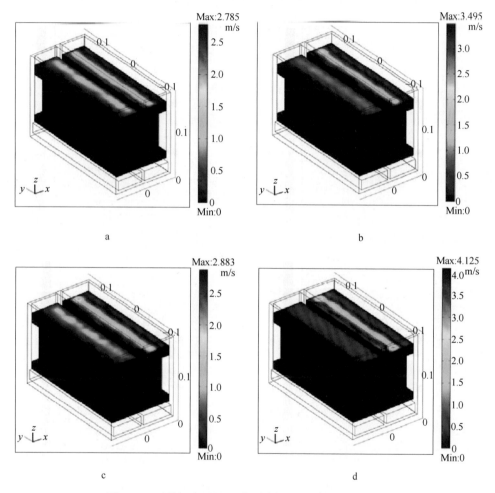

图 12-5　无磁场有压强差时不同密封间隙下速度分布图

a—$h=35$mm 速度场；b—$h=40$mm 速度场；c—$h=45$mm 速度场；d—$h=50$mm 速度场

图 12-6 所示为无磁场有压强差时，不同密封间隙下模型断面速度分布图。观察不同密封间隙下模型断面速度分布图，可以发现，磁流变液在无磁场作用状态下，受压强差作用，在密封槽内瞬间发生了明显流动，且非磁性密封槽出口侧密封间隙内流体流速明显高于其进口侧流体流速。在密封槽进口侧，当磁流变液以一定流速到达非磁性密封槽底部时，流速方向瞬间发生改变，且流动间隙变

小，在流量保持不变的基础上，使得磁流变液在槽底部间隙处速度瞬间变大，而当流体到达出口侧密封间隙处时，由于受到出口侧永磁铁壁影响，使得流体瞬时有向非磁性隔板侧边流动的趋势。从图中也可以看到，随着密封间隙的增大，出口侧流体流速较大区域逐渐向出口液面靠近。

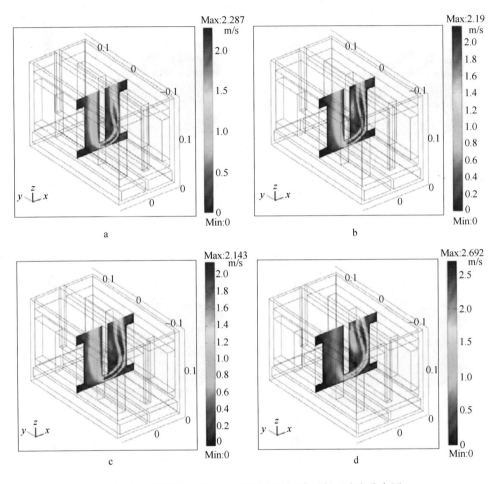

图 12-6　无磁场有压强差时不同密封间隙下断面速度分布图

a—h=35mm 断面速度场；b—h=40mm 断面速度场；c—h=45mm 断面速度场；d—h=50mm 断面速度场

12.3.3　有磁场作用时磁场强度分布

有磁场作用时，首先对磁场进行求解，然后将磁场求解后获得的磁标势 V_m 和磁场强度 H 作为初始条件，再对流场区域进行求解，此时磁流变液所受体积力为磁场力和重力之和。求解后，其磁场强度分布如图 12-7 所示，从图中可以发现，磁场强度沿非磁性隔板左右对称分布，在永磁铁直角边处及非磁性隔板上部磁场强度较大，模型的其他部位磁场强度相对较小。沿 y 轴正向，正视非磁性密封槽端面，可以看到在非磁性隔板两侧，磁流变液磁场强度较弱区域（浅蓝色区域）与非磁性隔板整体形成一把双刃斧形状。随着密封间隙 h 值的增大，斧形形状逐渐变大，即非磁性隔板两侧磁场强度逐渐变弱。

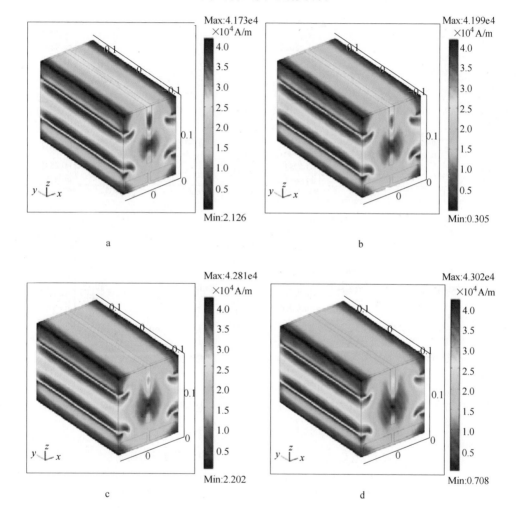

图 12-7　有磁场时不同密封间隙下磁场强度分布

a—$h=35\mathrm{mm}$ 磁场强度分布；b—$h=40\mathrm{mm}$ 磁场强度分布；c—$h=45\mathrm{mm}$ 磁场强度分布；
d—$h=50\mathrm{mm}$ 磁场强度分布

图 12-8 为不同密封间隙下模型断面磁场强度分布等值线图。等值线疏密程度代表磁场强度强弱程度。从图中可以看到，在永磁铁各直角边磁场强度等值线分布最密，其次是非磁性隔板内部及其在磁流变液液面位置和底边直角处。在非

磁性隔板和永磁铁之间密封间隙处，等值线数随密封间隙的增大而逐渐减少，表明密封间隙处磁流变液磁场强度随密封间隙的增大而逐渐变弱。因为磁场强度的大小直接影响到磁流变液屈服应力强度，进而影响到磁流变液耐压能力，从这一角度考虑，密封间隙越小越好。

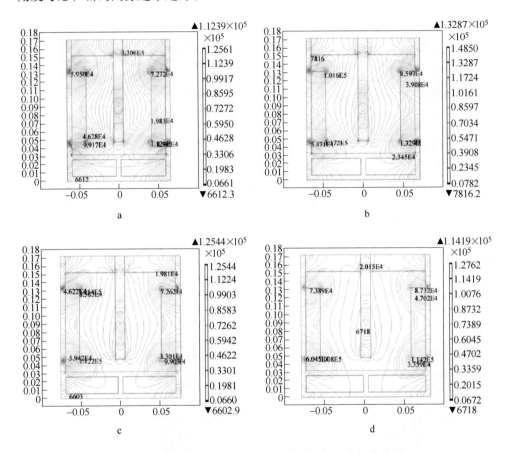

图 12-8　有磁场时不同密封间隙下断面磁场强度等值线图

a—h = 35mm 断面磁场强度等值线图；b—h = 40mm 断面磁场强度等值线图；
c—h = 45mm 断面磁场强度等值线图；d—h = 50mm 断面磁场强度等值线图

12.3.4　有磁场有压强差时流场分布

有磁场有压强差时，不同密封间隙下速度分布如图 12-9 所示。从图中可以看到，磁流变液受压强差作用，使得其进、出口液面速度不再沿非磁性隔板呈对称分布。在进口侧，对应永磁铁位置处，液面速度较大，而在出口侧，靠近非磁性隔板处液面速度较大。沿非磁性密封槽长度方向（y 方向），其进、出口液面速度整体仍呈线性分布。

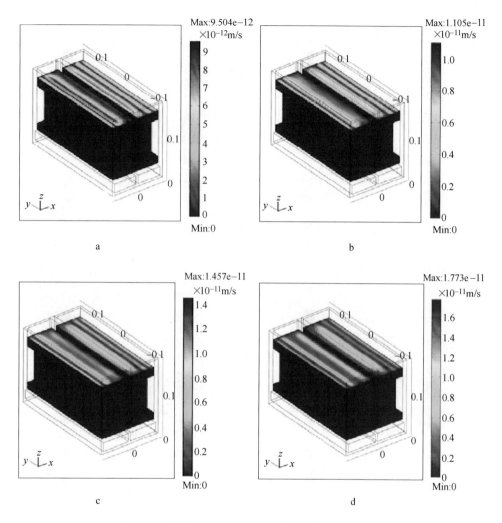

图 12-9 有磁场有压强差时不同密封间隙下速度分布

a—h = 35mm 速度场；b—h = 40mm 速度场；c—h = 45mm 速度场；d—h = 50mm 速度场

图 12-10 为有磁场有压强差时，不同密封间隙下断面速度分布图。从图中可以看到，当存在压强差时，磁流变液在非磁性密封槽内有瞬时相对微弱流动，但是其流动形式与无磁场有压强差时的速度形式相比，完全不同。有磁场作用时，磁流变液具有较大的屈服应力，所受到的压强差还不足以使其在非磁性密封槽内像牛顿流体一样发生明显较大流动，同时受体积力作用，使其流动状态在永磁铁下直角边处发生改变，而在进、出口液面处仍呈现出微弱的涡旋式流动，从整体上，磁流变液在密封槽内呈斜 U 字型流动。

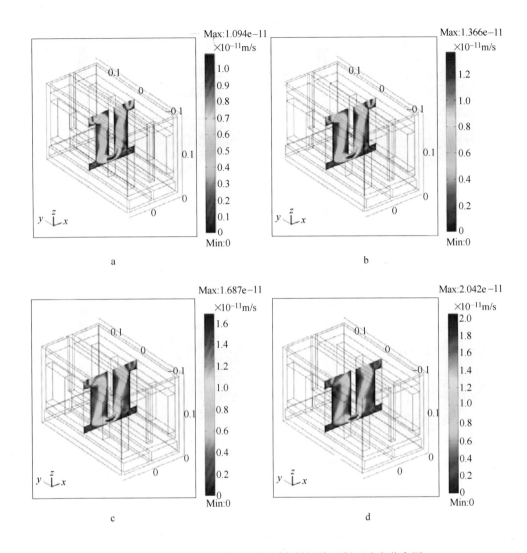

图 12-10　有磁场有压强差时不同密封间隙下断面速度分布图

a—h=35mm 断面速度；b—h=40mm 断面速度；c—h=45mm 断面速度；d—h=50mm 断面速度

图 12-11 为有磁场有压强差时，不同高度处速度随密封间隙变化曲线图。从图中可以看到，当 z=0.047m 和 z=0.082m 时，磁流变液的流动速度随密封间隙的增大而变大，当密封间隙一定时，其流动速度随 x 值的增大而逐渐减小。而当 z=0.117m 和 z=0.152m（出口液面位置）时，通过比较分析发现，磁流变液最大流动速度亦随密封间隙的增大而增大。通过以上分析得知密封间隙越小，对密封越有利。

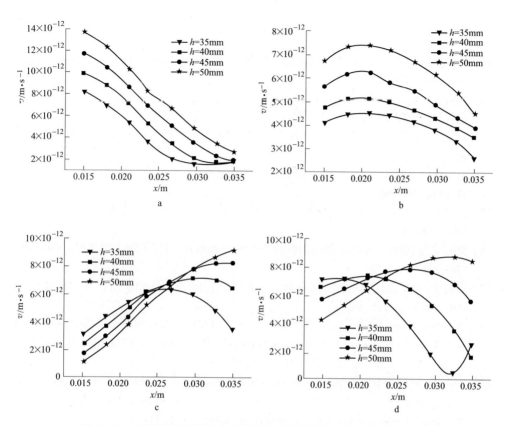

图 12-11 有磁场有压强差时不同高度处速度随密封间隙变化曲线图

a—$z=0.047$m 处速度变化；b—$z=0.082$m 处速度变化；c—$z=0.117$m 处速度变化；

d—$z=0.152$m 处速度变化

参 考 文 献

［1］ 任素波, 白明华. 偶数齿烧结机星轮齿形的热变形研究与误差分析［J］. 机械工程学报, 2011, 47（22）: 55~60.

［2］ 白明华, 任素波. 偶数齿烧结机星轮的齿形优化与特性分析［J］. 燕山大学学报（自然科学版）, 2012, 36（1）: 8~11.

［3］ 白明华, 任素波. 烧结机星轮接轴设计及有限元分析［J］. 机械设计, 2011, 28（1）: 90~93.

［4］ 何云华, 白明华, 梁宏志, 等. 烧结机星轮变齿距设计与应用［J］. 江苏大学学报, 2009, 17（4）: 358~361.

［5］ 白明华, 梁宏志, 郝春雨. 偶数齿烧结机星轮复合齿型［J］. 中国机械工程, 2006, 17（4）: 358~361.

［6］ 梁宏志, 白明华. 带式烧结机的传动、力学分析和仿真［J］. 机械工程学报, 2006, 42: 196~200.

［7］ 白明华, 梁宏志. 带式烧结机台车执行牵引装置的力学分析与控制［J］. 中国机械工程, 2007, 18（8）: 916~919.

［8］ Zhou Hongliang, Bai Minghua, He Yunhua, et al. FEM Analysis of Magnetorheological Fluid Seal of Circular Cooler and Its Experimental Research［J］. International Journal of Applied Electromagnetics and Mechanics, 2013, 41（4）: 419~431.

［9］ Zhou Hongliang, Bai Minghua. Three-Dimensional Numerical Simulation of Magnetorheological Fluid Seal Technology Applied on Circular Cooler and Its Experimental Validation［J］. Mechanics of Advanced Materials and Structures, 2014, 21: 4, 329~340.

［10］ Bai Minghua , Long Hu, Ren Subo, et al. Reduction Behavior and Kinetics of Iron Ore Pellets under H_2-N_2 Atmosphere［J］. ISIJ International, 2018, 58（6）: 15586~15592.

［11］ 梁宏志, 白明华, 何云华. 提高带式烧结机星轮承载能力的研究［J］. 机械传动, 2007, 31（5）: 27~29, 61.

［12］ 白明华, 何云华, 梁宏志, 等. 烧结机风箱外高负接触头尾密封装置的设计与应用［J］. 烧结球团, 2008, 33（1）: 12~15.

［13］ 何云华, 白明华, 梁宏志. 降低烧结机漏风率技术与应用研究［J］. 物理测试, 2008, 26（1）: 6~10.

［14］ Long Hu, Bai Minghua, Jia Yanzhong, et al. Investigation of factors affecting drying characteristics of pellets made from iron bearing converter sludge［J］. Ironmaking and Steelmaking, 2016.

［15］ 白明华. 圆盘造球机的电动底、侧刮刀设计及刮刀性能分析［J］. 重型机械, 1984, 11: 23~28.

［16］ 周洪亮, 白明华. 环冷机磁流变液密封研究［J］. 燕山大学学报, 2013, 37（6）: 513~521.

［17］ 白明华, 胡国清, 刘洪彬, 等. 偶数齿带式烧结机的研究［J］. 中国机械工程, 1996, 7（1）: 71~72.

[18] 白明华,胡国清,邱坤,等.无起拱烧结机新理论的研究 [J]. 机械工程学报,1995,31 (6):68~72.

[19] 白明华,梁宏志.带式烧结机尾部星轮主轴扭矩控制装置,发明专利: ZL200510012812.9 [P]. 2006-3-1.

[20] 白明华,梁宏志.带式烧结机新齿形头尾星轮,发明专利:ZL200510012811.4 [P]. 2006-5-24.

[21] 白明华,任素波.烧结机用钢球与强磁铁复合式密封装置,发明专利: ZL201910271468.7 [P]. 2019-12-11.

[22] 白明华,任素波.智能型一体化圆筒混合造粒机及其生产方法,发明专利: ZL201811361550.0 [P]. 2019-9-6.

[23] 白明华,任素波,张少壮.一种带式烧结机用综合密封装置,发明专利: ZL201510164785.0 [P]. 2017-4-26.

[24] 白明华,任素波.一种烧结机台车用柔性密封装置,发明专利:ZL201310688625.7 [P]. 2015-5-6.

[25] 白明华,何云华,郑海武.液压马达胶轮支承无级传动圆筒混合机,发明专利: ZL201010103155.X [P]. 2016-6-13.

[26] 白明华,何云华,郑海武.液压马达胶轮支承无级传动圆筒混合机,发明专利: ZL201010103155.X [P]. 2016-6-13.

[27] 白明华,李建锋.环冷机环形磁流体密封系统,实用新型专利:ZL201020183730.7 [P]. 2011-3-30.

[28] 汪用澎,张信.大型烧结设备 [M]. 北京:机械工业出版社,1997.

[29] 白明华.带式烧结机新结构原理与设计计算 [M]. 北京:机械工业出版社,1996.

[30] 范晓慧.铁矿造块数学模型与专家系统 [M]. 北京:科学出版社,2013.

[31] 傅菊英,姜涛,朱德庆,等.烧结球团学 [M]. 长沙:中南工业大学出版社,1996.

[32] 成大先.机械设计手册(第四版,第3卷)[M]. 北京:化学工业出版社,2002.

[33] 武良能.低速回转圆筒主要参数的确定 [J]. 重型机械,1983 (2):18~23.

[34] 欧阳鸿武,何世文.圆筒混合器中颗粒混合运动的研究 [J]. 中南大学学报,2004,35 (1):26~30.

[35] 高红利,陈友川,等.薄滚筒内二元湿颗粒体系混合行为的离散单元模拟研究 [J]. 物理学报,2011,60 (12):1~7.

[36] 孙其诚,王光谦.水平圆筒型混合机中颗粒混合的离散模拟 [J]. 中国粉体技术,2002, 8 (1):6~9.